工业和信息化部"十四五"规划专著

海洋声学与信息感知丛书

近海面蒸发波导理论模型与特性

杨坤德　史　阳　马远良　张　琪　著

电子工业出版社

Publishing House of Electronics Industry

北京·BEIJING

内 容 简 介

本书系统地介绍了近海面蒸发波导的理论模型与特性。全书共 12 章，内容包括绪论、蒸发波导的基本概念、蒸发波导预测模型、蒸发波导高度时空分布规律、蒸发波导环境特性实时监测及短期预报方法、蒸发波导与海水蒸发量的关系、蒸发波导中的电磁波传播模型、海洋蒸发波导中的电磁波传播特性、蒸发波导数据传输系统、蒸发波导反演方法、基于 BP 神经网络算法的蒸发波导预测模型、蒸发波导环境特性数据库软件。本书融入了作者团队 10 余年来在蒸发波导方面的科研成果，纳入了作者团队在国内外重要期刊上发表的 20 余篇论文，同时也参考了少量国内外相关的研究成果。

本书对近海面蒸发波导的理论模型与特性叙述详尽，理论、方法与技术的分析力求系统深入，阐述深入浅出，便于自学。本书可供通信工程、雷达工程、电子对抗、频谱监测、海洋工程、海洋监测、海洋开发等领域的科研教学人员、研究生和本科生参考。

图书在版编目（CIP）数据

近海面蒸发波导理论模型与特性 / 杨坤德等著. —北京：电子工业出版社，2022.12
（海洋声学与信息感知丛书）
ISBN 978-7-121-44594-1

Ⅰ. ①近… Ⅱ. ①杨… Ⅲ. ①近海—海面—大气波导传播—研究 Ⅳ. ①TN011

中国版本图书馆 CIP 数据核字（2022）第 227690 号

审图号：GS 京（2022）1242 号

责任编辑：郭穗娟

印　　刷：涿州市般润文化传播有限公司
装　　订：涿州市般润文化传播有限公司
出版发行：电子工业出版社
　　　　　北京市海淀区万寿路 173 信箱　邮编　100036
开　　本：787×1092　1/16　印张：18　字数：458 千字
版　　次：2022 年 12 月第 1 版
印　　次：2024 年 6 月第 2 次印刷
定　　价：128.00 元

凡所购买电子工业出版社图书有缺损问题，请向购买书店调换。若书店售缺，请与本社发行部联系，联系及邮购电话：(010)88254888，88258888。

质量投诉请发邮件至 zlts@phei.com.cn，盗版侵权举报请发邮件至 dbqq@phei.com.cn。

本书咨询联系方式：(010)88254502，guosj@phei.com.cn。

前　言

随着我国建设海洋强国步伐的加快，对海洋气象环境认知、海上电磁信道模型与特性的需求日益旺盛。蒸发波导是近海面常见的一种大气波导现象，它对电磁波的重要影响，使它在海洋目标探测与侦察、海上通信与电子对抗、导航制导与控制、海洋科学研究、海洋环境监测、海洋开发利用等领域具有十分重要的科学研究价值，也具有特别重要的实际应用意义。本书涵盖通信工程、雷达工程、电子与信息工程、电子对抗、海洋工程、海洋环境等技术领域，书中大部分内容是作者团队 10 余年来在蒸发波导方面的科研成果总结与提炼，纳入了作者团队在国内外重要期刊上发表的 20 余篇基础研究论文。此外，书中也涉及少量国内外同行近年来取得的研究进展。

蒸发波导是因海水蒸发在近海面形成的一种天然的电磁波传播通道，当发射天线处在蒸发波导内时，电磁波能量被陷获在蒸发波导层中，路径损失大大减小。蒸发波导是一种固有的物理现象，时刻影响着海上雷达、通信、导航、电子对抗、侦察等电磁系统的工作性能。因此，准确揭示蒸发波导高度分布特征，对保障雷达、通信、导航、电子对抗等无线电系统性能至关重要。然而，人们对蒸发波导的认识还很粗浅，在蒸发波导理论模型及其特性的研究方面，可供参考的资料还不多。作者团队在长期的蒸发波导理论模型及其特性研究中，针对不同的环境条件和应用场景，开展了详细的理论研究和实验验证，取得了一些研究成果。本书系统地介绍作者团队在近海面蒸发波导方面的研究成果，希望同行参考借鉴并共同推动更加深入且系统的研究及应用。

全书共 12 章，主要内容如下：

第 1 章介绍蒸发波导及其相关的概念，以及研究的背景、意义、历史和现状。

第 2 章介绍蒸发波导计算基本公式、对流层折射和大气波导的分类等基本知识。

第 3 章介绍蒸发波导预测模型及大气学理论知识，包括大气运动的基本概念、PJ 模型、伪折射率模型、NPS 模型、蒸发波导高度对气象要素的敏感性分析、冷空气条件下不同蒸发波导预测模型的对比等内容。

第 4 章阐述蒸发波导高度的时空分布规律，包括蒸发波导统计分析的方法与数据源，世界海洋、西太平洋、中国南海、亚丁湾的蒸发波导高度时空分布规律及其实验验证等内容。

第 5 章阐述蒸发波导环境特性实时监测及短期预报方法，包括蒸发波导环境特性实时监测方法、基于 GFS 数据和 WRF 模型的蒸发波导环境特性短期预报方法等内容。

第 6 章阐述蒸发波导与海水蒸发量的关系，包括研究数据和方法、蒸发波导高度与蒸发量关系的定性分析、从蒸发量定量估算蒸发波导高度的方法等内容。

第 7 章介绍蒸发波导中的电磁波传播模型，涉及射线追踪模型、抛物方程模型、混合模型等内容。

第 8 章阐述海洋蒸发波导中的电磁波传播特性,包括水平均匀蒸发波导中的传播特性、水平不均匀蒸发波导对电磁波传播的影响、海上障碍物对电磁波传播的影响、粗糙海面对电磁波在蒸发波导中的超视距传播的影响、海洋蒸发波导信道的多径效应分析及实验、蒸发波导信道的频率响应等内容。

第 9 章阐述蒸发波导数据传输系统的辅助决策方法,包括辅助决策的原理、蒸发波导数据传输系统的参数优化、蒸发波导数据传输系统的可通概率、海上实验验证等内容。

第 10 章介绍蒸发波导反演方法,包括蒸发波导反演的概况、利用电磁波传播路径损失反演蒸发波导修正折射率剖面、利用雷达海杂波反演蒸发波导修正折射率剖面等内容。

第 11 章介绍基于 BP 神经网络算法的蒸发波导预测模型,包括基于 BP 神经网络算法的蒸发波导建模基本原理、稳定与不稳定条件下的训练结果对蒸发波导模型的影响等内容。

第 12 章阐述蒸发波导环境数据库软件,包括软件设计总体思路、海区网格选择功能模块、海区网格蒸发波导特性功能模块、全球蒸发波导特性功能模块、西太平洋蒸发波导特性功能模块、蒸发波导剖面预测功能模块等内容。

本书由西北工业大学团队撰写,具体分工如下:杨坤德编写了第 1、2、3、11 章,史阳编写了第 4、5、7、8、9、12 章,张琪编写了第 6、10 章,杨坤德、马远良对全稿进行了审阅和修改,王淑文、杨帆等研究生对初稿进行了校对。书中纳入了作者团队在国内外重要期刊上发表的学术论文,也涉及作者团队所指导的多名研究生的少量研究成果,如闫西荡、潘越、朱明永、赵楼等的研究成果。同时,本书所反映的研究结果得到了多项国家级科研项目的支持,是在课题组长期科研工作基础上提炼而成的。西北工业大学的相关老师为此做出了重要贡献,包括肖国有、杨益新、孙超、何正耀、雷波、段顺利、韩一娜、王关峰、朱治富等老师。在此对国家与学校有关部门、有关老师和同学深表感谢!

希望本书的出版对海上探测、海上通信、信号侦察、电子对抗、海洋科学、海洋工程、海洋监测、海洋开发等领域的科研工作者、教师、研究生和本科生有所帮助。

由于作者学识水平所限,书中难免存在不妥之处,恳请读者和相关专业同仁提出宝贵的意见和建议。

作　者

2022 年 5 月 20 日

目　　录

第1章 绪 论

本章首先介绍对流层大气波导对海上电子系统的影响，分析利用蒸发波导实现近海面数据远程高速传输的可行性。其次，对蒸发波导环境特性的监测预报方法及传播特性研究的历史与现状进行综述，指出当前研究中面临的问题和挑战。最后，介绍了本书的主要内容。

1.1 蒸发波导的研究背景与意义

电磁波在大气中的异常传播现象很早就被观测，但在早期，这类异常传播的现象并没有引起足够的重视。主要原因是，早期的雷达和通信系统频率较低，而且系统的信息处理能力较弱，只把此类现象当作特殊情况来处理。但是随着各种电子系统的工作频率、数据传输速率和系统带宽的不断提高，对流层大气环境的异常传播特性已经影响到雷达、通信等电子系统的使用，使得电子系统的环境适应性问题变得十分突出。一方面，大气异常传播特性会对电子系统的正常使用产生严重影响。例如，对流层大气波导的形成会改变雷达信号的传播模式，从而使雷达系统产生探测盲区，不利于目标的探测；无线通信系统也会受到这种异常传播环境的影响，甚至会造成通信中断。另一方面，对大气环境的异常传播特性加以利用，还可以实现雷达对低空目标的超视距探测，以及通信系统的超视距数据传输[1]。

现代化海军正在进行着以信息化为核心的作战模式的变革，海军的作战编队需要对陌生的高威胁作战海域实现有效的、大范围的立体化监测。图 1-1 和图 1-2 所示就是两类立体化监测网络，这些监测网络主要由水上（面）预警探测体系、水下预警探测体系及通信数据链系统构成。立体化监测网络的主要功能是实现水上水下目标的探测、识别和跟踪，它是捍卫国家领海、维护海洋权益、保护海上战略航道安全和确保港口安全的重要手段。随着船载电子系统的不断发展，单个平台的探测能力不断提升，多平台网络化协同探测是立体化监测网络的发展趋势，也是提升区域监测能力的有效手段。网络化协同探测需要在多个平台之间交互大量数据，这就对海上数据传输提出了更高的要求。

美国研究人员[2]总结了现有水面以上的通信数据链系统主要依赖的 5 种射频通信方式：高频地面波通信（High Frequency Ground Wave，HFGW）、视距特高频通信（Line-of-sight UHF，LOS）、飞机中继的视距特高频通信（Line-of-sight UHF with aircraft destination/reply，LOS w/relay）、L 和 C 波段卫星通信（L/C-band satellite）、特高频军事卫星通信（UHF military satcom）。在这 5 种射频通信方式中，LOS 通信方式的通信距离比较短，在 6～12 英里之间（取决于天线的高度）。LOS w/relay 通信方式和 HFGW 通信方式的通信距离可以达到 193km，但是，LOS w/relay 通信方式需要依赖空中中继节点，HFGW 通信方式的数据传输速率也较低。L/C-band 和 UHF 这两种卫星通信方式也可以达到很远的通信距离，但是数据率较低。现代卫星通信技术已经能够实现水面平台之间的远程高速通信（Mb/s 量级），但是，卫星通信同时也具有保密性差、抗干扰性差等缺点。随着现代数字通信技术的发展，LOS 的通信速率也可以达到 Mb/s，但是通信距离依然是视距，即在几十千米范围内。此外，短波通信作为传统通信手段，虽然通信距离很远，但是数据传输速率比较低，而且易受电离层环境的影响。

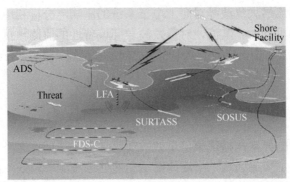

ADS：高级可布放系统；Threat：威胁；LFA：低频主动阵列系统；SURTASS：舰载拖拽阵监视系统；SOSUS：海底固定监听系统；Shore Facility：岸基系统；FDS-C：固定式分布系统

图 1-1　大范围立体化监测网络

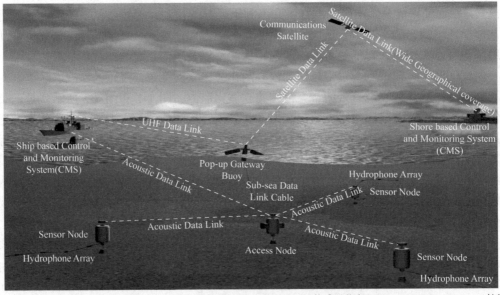

Ship based Control and Monitoring System：船载监控系统；Sensor Node：传感器节点；Pop-up Gateway Buoy：扩展浮标；Access Node：中继节点；Communications Satellite：通信卫星；Shore based Control and Monitoring System：岸基监控系统；UHF Data Link：特高频数据链；Acoustic Data Link：水声数据链；Sub-sea Data Link：海底数据链；Satellite Data Link：卫星数据链；Wide Geographical Coverage：广泛地理覆盖；Hydrophone Array：水听器阵列

图 1-2　水下水上联合监测网络

目前水下远距离数据传输主要依靠水声通信方式，而当前水声通信的技术水平不高：传输距离和数据传输速率上限的乘积约为 50 km·kbit/s。现代反潜作战中的高级可布放系统（Advanced Deployable System）及多平台协同反潜技术的发展，对水声数据远程高速传输提出需求。水下探测系统主要采用水声传感器阵列，数据量很大，为 Mb/s 数量级。利用现有的水声通信手段远远不能满足水声数据远程高速传输的要求，很难实现大范围海域的协同联合探测和信息组网。而且受到水声物理规律制约，这种矛盾依靠现有的水声通信技术是难以解决的。表 1-1 是上述 5 种通信数据链系统的通信能力比较，从表 1-1 可以看出，现存的射频通信方式的也存在数据传输速率低、传输距离近的问题，这也制约着立体化海洋监测网络的构建。

表 1-1 5 种通信数据链系统的通信能力比较[2]

比较项目	高频地面波通信	视距特高频通信	飞机中继的视距特高频通信	L 波段和 C 波段卫星通信	特高频军事通信卫星
通信距离	193km	193km	193km	全球	全球
频段	50～100 MHz	915MHz，2.4GHz	915MHz，2.4GHz	L 波段：1.6 GHz C 波段：4～6 GHz	下行链路：240～270MHz 上行链路：290～320MHz
峰值功率	20 W	6 W	30 W	20～100 W	20 W
双路	是	是	是	是	是
隐蔽性	是	是	可能	不太可能	不太可能
延迟	0	0	0	L 波段：几分钟，C 波段：0	0
天线	定向天线	全向天线	全向天线	L 波段：小天线（首选）	6 英寸管状天线
风险	天线低调制未验证	非常小	飞机天线模式	C 波段尚未验证	无法获取频道
数据 rate:Burst	100 kb/s	56 kb/s	56 kb/s	100～100kbyte/day	2.4kb/s
覆盖范围	局部	局部	局部	全球-非极性	全球-非极性

合理利用近海面蒸发波导这一自然现象，可以解决近海面数据远程高速传输难题。蒸发波导是大气波导的一种，其产生的机理如下：伴随着海面水汽的蒸发和扩散，海面上方的大气湿度随高度的增加减小，相应的大气折射指数随高度的增加而减小，呈负梯度变化趋势。大气折射指数的负梯度使得电磁波向下折射传播，当向下折射的曲率大于海面的曲率时，电磁波信号就被陷获在蒸发波导层中，实现超视距传播（通常可达上百千米）。电磁波在蒸发波导层中传播的情形如图 1-3 所示，该情形类似电磁波在金属波导管中的传播。另外，电磁波通信系统具有可靠性高、传输特性稳定、数据传输速率高（Mb/s 数量级）等特点。因此，适当地利用电磁波在近海面蒸发波导中的传播特性，可以实现水声数据的远程高速传输。

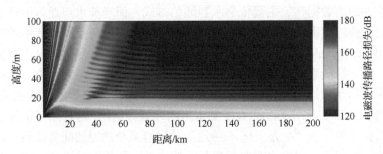

图 1-3　电磁波在蒸发波导中传播的情形

　　图 1-4 所示为海上各种通信方式的传输距离和传输速率的对比，图 1-5 所示为海上各种通信方式的优缺点。从图 1-4 和图 1-5 可以看出，在传输距离为 100km 左右、传输速率为 Mb/s 的通信需求下，蒸发波导通信可以提供一种新的近海面远程高速数据传输手段，而且具有低截获的优点。卫星通信虽然也可以实现数据的远程高速传输，但具有易干扰、易被截获、频段有限及战时不可靠等缺点。因此，发展蒸发波导通信技术，可为海上监测网络的构建提供有效的通信手段。但是，近海面蒸发波导环境特性受气象条件的影响较大，变化规律复杂，诊断、监测和提前预报都很困难。而且，蒸发波导信道的传输特性受蒸发波导环境、电磁波频率、天线高度、传输距离、粗糙海面等因素的影响，也变得十分复杂。因此，需要深入研究蒸发波导监测及预报方法，分析蒸发波导信道的传输特性，并利用海上实验观测数据进行验证和对比，为蒸发波导的远程高速数据传输系统的设计和应用奠定坚实的技术基础。

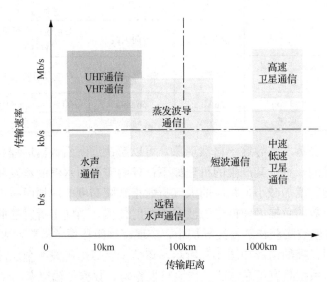

图 1-4　海上各种通信方式的传输距离和传输速率的对比

通信方式	优点	缺点
卫星通信（北斗）	·远距离—全球	·数据传输速率很低，短报文（频段有限） ·易被截获 ·战时不可靠
水声通信	·隐蔽性好，可在水中传播	·数据率较低 ·组网难度大
短波通信	·远距离 ·抗毁性强	·数据率低 ·容易受电离层影响
UHF通信	·数据率高 ·易组网	·视距传播，传输距离有限
蒸发波导通信	·远程（100km） ·数据率高（Mb/s） ·低截获	·容易受气象条件影响

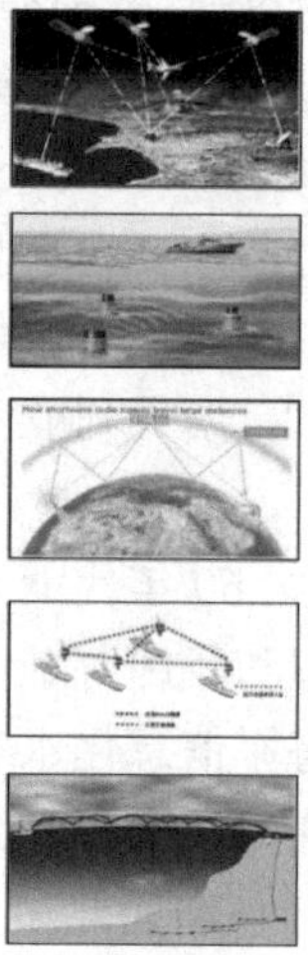

图 1-5　海上各种通信方式的优缺点

1.2　蒸发波导的研究历史和现状

　　早期的大气波导相关研究主要集中在电磁波传播的建模方法和异常传播观测上。在电磁波传播的建模方法上，研究人员对波导模态理论[3-5]和抛物方程方法[6-11]进行了深入和细致的研究。*Meterological factors in radio wave propagation*（无线电传播中的气象要素）[12]中给出了许多关于大气波导的报告，*Propagation of short radio wave*（短波传播）[13]中，给出了有关这一问题的主要结论。在异常传播观测方面，从 20 世纪 60 年代开始，美国、日本和德国的研究人员就开始观测大气波导环境及电磁波的异常传播现象。20 世纪 80 年代末至 90 年代初，美国开展了大量的关于蒸发波导的研究。K.D.Anderson 等人在 1989—1991年进行了海上蒸发波导中的电磁波传播研究[14,15]和通信实验研究[16,17]，以及在 1993 年进行了蒸发波导环境中低飞目标的探测研究[18]。与此同时，英国和西欧的一些国家在研究跨海峡的电磁波散射传播效应时，也发现了大气波导对电磁波传播的强烈影响，开始重新关注大气波导方面的研究[19]。20 世纪 90 年代以后，许多国家都深入地开展了有关蒸发波导的理论、实验和应用方面的研究工作。俄罗斯开展过多次大洋实验，对全球各大海区进行过蒸发波导高度的评估，并且针对雷达在海上进行超视距探测的可靠作用距离、能探测低飞目标的高度范围、最佳频率以及天线高度选择等，开展了一系列有意义的研究[20-22]，在理论上独立发展了蒸发波导的形成模型。有资料指出，在俄罗斯现役雷达中，考虑了大气波导（包括蒸发波导）的超视距传播效应的成熟武器系统，如微波主/被动超视距探测雷达（"米歇拉尔"雷达）。该型雷达的主动探测模式利用了近海面蒸发波导环境，探测距离最远可达 180km。

　　2001 年 9 月中旬，在美国海军研究局（The Office of Naval Research）的支持下，美国

海军太空与海战司令部（Space and Naval Warfare Systems Command, SPAWAR）联合加利福尼亚大学，约翰斯·霍普金斯大学等高等院校的研究机构，在夏威夷海域开展了粗糙海面蒸发波导实验（Rough Evaporation Duct Experiment，RED）[23-26]。该实验投入了大量的人力、物力和财力，主要为了验证在粗糙海面及不均匀蒸发波导的条件下，电磁波在波导内传播时受到的影响。该实验代表了蒸发波导实验和应用领域研究的最高水平。此外，其他国家，如埃及[27]、澳大利亚[28,29]、英国[30]、印度[31]、新加坡[32-34]等国家也都在进行类似的研究。

我国在 20 世纪 60 年代就开展大气波导反常传播和预报的工作。国内相关学者针对蒸发波导的形成机理和我国海域大气波导的预测预报方法开展了深入研究[35,36]。进入 21 世纪以来，随着我国海军信息化水平的不断提升，越来越多的科研机构开始从事大气波导相关研究工作，如大连海军舰艇学院[37-39]、西安电子科技大学[40-42]、武汉海军工程大学[43-48]、解放军理工大学[49-76]和西北工业大学[1,77-89]等。这些单位在蒸发波导建模、监测方法，海上观测实验及大气波导应用等方面开展了深入的研究，取得了一定的研究成果。

有关蒸发波导的理论以及应用研究（见图 1-6）已经开展了数十年，相关研究工作基本可以概括为以下 5 个方面：

（1）蒸发波导修正折射率剖面的测量和预测模型研究。

（2）蒸发波导高度时空分布规律研究。

（3）蒸发波导环境特性实时监测及短期预报方法研究。

（4）蒸发波导中的电磁波传播理论和传播模型研究。

（5）蒸发波导对船载电子系统的应用影响研究。

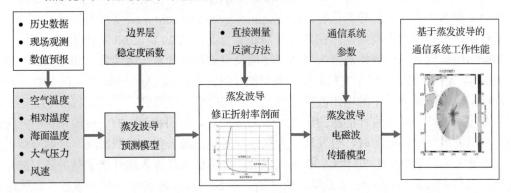

图 1-6　蒸发波导相关理论及应用研究

（1）通过研究蒸发波导修正折射率剖面的测量方法和预测模型，可以深入了解蒸发波导形成的物理机理和过程，并且分析蒸发波导的出现和各种大气过程及气象要素之间的联系，掌握蒸发波导出现的规律及相关参数的测量和估计方法。

（2）蒸发波导高度时空分布规律研究主要指利用大气和海洋的再分析数据，计算大面积海域蒸发波导出现的概率及强弱分布特征。在蒸发波导海上观测实验中往往只能获取某实验地点、单条测线或局部海域蒸发波导特性，而蒸发波导高度时空分布规律研究，则可以获得大面积和长时间的蒸发波导统计规律，分析不同海域不同季节蒸发波导出现的概率和特性，为船载雷达通信等电子系统的设计和使用提供可靠的决策依据。

（3）蒸发波导环境特性实时监测及短期预报方法研究主要指利用船载气象观测数据、蒸发波导环境特性预测模型及大气预报模式，实现蒸发波导环境特性的现报和预报，为决策者提供实时及未来一段时间内蒸发波导出现的概率和高度等信息，为船载电子系统的使用提供环境信息。

（4）蒸发波导中的电磁波传播理论和传播模型研究，主要指研究蒸发波导中电磁波传播建模的理论及数值计算方法，可以分析电磁波在蒸发波导中的传播特性，从而为应用蒸发波导条件实现超视距雷达探测和超视距微波通信提供理论依据。

（5）蒸发波导对船载电子系统的应用影响研究主要指在蒸发波导环境特性后报（后向预报）、现报和预报研究及蒸发波导中电磁波传播特性研究的基础上，结合船载雷达通信等电子系统的具体技术参数，分析船载电子系统在蒸发波导条件下的工作性能。

经过研究人员多年的努力，在上述研究方面已经取得一定进展，但是，在很多方面还存在没有解决及需要进一步深入研究的问题，如蒸发波导预测模型的验证、蒸发波导精细化监测及预报方法、复杂海洋环境下的电磁波传播特性，以及针对蒸发波导数据传输系统的辅助决策方法等。下面针对上文总结的 5 个方面，分别介绍相关问题的研究历史、现状及存在的问题。

1.2.1　蒸发波导修正折射率剖面的测量方法和预测模型研究

蒸发波导中的电磁波传播模型计算结果的精确性，在很大程度上依赖于对修正折射率剖面的精确描述。Dockery[90]研究了获得精确传播估计所需要的、用于描述折射率环境的水平分辨率和垂直分辨率问题。为了获得精确传播的模拟，需要更高垂直分辨率的蒸发波导修正折射率剖面。蒸发波导修正折射率剖面的获取方法主要包括直接测量方法、预测模型方法和反演方法[56,57,62,66-69,71-75,91-93]。直接测量方法和预测模型方法都是利用相关近海面气象观测数据估计蒸发波导修正折射率剖面的，而反演方法则需要利用电磁波传播测量数据进行计算。下面主要介绍直接测量法和模型预测方法。

通过直接测量方法，可以获得准确的近海面气象要素的测量数据，进而估计出蒸发波导修正折射率剖面。因为蒸发波导高度通常为几米到几十米，所以要想计算蒸发波导高度，就需要知道从近海面到超过蒸发波导高度的多个高度处的修正折射率数值。由大气修正折射率的经验公式可知，若要计算修正折射率，需要在多个高度处布置高精度的温度传感器、湿度传感器和气压传感器。测量并计算出各个高度的修正折射率之后，利用最小二乘法拟合出较为合理的修正折射率剖面曲线[94]。但是，这种方法具有以下缺点：

（1）为了使拟合出的修正折射率剖面曲线具有更高的精度，就必须进行更小高度间隔的测量，而且气温、湿度的最大变化出现在近地层，尤其是在 10 m 以下的范围内，应该在尽可能多的高度上进行测量，从而大大增加了测量仪器的成本。

（2）包含多个气象测量仪器的测量设备很难在海上实验的时候直接布放。

（3）气象测量仪器本身还会受到测量平台的影响。这些因素都会影响到气象参数的测量精度。

鉴于以上原因，一些将气象测量仪器搭载到各种探测平台（如无线电探空气球、直升机和低成本的一次性火箭等）的测量方法，正在不断地发展。

无线电探空仪[95]是随着气象气球上升（或由定高气球、飞机和火箭等下投降落），能测定各高度上的气象要素，如温度（空气温度和海水温度）、湿度（如相对湿度）和气压（大气压和水汽压），并且可以通过无线电将数据传回地面气象站中的仪器。探空气球可升高至约 30 km 的高度，无线电探空仪对气象要素的探测量程如下。空气温度：-90～40℃，气压：5～1060 hPa，相对湿度：0%～100%；无线电探空仪的探测精度±0.5℃，气压：±1 hPa，相对湿度：±5%。这种探测精度对于气象观测来说，或许令人满意，但是不能满足预测电磁波传播的精度要求。另外，无线电探空仪在对气温、气压和相对湿度测量时得到的连续抽样值，并不是这些气象参数随高度的瞬时分布，而且每次观测的采样间隔在高度上近似为 100 m，这对于确定只在近地层存在（一般几米到几十米高）的蒸发波导修正折射率剖面并不合适。

将气象探测装置搭载在直升机上，以此探测近地层的大气折射率也可以进行气象参数的测量。直升机同时可以提供相对湿度、气压、气温随水平距离和海拔高度变化的关系。约翰斯·霍普金斯大学应用物理实验室装备了一架气象探测直升机[96]。这种直升机装备了比气象探测仪更精确的气象传感器，以几乎实时的方式获得大气折射率，使以上 3 种气象要素的采样间隔时间可以达到 0.5 s。测量高度的范围是 0～1000 m，垂直分辨率可以达到 0.3 m；测量结果被输入计算机后，可以绘出一幅连续的、实时更新的、折射率随高度变化的图像。这种方法的缺点是，使用直升机的成本很高，代价昂贵，而且测量起来并不简便。

利用简单的、低成本的一次性火箭也可以进行蒸发波导修正折射率剖面相关气象参数的测量，约翰斯·霍普金斯大学应用物理实验室研制并应用这种火箭探空仪，使其携带 435 g 的测量装置升到 150～800 m 的高度，并在此高度上用直径 1 m 的降落伞投放所携带的设备，从而可以以 2 m 的垂直高度分辨率获得数据，并将这些数据传回地面。

有研究人员利用微波折射率仪直接测量大气折射率，这种设备通过比较两个独立微波腔的谐振频率直接测量大气折射率[41,97]。虽然微波折射率仪可以精确地测量大气的折射率，但是，如果想获得蒸发波导修正折射率剖面，还需要直升机或飞机的协助，使用起来并不方便。还有研究人员利用雷达接收的海杂波进行蒸发波导修正折射率剖面的反演[62,66-67,70,75,91-93,98-101]。

以上蒸发波导修正折射率测量方法有如下缺点：

（1）测量成本高，代价昂贵，如利用多组气象传感器测量或动用直升机测量。

（2）测量方法实施起来都比较困难，不简便。

（3）这些测量方法得到的修正折射率的垂直分辨率有限，不能用来精确地估计蒸发波导修正折射率剖面。

（4）测量方法不具有实时性。因此，精确测量和估计蒸发波导修正折射率剖面的问题仍然是蒸发波导研究中的一个难题。随着大气边界层相似理论的不断发展，人们很关注利用海水表面温度、海面大气压及近海面某个高度处的空气温度、相对湿度、海面风速等气象要素,预测蒸发波导修正折射率剖面[49-52,58-60,102-105]。蒸发波导预测模型方面的研究始终是蒸发波导研究的重点,表 1-2 所列是现有主要的蒸发波导预测模型。

表 1-2　现有主要的蒸发波导预测模型

时间	模型	作者	备注
1973 年	表面层模型	Jeske	最大限制高度为 40m
1976 年	PJ 模型	Paulus,Jeske	美国海军业务预报模式
1979 年	LKB 模型	Liu,Katsaros,Businger	
1984 年	NWA 模型	美国海军评估作战中心	
1991 年	NRL 模型	美国海军研究室	
1992 年	MGB 模型	Musson-Genon,Gauthier,Bruth	
1996 年	BYC 模型	Babin	应用海气通量算法
2000 年	NPS 模型	Frederickson	美国海军研究生院
2001 年	伪折射率模型	刘成国	最大限制高度为 40m

1973 年,Jeske[103]提出了一个表面层模型的修正形式,它是早期被广泛应用的蒸发波导预测模型,该模型可以应用的最大海上高度是 40 m。Paulus[105]研究了该模型的预测值和真实值之间的差异,认为气海温差的观测误差造成了不切合实际的过大的蒸发波导高度,并在气海温差上增加了一个限制条件,使得计算出的蒸发波导的高度在 20 m 左右。这个蒸发波导预测模型后来被称为 PJ 模型。PJ 模型因为算法简单而且计算速度快,在海上舰船中应用广泛,自 1978 年起就被用作美国海军的业务化运作模型。它的主要缺点是假设位折射率、位温度和位湿度等气象参数满足大气边界层相似理论,但这只在不稳定条件和中性条件下成立,稳定条件下位折射率不满足莫宁-奥布霍夫相似(Monin-Obukhov Similarity,MOS)理论。当气海温差大于 1 ℃时,PJ 模型认为此温差是测量误差造成的,并进行了修正。事实上在沿海区域,由于海陆的交互作用,气海温差经常出现大于 1 ℃的情形,PJ 模型在不稳定条件下的计算有可能发生错误。此外,PJ 模型也没有考虑低风速条件下莫宁-奥布霍夫相似理论存在的误差,而且 PJ 模型中使用的气象参数还采用了陆地测量的结果。1992 年,Musson-Genon、Gauthier 和 Bruth[106]介绍了 MGB 模型。MGB 模型根据流体静力学方程和理想气体定律计算大气压的垂直梯度,用莫宁-奥布霍夫相似表达式计算空气温度和水汽压的垂直梯度,然后根据产生波导的折射率梯度计算出蒸发波导高度。Liu, Katsaros, Businger[104]共同提出了 LKB 模型,该模型利用少数气象数据计算出动量通量、热通量和水汽通量,然后获得温度垂直剖面、比湿垂直剖面和大气压垂直剖面,最后计算出蒸发波导修正折射率剖面。随后出现了一系列基于 LKB 模型的蒸发波导预测模型,如 NWA 模型[107]、NRL 模型[108]、BYC 模型[94]和 NPS 模型[102]。此外,国内也有人提出了伪折射率模型[40]。基于 LKB 模型的蒸发波导预测模型的主要特点如下:

(1)利用计算出的修正折射率剖面计算蒸发波导高度。

(2)在大气不稳定条件下考虑了阵风条件下的修正。

(3)给出了大气稳定性函数的表达式。

其中,NPS 模型采用了长期海上调查所获得的海气通量整体算法——耦合海洋大气响应实验（Coupled Ocean–Atmosphere Response Experiment，COARE），所用的经验关系均来自海上实验[110]，比 PJ 模型有了很大的改进。但是，在强稳定条件下，NPS 模型对蒸发波导高度的估计还存在比较大的误差，需要进一步修正和改进。

蒸发波导预测模型研究的另一个重要的方面就是蒸发波导预测模型的验证。Babin 对 NWA 模型、NRL 模型、BYC 模型和 NPS 模型进行了比较[111,112]，将这些模型预测出的蒸发波导修正折射率剖面和实测的修正折射率剖面做了对比，给出了一些很有价值的分析结果。另外，将蒸发波导预测模型计算得到的修正折射率剖面，输入蒸发波导中的电磁波传播模型中，可以计算得到电磁波传播路径损失。把模型计算得到的路径损失和实验中测量得到的电磁波传播路径损失进行对比，是评估蒸发波导预测模型预测精度的最有效方法。因此，在中国近海开展蒸发波导特性及电磁波传播观测同步观测实验，并利用实测数据对现有模型进行性能评估和验证也是一个亟待研究的问题。

1.2.2 蒸发波导高度时空分布规律研究

无论是前面所述的蒸发波导预测模型的研究，还是蒸发波导的海上实验研究，都有共同的缺陷，即只能获取某实验地点、单条测线或局部海洋区域的蒸发波导环境特性，空间覆盖率很低，而且测量时间也有限，很难获得长时间、大面积的蒸发波导环境特性的统计规律。而大面积、长时期的蒸发波导环境特性统计规律，对蒸发波导的雷达系统和通信系统的应用是十分重要的。与此同时，数据同化技术在气象领域的不断发展和应用，也为研究大面积、长时期的蒸发波导时空统计规律提供了可能。

目前，美国采用的蒸发波导环境特性数据库主要来自志愿者商船于 1970—1984 年采集的 15 年的气象数据，并利用 PJ 模型计算得到大部分海域蒸发波导环境特性的统计规律，其空间分辨率是 $10° \times 10°$（马斯顿方格），并且嵌入高级折射影响预测系统（Advanced Refractivity Effects Prediction System，AREPS）中，作为波导环境特性数据库模块，如图 1-7 所示。利用该模块可以很方便地分析各个海区中蒸发波导出现的概率、蒸发波导的高度以及相关气象参数的统计规律[113]。

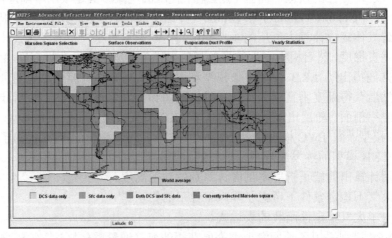

图 1-7 高级折射影响预测系统中的波导环境特性数据库模块

然而，AREPS 中嵌入的蒸发波导环境特性数据库存在以下缺点：

　　（1）海上实际的气象条件在经纬度 10° 的范围内变化很大，该数据库的空间格点范围太大，分辨率很低，很难满足实际应用的需求。

　　（2）数据库中气象数据的来源主要是商船经历的航线附近，不能有效地表示 10°×10° 海域范围内的气象变化情况。

　　（3）商船上气象测量平台测得的气象数据的精度有待进一步检验。

　　（4）该数据采用的气象数据比较陈旧，不能反映近 20 年来全球气候的变化，需要使用更新的气象数据进行蒸发波导统计规律的研究。

　　（5）该数据中采用的是 20 世纪 80 年代创立的蒸发波导预测模型（PJ 模型），最近的研究表明，该模型具有较大的计算误差。

　　随着数据同化技术在气象领域的不断应用，出现了全球范围高分辨率的气象参数同化数据[114]。美国国家环境预报中心的气候预报系统再分析数据应用如图 1-8 所示，这为研究高分辨率的蒸发波导环境特性统计规律和全天候、实时了解大范围海域内蒸发波导环境特性的变化提供了可能。Twigg[115]利用美国国家环境预报中心（National Centers for Environmental

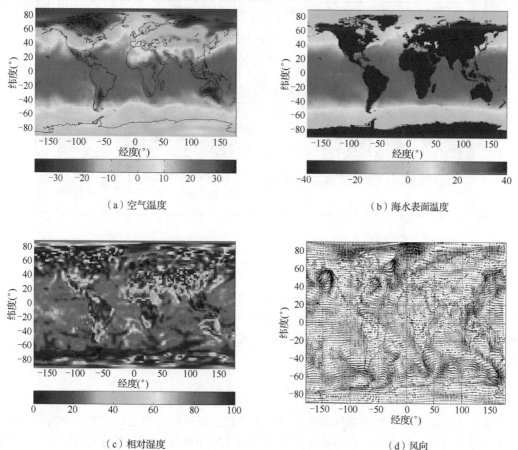

（a）空气温度　　　　　　　　　　　　　　　　（b）海水表面温度

（c）相对湿度　　　　　　　　　　　　　　　　（d）风向

图 1-8　美国国家环境预报中心的气候预报系统再分析数据应用

Prediction, NCEP）的气候预报系统再分析数据（1970—2006 年）和 NPS 模型分析了印度洋地区的蒸发波导的统计特征规律，空间分辨率达到了 1.875°×1.875°，比之前的蒸发波导环境特性数据库的空间分辨率提高了约 28 倍，而且具有更好的时效性。杨坤德等人[78,84,87,88]也利用最近 18 年的 NCEP 的气候预报系统再分析数据，分析了全球海洋包括西太平洋、中国南海、亚丁湾等重点海域蒸发波导环境特性的统计规律，创建了高分辨率的波导环境特性数据库，给出了很多有价值的结论。

与此同时，与蒸发波导相关的气象参数（如海水表面温度、海面风速、温度和湿度）的大范围观测方法和数据同化方法的研究也成为一个研究热点。美国的 QuickSCAT 卫星装备有探测近海面海洋风的主动微波散射计雷达 Sea-Winds，可以监测近海面的风场变化，提供风速和风向的数据。在我国发射的海洋二号（HY-2A）卫星上，已经装备雷达高度计、微波散射计以及扫描微波辐射计等仪器，可以实现大范围的海水表面温度、海面风速（见图 1-9）等气象参数的监测。这些观测手段的不断进步也使研究大范围的蒸发波导环境特性监测方法成为可能。

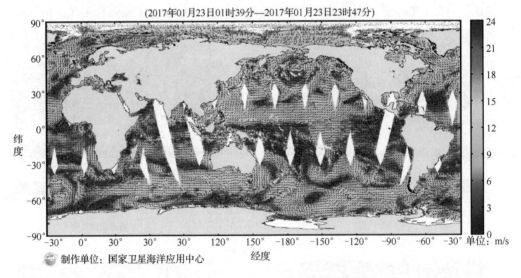

图 1-9　海洋二号卫星微波散射计遥感海面风场

随着数据同化技术的不断发展，更高时空分辨率的气象同化数据库不断出现。利用这些数据库，可以使蒸发波导高度时空分布规律的研究更精细、更准确，从而推动时空分布规律研究的不断进步。此外，还需要利用海上实际观测数据，对蒸发波导高度时空分布规律进一步验证和评估。

1.2.3　蒸发波导环境特性实时监测及短期预报方法研究

蒸发波导高度时空分布规律研究主要指对蒸发波导环境特性进行后报，分析蒸发波导出现的历史规律。而蒸发波导环境特性实时监测及短期预报方法主要解决蒸发波导环境特性的现报及预报问题，获取当前及未来一段时间的蒸发波导环境特性，为船载雷达及通信等电子系统的使用提供环境信息。

蒸发波导环境特性实时监测方法是指通过在舰船上加装气象水文传感器，采集近海面气象水文参数（空气温度、海水表面温度、相对湿度、海面风速和大气压等），并将这些参数输入蒸发波导预测模型中，计算出舰船所在位置的蒸发波导修正折射率剖面及蒸发波导高度。虽然目前已有相关的船载测量系统，但是还存在一定问题，系统测量精度还需要进一步提高。分析船载气象观测数据的可靠性，研究蒸发波导预测模型对气象参数的敏感性，进一步选择合适的气象水文传感器和安装位置，构建蒸发波导环境特性实时监测系统，这些都是需要深入研究的问题。

蒸发波导的短期预报包括与蒸发波导相关的气象要素的短期预报、蒸发波导高度的短期预报、电磁波传播路径损失的短期预报、船载雷达系统性能预报和通信系统性能预报等问题，具体关系如图 1-10 所示。在这些预报问题中，最重要的是与蒸发波导相关的气象要素的预报问题。

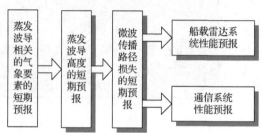

图 1-10　蒸发波导的短期预报

近年来，中尺度大气预报模式发展迅速[119]。利用中尺度大气预报模式，能够获得部分海域高分辨率的近海面气象要素预报场，为蒸发波导环境特性的提前预报提供了一个有力的工具。天气研究与预报模型（Weather Research and Forecast Model, WRF）[116-118]是由美国的研究机构、相关业务预报机构和相关大学的科学家共同参与开发的新一代中尺度大气预报模式和同化系统。目前，世界各地有很多相关研究机构和大学都在运行实时的 WRF 模型，并提供各种气象要素的短期预报结果，实现了中尺度大气预报模式的业务化运作。例如，中国台湾"国立师范大学"提供的东南亚中尺度整体预报（Mesoscale Ensemble Forecast for Southeast Asia, MEFSEA）服务给出了东南亚地区 72 小时内的气象要素预报结果。图 1-11 所示为 MEFSEA 利用 WRF 模型计算出的东南亚地区 72 小时内的表面（海面及地表）温度、气压和风向的预报结果。

现有的中尺度气象模式，如 WFR 模型和第五代中尺度大气预报模式（Mesoscale Model 5, MM5）模式，已经具有较高的垂直分辨率，可以有几十层垂直分层，近表面的分层还可以加密。运行这些中尺度大气预报模式，从中尺度大气预报模式的预报结果中提取预测蒸发波导折射率剖面需要的参数，如海水表面温度、空气温度、大气压和相对湿度成为可能。王喆[120]等人利用 NCEP 的全球最终再分析数据（Final Reanalysis Data, FNL）作为 WRF 模型的初始场，对南海的蒸发波导进行 48 小时的预报。焦林[121,122]等人也利用 NCEP 的一般再分析数据作为 MM5 中尺度气象模式的初始场，对南海的蒸发波导进行 48 小时的预报，并用雷达观测数据对预报结果做了验证。上述探索性研究，对利用中尺度大气预报模式进行蒸发波导的短期预报具有十分重要的参考和借鉴价值。如何构建合适的数值模式，进一步优化模式参数，提高蒸发波导的短期预报精度，还需要进一步深入研究。

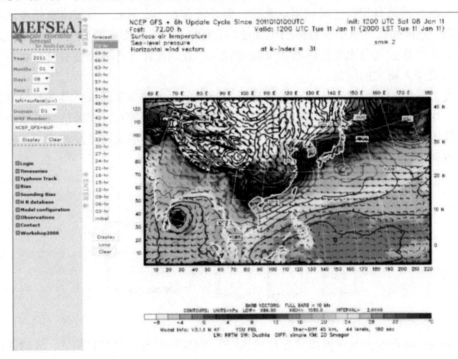

图 1-11　东南亚地区 72 小时内的表面温度、气压和风向的预报结果

1.2.4　蒸发波导中的电磁波传播理论和传播模型研究

微波和毫米波在蒸发波导中的传播包含一些复杂的过程，如反射、折射、散射和绕射等。由于蒸发波导随时间和空间的变化，而且复杂的海面形状引起难以模拟的反射和绕射，同时相对湿度很高的海上环境使得毫米波传播具有很大的水汽传播损耗，因此，常规的统计方法不能用于模拟蒸发波导中的电磁波传播。描述蒸发波导中电磁波传播的理论方法主要有射线跟踪法[123]、波导模态理论法[4,124]和抛物方程模型法[125]，但这些方法被证明在计算精度和应用范围上都具有一定的局限性。

射线跟踪法按照简单的几何关系定性地描绘电磁波在蒸发波导中的传播情况，比较直观。但是这种方法没有考虑频率的影响，整个计算过程中没有频率的变量，这对于与频率有较大相关性的蒸发波导中的电磁波传播来说是不利的。射线跟踪法的另一个缺陷是各个射线族之间的区分比较困难。接收点上除了主到达射线，还有以相近初始角度发射的多条射线，使得在该点出现多条相交的射线。射线之间的传播路径是不同的，会造成射线幅度之间的差异。如果不精确考虑，在计算合成场强时就会引入误差。

波导模态理论法把电磁波在蒸发波导中的传播视为电磁波在泄漏的金属波导中传播的情况来处理。文献[124]给出了波导模态理论的详细介绍。波导模态理论的主要任务是求解模式方程的根，这些根表示被蒸发波导陷获或泄漏的模态。波导模态理论的求解过程比较复杂，发射频率越高，波导越厚，计算时间也就越长，而且不适用于计算电磁波在水平不均匀波导中的传播。尽管有一些学者将波导模态理论推广到水平不均匀蒸发波导中的传播情况，但求解过程仍然比较复杂，不利于实际应用。Buamgartner 基于 Budden 的公式编写了用于水平均匀折射环境的、基于波导模态理论的计算机程序 XWVG，随后 XWVG 经过一些修正改名为 MLAYER。MLAYER 是一个用于校验其他传播模型的标准程序。

抛物方程（Parabolic Equation, PE）模型法是计算电磁波传播路径损失的一种近似算法，是对亥姆霍兹（Helmholtz）波动方程做抛物近似的结果。它能模拟电磁波的前向传播，可以比较方便地计算在远距离下的传输损耗，在只需要获得部分传播边界条件的前提下，就可以有效地求解在折射率不均匀环境中的电磁波传播问题。但该模型在抛物近似过程中忽略了后向散射的作用，因此，该模型不能给出后向散射的能量对发射机所造成的可能干扰，也可能会对波浪状态下的垂直方向上的场强计算产生某些影响。抛物方程分为窄角抛物方程（Standard Parabolic Equation，SPE）[126]和宽角抛物方程（Wide Angle Parabolic Equation，WAPE）[127,128]。SPE 是对亥姆霍兹波动方程做窄角近似的结果，WAPE 是对亥姆霍兹波动方程做宽角近似的结果。由于伪微分算子近似商的一些差别，使得 WAPE 具有不同的函数形式。SPE 能正确计算的角度范围为水平方向上±10°，而 WAPE 能正确计算的角度可以达到 70°，不同函数形式的 WAPE 能正确计算的角度范围不同。PE 固有地包含了地球球面绕射影响、大气的折射影响和表面反射影响。对 PE 做一些简单的改进之后，它可以包含阻抗边界、粗糙表面、复杂的天线方向性函数、不规则地形和大气吸收的影响[6,11]。PE 问题的求解过程相对简单，针对不同的传播区域和频率域，PE 不需要使用不同的近似和算法，也不需要将解表示为多个简正波的形式。因此，在很多应用场合，PE 是首选的传播模拟方法，常被用于理论研究、链路设计评估、海上实验分析等。PE 问题是一个初始值问题，在指定初始场的分布和边界条件以后，可以采用步进的数值方法进行求解。求解 PE 主要有两个方法，分裂步进的傅里叶变换法（Split Step Fourier，SSF）和隐式有限差分法（Implicit Finite Difference，IFD）。SSF 是亥姆霍兹波动方程在傅里叶变换域的近似解，IFD 是将抛物方程转化成一组联立的差分方程，然后通过矩阵转置求解该方程组。

高级传播模型（Advanced Propagation Model, APM）[129,130]是一种将射线光学和抛物方程理论相结合的混合模型，它克服了使用单一抛物方程模型求解电磁波传播问题时计算量大的缺点，又克服了射线模型计算不甚精确的缺点。在高级折射影响预测系统（AREPS）中使用了 APM 模型[113]。APM 模型使用 FORTRAN 语言来编写，该模型允许折射率随距离的变化而变化，并且考虑了地表或海面的状况，以便尽可能多地考虑不同状态下环境对电磁波传播的影响。得到美国海军正式批准的，还有对流层电磁抛物方程程序系统（Tropospheric Electromagnetic Parabolic Equation Routine, TEMPER）[131,132]。雷声公司（The Raytheon Company）曾对两者进行过测试[133]，从比较结果来看，AREPS 对电磁波在低天线、超视距的传播方面计算速度更快，界面更为友好，TEMPER 不仅能考虑在平面内的地形影响，也能精确模拟对流层折射影响，海军主要用其模拟三维情况。AREPS 计算结果的精确度没有 TEMPER 高，这是由两个系统所用模型之间的差异造成的。

利用上述数值模型，可以对蒸发波导中的电磁波传播情况进行计算和模拟，并分析蒸发波导中的电磁波传播的特性。但是，对复杂海洋环境下（如考虑蒸发波导环境的不均匀分布或传播路径上存在障碍物的情况）蒸发波导中的电磁波传播特性的分析和研究较少，更缺乏相关海上实验的研究与验证。此外，利用数值模型及海上实验观测，还可以分析蒸发波导信道的频率特性，为船载电子系统的工作频率的选择提供一定的依据。

1.2.5 蒸发波导对船载电子系统的应用影响研究

蒸发波导对船载电子系统应用影响研究是在蒸发波导环境特性后报、现报和预报研究以及电磁波传播特性研究的基础上，结合船载雷达、通信电子系统的具体技术参数，分析船载电子系统在蒸发波导条件下的工作性能，如雷达的探测距离、探测概率，通信系统的通信距离、传输速率等参数。

美国的 AREPS（Advanced Refractive Effects Prediction System）系统[113,133]可以评估各种大气折射环境（包括蒸发波导）对船载电子系统的影响，但是，还不能针对实际水平不均匀蒸发波导环境，评估电子系统的工作性能。国内相关的应用研究主要集中在对雷达探测效能的评估上[39,42-45]，针对通信系统影响的研究较少。因此，需要在蒸发波导监测、预报以及电磁波传播特性研究的基础上，进一步深入研究蒸发波导通信系统的相关辅助决策方法，为通信系统的实际应用奠定坚实的基础。

1.3 本书的主要内容

除了本章，本书其他章的主要内容如下：

第 2 章介绍蒸发波导及其相关的基本概念，包括对流层折射、对流层大气波导的分类及蒸发波导的基本概念。

第 3 章主要介绍蒸发波导的预测模型，首先，介绍了大气运动的基本概念；其次，介绍了常用的蒸发波导预测模型，如 PJ 模型、伪折射率模型和 NPS 模型，分析了蒸发波导高度对气象要素的敏感性；最后，利用最新海气边界层实验中得到的稳定度函数，改进了 NPS 模型，提升了该模型在稳定条件下的计算精度。

第 4 章主要介绍蒸发波导高度的时空分布规律。利用改进的蒸发波导预测模型和美国国家环境预报中心最新的气候预报系统再分析（Climate Forecast System Reanalysis, CFSR）数据，计算了世界海洋、西太平洋、中国南海和亚丁湾的蒸发波导高度的时空分布规律，获得了世界海洋、西太平洋、中国南海和亚丁湾蒸发波导高度的分布特征，建立了空间分辨率为 $0.312° \times 0.313°$ 的蒸发波导环境特性数据库。

第 5 章主要介绍蒸发波导环境特性实时监测及短期预报方法。在蒸发波导环境特性实时监测方法中，首先，介绍了蒸发波导环境特性实时监测方法的框架；其次，基于南海的海上实验观测数据，分析了船载气象观测系统数据的可靠性；最后，在分析蒸发波导预测模型对气象参数敏感性的基础上，给出了传感器选择及安装位置的建议。在蒸发波导环境特性短期预报中，分别给出了基于 GFS 数据和基于 WRF 模型的蒸发波导环境特性短期预报方法，并利用美国国家环境预报中心的气候预报系统再分析数据对预报方法进行比对，验证了预报方法的有效性。

第 6 章详细分析了蒸发波导与海水蒸发之间的关系。首先，分析了 30 年范围内（1985—2014 年）中国南海地区冬季及夏季蒸发波导高度年际变化的时空结构，研究海面风速和海水表面温度这两个重要的气海环境因素在蒸发波导变化中的作用以及在季节性尺度上的区别。在获得了两者相关性的定性分析结果之后，将研究区域从中国南海扩展到西北太平洋海域，定量研究蒸发波导高度与蒸发量之间的关系，并提出了一个利用蒸发量来估计蒸发波导高度的三参数经验模型，用该模型拟合蒸发波导高度与蒸发率之间的时间聚集效应，并且通过历史数据进行了检验。

第 7 章详细介绍海洋蒸发波导中常用的电磁波传播模型，包括射线追踪模型、抛物方程模型及混合模型。首先对射线追踪模型进行了介绍和推导。然后着重介绍了抛物方程法，先从二维抛物方程的建立过程推导了窄角抛物方程和宽角抛物方程，然后推导了抛物方程的分步傅里叶解和离散匹配傅里叶解，抛物方程法是一个初始边界问题，最后描述了抛物方程的初始场和边界条件，并给出了利用场分布计算传播损耗的计算公式。最后介绍了混合模型的理论和方法。

第 8 章主要介绍海洋蒸发波导中的电磁波传播特性。首先，分别利用射线追踪模型和抛物方程模型仿真了水平均匀蒸发波导中的电磁波传播结果，接着利用抛物方程模型给出了水平不均匀蒸发波导、海上障碍物和粗糙海面对电磁波传播的影响，并开展了海上验证实验，验证模型有效性。其次，介绍了蒸发波导多径效应的分析结果。最后介绍了蒸发波导信道频率响应，分析了蒸发波导条件下不同频率电磁波的传播特性，并利用海上实验数据进行了验证。

第 9 章主要是在蒸发波导环境特性监测预报方法及电磁波传播特性的基础上，结合实际通信系统，给出了蒸发波导数据传输系统的辅助决策方法。同时介绍了蒸发波导数据传输系统的参数优化方法，给出了最优天线高度和工作频率的选取依据。在蒸发波导高度时空分布规律的基础上，计算蒸发波导数据传输系统在典型海域的可通概率，并利用海上实验数据对辅助决策方法进行了验证。

第 10 章主要介绍蒸发波导反演方法。首先，介绍了反演概况。其次，主要介绍利用电磁波传播路径损失反演蒸发波导修正折射率剖面的方法，以及利用雷达海杂波反演蒸发波导修正折射率剖面的方法，并给出了相应模型的数值模拟和仿真结果。

第 11 章介绍了基于 BP 神经网络算法的蒸发波导预测模型，包括基于 BP 神经网络算法的蒸发波导建模基本原理、稳定与不稳定条件下的训练结果对蒸发波导预测模型的影响。

第 12 章介绍了蒸发波导环境数据库软件，分别介绍了其海区网格选择功能模块、海区网格蒸发波导特性功能模块、全球蒸发波导特性功能模块、西太平洋蒸发波导特性功能模块和蒸发波导剖面预测功能模块。

本章参考文献

[1]   潘越. 海上蒸发波导微波传播建模及特性研究[D]. 西安: 西北工业大学 2008.

[2]   ONR. Report on the Universal Undersea Navigation/Communication Gateway Platforms Workshop[R]; 2001.

[3]   BREKHOVSKIKH L. Waves in Layered Media 2e: Elsevier, 2012.

[4]   BUDDEN K G. The wave-guide mode theory of wave propagation: Logos Press, 1961.

[5]   WAIT J R. Electromagnetic Waves in Stratified Media: Revised Edition Including Supplemented Material: Elsevier, 2013.

[6]   DOCKERY G D, KUTTLER J R. An improved impedance-boundary algorithm for Fourier split-step solutions of the parabolic wave equation[J]. Antennas and Propagation, IEEE Transactions on, 1996, 44(12):1592-1599.

[7]   KELLER J B, PAPADAKIS J S. Wave Propagation and Underwater Acoustics[C]. 1977.

[8]   KUTTLER J R, DOCKERY G D. Theoretical description of the parabolic approximation/Fourier split-step method of representing electromagnetic propagation in the troposphere[J]. Radio Science, 1991, 26(2):381-393.

[9]   KUTTLER J R, JANASWAMY R. Improved Fourier transform methods for solving the parabolic wave equation[J]. Radio Science, 2002, 37(2):5-1-5-11.

[10]   LEONTOVICH M, FOCK V. Solution of propagation of electromagnetic waves along the earth's surface by the method of parabolic equations[J]. J. Phys. Ussr, 1946, 10(1):13-23.

[11]   LEVY M. Parabolic equation methods for electromagnetic wave propagation: IET, 2000.

[12]   SAXTON J, LANE J. Meteorological factors in radio-wave propagation[J]. London: The Physical Society, 1946:292.

[13]   KERR D E. Propagation of short radio waves: IET, 1951.

[14]   ANDERSON K D. Radar measurements at 16.5 GHz in the oceanic evaporation duct[J]. IEEE Transactions on Antennas and Propagation, 1989, 37(1):100-106.

[15]   ANDERSON K D. 94-GHz propagation in the evaporation duct[J]. IEEE transactions on antennas and propagation, 1990, 38(5):746-753.

[16]   ANDERSON K. Evaporation duct communication: Test Plan[J]. Final Report, Oct. 1989-Oct. 1990 Naval Ocean Systems Center, San Diego, CA., 1991, 1.

[17]   ROGERS L, ANDERSON K. Evaporation Duct Communication. Measurement Results[R]: DTIC Document; 1993.

[18]   ANDERSON K D. Radar detection of low-altitude targets in a maritime environment[J]. IEEE transactions on antennas and propagation, 1995, 43(6):609-613.

[19]   TAWFIK A, VILAR E. X-band transhorizon measurements of CW transmissions over the sea-Part I: path loss, duration of events, and their modelling[J]. IEEE transactions on antennas and propagation, 1993, 41(11):1491-1500.

[20]   DORFMAN N, KABANOV V, KIVVA F, et al. Refractive index statistical characteristics in above the see layer[J]. Izv. Acad. Sci. SSSR Fizika Atmosferi i Okeana, 1978, 14:549-553.

[21]   KOSHEL K V. Influence of layer and anisotropic fluctuations of the refractive index on the beyond-the-horizon SHF propagation in the troposphere over the sea when there is an evaporation duct[J]. Waves in Random Media, 1993, 3:35-38.

[22]   STRELKOV G. Propagation of a narrow radiobeam in an evaporation duct: A numerical experiment[J]. Journal of communications technology & electronics, 1996, 41(14):1199-1205.

[23]   ANDERSON K, FREDERICKSON P, TERRILL E. Air-sea interaction effects on microwave propagation over the sea during the rough evaporation duct (RED) experiment[J]. 12th ISA, 2003:9-13.

[24] ANDERSON K D, PAULUS R A. Rough evaporation duct (RED) experiment[C]. 2000.

[25] FREDERICKSON P A, DAVIDSON K, ANDERSON K, et al. Air-sea interaction processes observed from buoy and propagation measurements during the RED Experiment[C]. 2003.

[26] HRISTOV T, FRIEHE C. EM Propagation Over the ocean: Analysis of RED Experiment Data[C]. 2003.

[27] ABO-SELIEM A A. The transient response above an evaporation duct[J]. Journal of Physics D: Applied Physics, 1998, 31(21):3046.

[28] KULESSA A, WOODS G, PIPER B, et al. Line-of-sight EM propagation experiment at 10.25 GHz in the tropical ocean evaporation duct[J]. IEE Proceedings-Microwaves, Antennas and Propagation, 1998, 145(1):65-69.

[29] WOODS G S, RUXTON A, HUDDLESTONE-HOLMES C, et al. High-capacity, long-range, over ocean microwave link using the evaporation duct[J]. IEEE Journal of Oceanic Engineering, 2009, 34(3):323-330.

[30] GUNASHEKAR S, WARRINGTON E M, SIDDLE D, et al. Signal strength variations at 2 GHz for three sea paths in the British Channel Islands: Detailed discussion and propagation modeling[J]. Radio Science, 2007, 42(4).

[31] PASRICHA P, PRASAD M, SARKAR S. Comparison of evaporation duct models to compute duct height over Arabian sea and Bay of Bengal[J]. INDIAN JOURNAL OF RADIO AND SPACE PHYSICS, 2002, 31(3):155-158.

[32] LEE Y H, DONG F, MENG Y S. Near sea-surface mobile radiowave propagation at 5 GHz: measurements and modeling[J]. Radioengineering, 2014, 23(3).

[33] LEE Y H, MENG Y S. Key considerations in the modeling of tropical maritime microwave attenuations[J]. International Journal of Antennas and Propagation, 2015.

[34] YEE HUI L, MENG Y S. Empirical Modeling of Ducting Effects on a Mobile Microwave Link Over a Sea Surface[J]. RADIOENGINEERING, 2012, 21(4):1055.

[35] 康士峰, 张玉生, 王红光. 对流层大气波导[M]. 北京: 科学出版社, 2014.

[36] 张永刚. 海洋声光电波导效应及应用[M]. 北京: 电子工业出版社, 2014.

[37] 黄小毛, 张永刚, 王华, 等. 蒸发波导中雷达异常性能的仿真与分析[J]. 系统仿真学报, 2006, 18(2):513-516.

[38] 黄小毛, 张永刚, 王华, 等. 蒸发波导环境下雷达超视距性能评估方法[J]. 电子科技大学学报, 2007, 36(1):36-39.

[39] 王华, 赵颖, 黄小毛. 蒸发波导对雷达探测的影响[J]. 现代雷达, 2004, 26(4):5-7.

[40] 刘成国. 蒸发波导环境特性和传播特性及其应用研究[D]. 西安电子科技大学, 2003.

[41] 刘成国, 潘中伟, 蔺发军, 等. 一种预测低层大气折射率剖面的实用方法[J]. 电波科学学报, 1998, (4):403-406.

[42] 钟淼, 刘成国, 黎杨, 等. 蒸发波导对雷达探测性能的影响[J]. 中国雷达, 2009:1-4.

[43] 察豪, 史建伟, 张萍. 蒸发波导条件下雷达探测距离的估计方法[J]. 现代雷达, 2006, 28(9):5-7.

[44] 史建伟, 察豪, 林伟, 等. 利用 APM 理论分析蒸发波导对舰载雷达探测范围的影响[J]. 微计算机信息, 2006, 22(10): 147-148.

[45] 田斌, 察豪, 王月清, 等. 蒸发波导对雷达探测距离的影响[J]. 微计算机信息, 2007, 23(3):145-146.

[46] 田斌, 察豪, 周沫, 等. 蒸发波导解析 MGB 模型适应性研究[J]. 兵工学报, 2010, 31(6):796-801.

[47] 田斌, 于淑娟, 李杰, 等. 蒸发波导 PJ 模型在亚热带海区适应性研究[J]. 舰船科学技术, 2009, (9):96-99.

[48] 左雷, 察豪, 田斌, 等. 海上蒸发波导 PJ 模型在我国海区的适应性初步研究[J]. 电子学报, 2009, 37(5):1100-1103.

[49] 丁菊丽, 费建芳, 黄小刚, 等. 稳定度关系式对蒸发波导模型的影响[C]. 2011/01/01.

[50] 丁菊丽, 费建芳, 黄小刚, 等. 稳定层结条件下非线性相似函数对蒸发波导模型的改进[J]. 热带气象学报, 2011, 27(3):410-416.

[51] 丁菊丽, 费建芳, 黄小刚, 等. 南海、东海蒸发波导出现规律的对比分析[J]. 电波科学学报, 2009, 24(6):1018-1023.

[52] 丁菊丽, 费建芳, 黄小刚, 等. 基于局地相似理论的蒸发波导计算方案及敏感性试验[J]. 海洋通报, 2009, 28(1):86-95.

[53] 盛峥. 扩展卡尔曼滤波和不敏卡尔曼滤波在实时雷达回波反演大气波导中的应用[J]. 物理学报, 2011, 60(11):

812-818.

[54] 盛峥, 陈加清, 徐如海. 利用粒子滤波从雷达回波实时跟踪反演大气波导[J]. 物理学报, 2012, 61(6):69301-069301.

[55] 盛峥, 黄思训. 雷达回波资料反演海洋波导的算法和抗噪能力研究[J]. 物理学报, 2009, (6):4328-4334.

[56] 盛峥, 黄思训, 曾国栋. 利用 Bayesian-MCMC 方法从雷达回波反演海洋波导[J]. 物理学报, 2009, (6):4335-4341.

[57] 盛峥, 黄思训, 赵小峰. 雷达回波资料反演海洋波导中观测值权重的确定[J]. 物理学报, 2009, (9):6627-6632.

[58] DING J, FEI J, HUANG X, et al. Development and validation of an evaporation duct model. Part I: Model establishment and sensitivity experiments[J]. Journal of Meteorological Research, 2015, 29:467-481.

[59] DING J, FEI J, HUANG X, et al. Development and validation of an evaporation duct model. Part II: Evaluation and improvement of stability functions[J]. Journal of Meteorological Research, 2015, 29:482-495.

[60] DING J-L, FEI J-F, HUANG X-G, et al. Improvement to the evaporation duct model by introducing nonlinear similarity functions in stable conditions[J]. 热带气象学报 (英文版), 2011, 17(1):64-72.

[61] HUANG S-X, ZHAO X, SHENG Z. Refractivity estimation from radar sea clutter[J]. Chinese Physics B, 2009, 18(11):5084.

[62] ZHAO X, HUANG S. Estimation of atmospheric duct structure using radar sea clutter[J]. Journal of the Atmospheric Sciences, 2012, 69(9):2808-2818.

[63] ZHAO X. Evaporation duct height estimation and source localization from field measurements at an array of radio receivers[J]. Antennas and Propagation, IEEE Transactions on, 2012, 60(2):1020-1025.

[64] ZHAO X. Source Localization in the Duct Environment with the Adjoint of the PE Propagation Model[J]. Atmosphere, 2015, 6(9):1388-1398.

[65] ZHAO X, HUANG S. Influence of Sea Surface Roughness on the Electromagnetic Wave Propagation in the Duct Environment[J]. Radioengineering, 2010, 19(4):601.

[66] ZHAO X, HUANG S. Refractivity from clutter by variational adjoint approach[J]. Progress In Electromagnetics Research B, 2011, 33:153-174.

[67] ZHAO X, HUANG S. Atmospheric duct estimation using radar sea clutter returns by the adjoint method with regularization technique[J]. Journal of Atmospheric and Oceanic Technology, 2014, 31(6):1250-1262.

[68] ZHAO X, HUANG S X, DU H D. Theoretical analysis and numerical experiments of variational adjoint approach for refractivity estimation[J]. Radio science, 2011, 46(1).

[69] ZHAO X, HUANG S X, WANG D X. Using particle filter to track horizontal variations of atmospheric duct structure from radar sea clutter[J]. Atmospheric Measurement Techniques, 2012, 5(11):2859-2866.

[70] 赵小峰, 黄思训. 大气波导条件下雷达海杂波功率仿真[J]. 物理学报, 62(9):99204-099204.

[71] ZHAO X, HUANG S. Refractivity estimations from an angle-of-arrival spectrum[J]. Chinese Physics B, 2011, 20(2):029201.

[72] 赵小峰, 黄思训. 垂直天线阵观测信息反演大气折射率廓线[J]. 物理学报, 2011, 60(11):119203-119203.

[73] ZHAO X, SI-XUN H, JIE X, et al. Remote sensing of atmospheric duct parameters using simulated annealing[J]. Chinese Physics B, 2011, 20(9):099201.

[74] ZHAO X, SI-XUN H, ZHENG S. Ray tracing/correlation approach to estimation of surface-based duct parameters from radar clutter[J]. Chinese Physics B, 2010, 19(4):049201.

[75] ZHAO X, WANG D, HUANG S. Atmospheric duct estimation from multi-source radar sea clutter returns: theoretical framework and preliminary numerical results[J]. Chinese Science Bulletin, 2014, 59(34):4899-4906.

[76] ZHAO X, WANG D, HUANG S, et al. Statistical estimations of atmospheric duct over the South China Sea and the tropical eastern Indian Ocean[J]. Chinese Science Bulletin, 2013, 58(23):2794-2797.

[77] 潘越, 杨坤德, 马远良. 粗糙海面对微波蒸发波导超视距传播影响研究[J]. 计算机仿真, 2008, 25(5):324-328.

[78] 杨坤德, 马远良, 史阳. 西太平洋蒸发波导的时空统计规律研究[J]. 物理学报, 2009, (10):7339-7350.

[79] 赵楼, 杨坤德, 杨益新. 海洋蒸发波导信道的多径时延[J]. 探测与控制学报, 2010, 32(1):39-44.

[80] 朱明永, 杨坤德. 蒸发波导水平不均匀性对电磁波传播的影响[J]. 探测与控制学报, 2008, 30(6):32-36.

[81] SHI Y, KUN-DE Y, YI-XIN Y, et al. Experimental verification of effect of horizontal inhomogeneity of evaporation duct on electromagnetic wave propagation[J]. Chinese Physics B, 2015, 24(4):4102.

[82] SHI Y, YANG K, MA Y, et al. Short term forecast of the evaporation duct for the West Pacific Ocean[C]. 2013. IEEE. p 1-4.

[83] SHI Y, YANG K, YANG Y, et al. Spatio-temporal distribution of evaporation duct for the South China Sea[C]. 2014. IEEE. p 1-6.

[84] SHI Y, YANG K, YANG Y, et al. A new evaporation duct climatology over the South China Sea[J]. Journal of Meteorological Research, 2015, 29:764-778.

[85] SHI Y, YANG K-D, YANG Y-X, et al. Influence of obstacle on electromagnetic wave propagation in evaporation duct with experiment verification[J]. Chinese Physics B, 2015, 24(5):4101.

[86] SHI Y, ZHANG Q, YANG Y, et al. Frequency response of evaporation duct channel for electromagnetic wave propagation[C]. 2016. IEEE. p 1-5.

[87] YANG K, ZHANG Q, SHI Y, et al. On analyzing space-time distribution of evaporation duct height over the global ocean[J]. Acta Oceanologica Sinica, 2016, 35(7):20-29.

[88] ZHANG Q, YANG K, SHI Y. Spatial and temporal variability of the evaporation duct in the Gulf of Aden[J]. Tellus A, 2016, 68.

[89] ZHANG Q, YANG K, SHI Y, et al. Oceanic propagation measurement in the Northern part of the South China Sea[C]. 2016. IEEE. p 1-4.

[90] DOCKERY G D, GOLDHIRSH J. Atmospheric data resolution requirements for propagation assessment: case studies of range-dependent coastal environments[C]. 1995.

[91] KARIMIAN A, YARDIM C, GERSTOFT P, et al. Refractivity estimation from sea clutter: An invited review[J]. Radio science, 2011, 46(6).

[92] YARDIM C, GERSTOFT P, HODGKISS W S. Tracking refractivity from clutter using Kalman and particle filters[J]. Antennas and Propagation, IEEE Transactions on, 2008, 56(4):1058-1070.

[93] YARDIM C, GERSTOFT P, HODGKISS W S. Sensitivity analysis and performance estimation of refractivity from clutter techniques[J]. Radio science, 2009, 44(1).

[94] BABIN S M, YOUNG G S, CARTON J A. A new model of the oceanic evaporation duct[J]. Journal of Applied Meteorology, 1997, 36(3):193-204.

[95] 田明远. 无线电探空仪[J]. 科学大众:科学教育, 1956, (2).

[96] GOLDHIRSH J, DOCKERY G D, MEYER J H. Three years of C band signal measurements for overwater, line-of-sight links in the mid-Atlantic coast: 2. Meteorological aspects of sustained deep fades[J]. Radio science, 1994, 29(6):1433-1447.

[97] 蔺发军, 刘成国, 潘中伟. 近海面大气波导探测及与其它研究结果的比较[J]. 电波科学学报, 2002, 17(3):269-272.

[98] DOUVENOT R, FABBRO V, GERSTOFT P, et al. Real time refractivity from clutter using a best fit approach improved with physical information[J]. Radio science, 2010, 45(1).

[99] GERSTOFT P, HODGKISS W S, ROGERS L T, et al. Probability distribution of low-altitude propagation loss from

radar sea clutter data[J]. Radio science, 2004, 39(6).

[100] GERSTOFT P, ROGERS L T, KROLIK J L, et al. Inversion for refractivity parameters from radar sea clutter[J]. Radio science, 2003, 38(3).

[101] YARDIM C, GERSTOFT P, HODGKISS W S. Estimation of radio refractivity from radar clutter using Bayesian Monte Carlo analysis[J]. Antennas and Propagation, IEEE Transactions on, 2006, 54(4):1318-1327.

[102] FREDERICKSON P, DAVIDSON K, NEWTON A. An operational bulk evaporation duct model[C]. 2003. p 9-11.

[103] JESKE H. State and limits of prediction methods of radar wave propagation conditions over sea. Modern Topics in Microwave Propagation and Air-Sea Interaction: Springer, 1973: 130-148.

[104] LIU W T, KATSAROS K B, BUSINGER J A. Bulk parameterization of air-sea exchanges of heat and water vapor including the molecular constraints at the interface[J]. Journal of the Atmospheric Sciences, 1979, 36(9):1722-1735.

[105] PAULUS R A. Practical application of an evaporation duct model[J]. Radio Science, 1985, 20(4):887-896.

[106] MUSSON‐GENON L, GAUTHIER S, BRUTH E. A simple method to determine evaporation duct height in the sea surface boundary layer[J]. Radio science, 1992, 27(5):635-644.

[107] LIU W T, BLANC T V. bulk atmospheric flux computational iteration program in FORTRAN and BASIC[R]: DTIC Document; 1984.

[108] COOK J. A sensitivity study of weather data inaccuracies on evaporation duct height algorithms[J]. Radio science, 1991, 26(3):731-746.

[109] COOK J, BURK S. Potential refractivity as a similarity variable[J]. Boundary-Layer Meteorology, 1992, 58(1-2): 151-159.

[110] FAIRALL C, BRADLEY E F, HARE J, et al. Bulk parameterization of air-sea fluxes: Updates and verification for the COARE algorithm[J]. Journal of climate, 2003, 16(4):571-591.

[111] BABIN S M, DOCKERY G. Development and Experimental Evaluation of Oceanic Evaporation Duct Models Based on the LKB Approach[R]: DTIC Document; 1999.

[112] BABIN S M, DOCKERY G D. LKB-Based Evaporation Duct Model Comparison with Buoy Data[J]. Journal of Applied Meteorology, 2002, 41(4):434-446.

[113] PATTERSON W L. Advanced refractive effects prediction system (AREPS)[C]. 2007. IEEE. p 891-895.

[114] KALNAY E, KANAMITSU M, KISTLER R, et al. The NCEP/NCAR 40-year reanalysis project[J]. Bulletin of the American meteorological Society, 1996, 77(3):437-471.

[115] TWIGG K L. A smart climatology of evaporation duct height and surface radar propagation in the Indian Ocean[R]: DTIC Document; 2007.

[116] DIMEGO G. WRF Development Activities at NCEP[C]. 2004. p 10-15.

[117] JANJIC Z I, BLACK T, PYLE M, et al. The NCEP WRF core[C]. 2004. Citeseer.

[118] JOSEPH B. Weather research and forecasting model: A technical overview[C]. 2004. p 10-15.

[119] 张金善, 钟中, 黄瑾. 中尺度大气模式 MM5 简介[J]. 海洋预报, 2005, 22(1):31-40.

[120] 王喆, 王振会, 张玉生. 利用 WRF 模式对海上蒸发波导的数值模拟研究[J]. 海洋技术学报, 2010, 29(3):93-97.

[121] 焦林. An evaporation duct prediction model coupled with the MM5[J]. Acta Meteorologica Sinica, 2009, 34(5):46-50.

[122] 焦林, 张永刚. 基于中尺度大气模式 MM5 下的海洋蒸发波导预报研究[J]. 气象学报, 2009, 67(3):382-387.

[123] CHOI J. Performance Comparison of Tropospheric Propagation Models: Ray-Trace Analysis Results Using Worldwide Tropospheric Databases[R]. DTIC Document, 1997.

[124] BOOKER H, WALKINSHAW W. The mode theory of tropospheric refraction and its relation to wave-guides and diffraction[J]. Meteorological factors in radio-wave propagation, 1946:80-127.

[125] KO H W, SARI J W, SKURA J P. Anomalous microwave propagation through atmospheric ducts[J]. Johns Hopkins

APL Technical Digest, 1983, 4:12-26.

[126] DOCKERY G D. Modeling electromagnetic wave propagation in the troposphere using the parabolic equation[J]. Antennas and Propagation, IEEE Transactions on, 1988, 36(10):1464-1470.

[127] THOMSON D J, CHAPMAN N R. A wide-angle split-step algorithm for the parabolic equation[J]. The Journal of the Acoustical Society of America, 1983, 74(6):1848-1854.

[128] ZEBIC-LE HYARIC A. Wide-angle nonlocal boundary conditions for the parabolic wave equation[J]. Antennas and Propagation, IEEE Transactions on, 2001, 49(6):916-922.

[129] BARRIOS A E. Considerations in the development of the advanced propagation model (APM) for US Navy applications[C]. 2003/01/01. IEEE. p 77-82.

[130] BARRIOS A E, ANDERSON K, LINDEM G. Low Altitude Propagation Effects —— A Validation Study of the Advanced Propagation Model (APM) for Mobile Radio Applications[J]. Antennas and Propagation, IEEE Transactions on, 2006, 54(10):2869-2877.

[131] DOCKERY G D, AWADALLAH R S, FREUND D E, et al. An Overview of Recent Advances for the TEMPER Radar Propagation Model[C]. 2007/01/01. IEEE. p 896-905.

[132] NEWKIRK M H. Recent advances in the tropospheric electromagnetic parabolic equation routine (TEMPER) propagation model[J]. 1997 Battlespace Atmosph. Conf, 1998.

[133] BROOKNER E, CORNELY P R, LOK Y F. AREPS and TEMPER-getting familiar with these powerful propagation software Tools[J]. Radar Conference, 2007 IEEE, 2007:1034-1043.

第 2 章 蒸发波导的基本概念

蒸发波导是大气波导的一种，其产生的机理如下：伴随着海面水汽的蒸发和扩散，海面上方的大气湿度随高度的增加而减小，相应的大气折射率随高度的增加而减小，呈负梯度变化趋势。大气折射率的负梯度使电磁波向下折射传播，当向下折射的曲率大于海面的曲率时，电磁波信号就被陷获在蒸发波导中，实现超视距传播。电磁波在蒸发波导中传播时，波阵面由球面扩展形式转变为近似柱面扩展形式，从而使电磁波传播路径损失大大减小，并沿波导轴向海表面弯曲，实现前向超远距离传播。

本章主要介绍蒸发波导的基本概念，包括对流层折射相关的基础知识及对流层大气波导的形成机理。

2.1 对流层折射

2.1.1 球面分层大气中的折射定律

假设介质的折射率分别为 n_1 和 n_2，光线的入射角和折射角分别为 j 和 θ（见图 2-1），则由折射定律可得

$$n_1 \sin j = n_2 \sin \theta \tag{2-1}$$

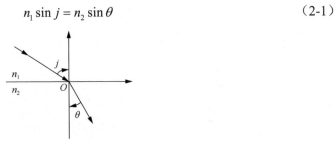

图 2-1 光线的折射

球面分层大气中光线的折射如图 2-2 所示。假设大气折射率为高度的函数，而且各层折射率均为常数，记为 $n_1, n_2, \cdots$。光线在各层大气的分界面上发生折射，入射角分别为 $j_1, j_2, \cdots$，折射角分别为 $\theta_1, \theta_2, \cdots$，则在各分界面上分别有

$$\begin{cases} n_1 \sin j_1 = n_2 \sin \theta_2 \\ n_2 \sin j_2 = n_3 \sin \theta_3 \\ \cdots \end{cases} \tag{2-2}$$

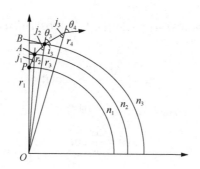

图 2-2 球面分层大气中光线的折射

但在以球心 O 为顶点的各三角形有

$$
\begin{cases}
\triangle OPA: & \dfrac{r_1}{\sin j_1} = \dfrac{r_2}{\sin \theta_1} \\[2mm]
\triangle OAB: & \dfrac{r_2}{\sin j_2} = \dfrac{r_3}{\sin \theta_2} \\
& \quad\vdots
\end{cases}
\tag{2-3}
$$

把式（2-3）代入式（2-2）中，得

$$
\begin{cases}
r_1 n_1 \sin \theta_1 = r_2 n_2 \sin \theta_2 \\
r_2 n_2 \sin \theta_2 = r_3 n_3 \sin \theta_3 \\
\quad\vdots
\end{cases}
\tag{2-4}
$$

一般而言，

$$
rn\sin\theta = A = 常数
\tag{2-5}
$$

或者以折射角的余角 i 表示，则有

$$
rn\cos i = A
\tag{2-6}
$$

同样，在平面分层大气中也可以得到

$$
n\cos i = 常数
\tag{2-7}
$$

2.1.2 射线的曲率半径

由于大气折射率随高度变化而变化，因此，射线将要发生弯曲。以下推导射线的曲率半径 R_L 和大气折射率分布之间的关系。

如图 2-3 所示，曲线的曲率半径定义为

$$
R_L = \lim_{\Delta\tau} \frac{\Delta l}{\Delta\tau} = \frac{\mathrm{d}l}{\mathrm{d}\tau}
\tag{2-8}
$$

式中，

$$
\Delta l = \Delta r / \sin i
\tag{2-9}
$$

对 A 和 B 两点，由斯涅耳定律可得

$$rn\cos i = (r+\Delta r)(n+\Delta n)\cos(i+\Delta i) \tag{2-10}$$

展开后，可得

$$\Delta i = \left(\frac{\Delta n}{n}+\frac{\Delta r}{r}\right)\cot i \tag{2-11}$$

从图 2-3 可以看出，$AC = r\Delta\phi = \Delta r \cot i$，则有

$$\Delta\phi = \frac{\Delta r}{r}\cot i \tag{2-12}$$

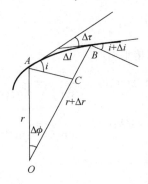

图 2-3　射线的曲率半径

又因为 $\Delta i = \Delta\phi - \Delta\tau$，所以与式（2-11）和式（2-12）比较后可得

$$\Delta\tau = \frac{\Delta n}{n}\cot i \tag{2-13}$$

再把式（2-9）和式（2-12）代入式（2-8）中，并考虑 $n\approx 1$，则有

$$R_{\mathrm{L}} = \frac{\Delta l}{\Delta\tau} = -\frac{1}{\dfrac{\mathrm{d}n}{\mathrm{d}r}\cos i} \tag{2-14}$$

式中，$\mathrm{d}n/\mathrm{d}r$ 即 $\mathrm{d}n/\mathrm{d}z$。

由式（2-14）可以看出，当 $i=0$ 时，

$$R_{\mathrm{L}} = -\left(\frac{\mathrm{d}n}{\mathrm{d}z}\right)^{-1} \tag{2-15}$$

此时，射线的曲率半径最大。当 $i=\pi/2$ 时，即射线垂直向上发射时，$R_{\mathrm{L}}=0$。

2.1.3　折射的分类

利用式（2-14）可以计算各种大气折射率分布情况下超短波射线的曲率半径。在低空标准大气状况下，根据式（2-15）

$$\frac{\mathrm{d}n}{\mathrm{d}z} = -3.91\times10^{-8}(\mathrm{m}^{-1}) \approx -4\times10^{-8}(\mathrm{m}^{-1}) \tag{2-16}$$

求得水平射线（$i=0$）的曲率半径：

$$R_{\mathrm{L}} = 25000\mathrm{km} \approx 4R_{\mathrm{E}} \tag{2-17}$$

式中，R_E 为地球半径，这种情况称为标准折射。此外，还有两种特殊情形：

（1）无折射。若大气是匀质的，则 $dn/dz = 0$，此时，射线不发生弯曲，$R_L = \infty$。

（2）临界折射。发射与地球表面平行的射线。此时，$R_L = R_E$，则有 $dn/dz = -1.57 \times 10^{-7}(m^{-1})$，这个值称为临界垂直梯度。

对一般的大气状况，可按射线的曲率半径，将折射分为负折射、无折射和正折射。其中，正折射包括次折射、标准折射、过折射、临界折射和超折射，见图 2-4 和表 2-1。表 2-1 中的 M 是修正折射率，在 2.1.4 节介绍。下面介绍 4 种折射。

（1）负折射：$dn/dz > 0$。折射率随高度增加，射线弯离地面。负折射对通信不利，它使电磁波传播的极限距离减小。形成负折射的条件是相对湿度随高度增加（$de/dz > 0$，e 为水汽压）或温度递减率大于干绝热减温率。当冷空气移到暖洋面上时，就可能形成这种干绝热减温率。

（2）次折射：$-4 \times 10^{-8} < dn/dz < 0$。次折射在大气的温度递减率比标准大气的温度递减率大一些、湿度递减率比标准大气的湿度递减率小一些的情况下发生，通常在阴云天气时出现。在这种折射类型下，电磁波的传输距离较标准大气时小一些。

（3）过折射：$-1.57 \times 10^{-7} < dn/dz < -4 \times 10^{-8}$。过折射在大气的温度递减率比标准大气的温度递减率小一些、湿度递减率比标准大气湿度递减率大一些的情况下发生。在一般的温度和湿度分布的情况下，当大气出现逆温，就可以出现过折射。过折射使电磁波的传输距离增大。

（4）超折射：$-\infty < dn/dz < -1.57 \times 10^{-7}$。超折射在大气的温度递减率比标准大气温度递减率小很多、湿度递减率比标准大气湿度递减率大很多的情况下发生。一般出现在有逆温或湿度随高度迅速递减的场合。在超折射的情况下，电磁波的传播距离可以大大增加，因为这时电磁波沿地面的传播好像是在波导中传播一样（大气波导）。

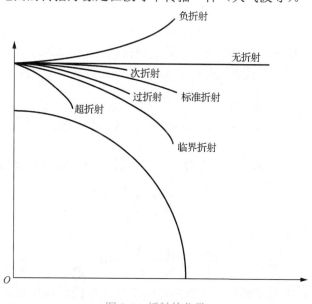

图 2-4 折射的分类

表 2-1 折射的各种类型

表 2-1 折射的各种类型

类型		$dn / dz, m^{-1}$	R_L / R_E	dM / dz
负折射		>0	<0	0.157～∞
无折射		0	∞	0.157
正折射	次折射	-4×10^{-8}～0	4～∞	0.118～0.157
	标准折射	-4×10^{-8}	4	0.118
	过折射	-1.57×10^{-7}～$(-4) \times 10^{-8}$	4～1	0～0.118
	临界折射	-1.57×10^{-7}	1	0
	超折射	$<-1.57 \times 10^{-7}$	1～0	0～$(-\infty)$

2.1.4 修正折射率

在很多情形下，若把地面看成平面，处理问题时就会方便很多。为此，引进修正折射率的概念。根据式（2-6），球面分层大气的斯涅耳定律为

$$rn\cos i = r_0 n_0 \cos i_0 \tag{2-18}$$

式中，i 和 i_0 都是折射角的余角。若射线从地面出发，则有 $r_0 = R_E$，$r = R_E + z$。上式可以改写为

$$n\left(1 + \frac{z}{R_E}\right)\cos i = n_0 \cos i_0 \tag{2-19}$$

引入修正折射率：

$$n' = n\left(1 + \frac{z}{R_E}\right) \approx n + \frac{z}{R_E} \tag{2-20}$$

考虑到 $n \approx 1$，则有

$$n'\cos i = n'_0 \cos i_0 \tag{2-21}$$

其形式完全和平面分层大气中的斯涅耳定律公式——式（2-7）一样。因为 n' 和 n 的数值都比较小，所以也常用下式表示折射率（N）和修正折射率（M）：

$$\begin{cases} N = (n-1) \times 10^6 \\ M = (n'-1) \times 10^6 = \left(n - 1 + \frac{z}{R_E}\right) \times 10^6 \end{cases} \tag{2-22}$$

在地面，M 在 260～460 范围内变化。修正折射率 M 随高度的变化可表示为

$$\frac{dM}{dz} = \left(\frac{dn}{dz} + \frac{1}{R_E}\right) \times 10^{-6} \tag{2-23}$$

对水平方向的射线，

$$\frac{dM}{dz} = \left(\frac{1}{R_E} - \frac{1}{R_L}\right) \times 10^{-6} \tag{2-24}$$

修正折射率 M 随高度的变化率直接反映了射线的曲率和地球表面的曲率之差。用

dM/dz 来判断各种类型的折射，比用 dn/dz 更方便些。在表 2-1 中，给出了不同折射类型所对应的 dM/dz 的值[1]。

2.2　对流层大气波导的分类

当发生超折射时，会出现大气波导，电磁波能量被陷获在波导层中传播。此时，使用修正折射率 M 对辨别波导层更加方便。由表 2-1 可知，当出现大气波导时，在陷获层中 $dM/dz<0$。在海洋环境中，存在 3 类典型的大气波导：表面基波导、抬升波导和蒸发波导。图 2-5 描绘了这 3 类典型大气波导层的折射率 N 值剖面和修正折射率 M 值剖面。由图 2-5 可知，从折射率 N 值剖面中辨别波导区域是很困难的，而使用修正折射率 M 值剖面则很容易辨别出波导区域。表面基波导和抬升波导也可能发生在陆地大气环境中，由于受到大气边界层稳定度和边界层水汽压垂直分布的影响，波导在海洋环境大气中显得更为频繁和重要。

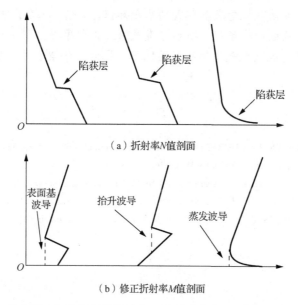

图 2-5　3 类典型大气波导层的折射率 N 值剖面和修正折射率 M 值剖面

下边界接地的波导称为表面基波导，它的特点是陷获层顶的大气修正折射率小于地面的大气修正折射率。表面基波导可以由接地的或悬空的陷获层形成，其波导层厚度范围为从地面到陷获层顶。表面基波导层厚度几乎总是小于 1 km，绝大多数情况下其厚度不超过 300 m。产生表面基波导的原因可能是暖而干燥的大陆气团平移进入相对冷而潮湿的海面。在世界范围的海域内，表面基波导的发生频率为 15%[2]，这随着地理纬度的不同而不同。

下边界悬空的波导称为抬升波导，它的特点是，陷获层顶的大气修正折射率大于地面的大气修正折射率。抬升波导的高度范围为从陷获层顶向下到与陷获层顶修正折射率相同

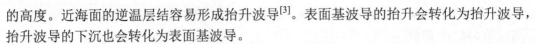

的高度。近海面的逆温层结容易形成抬升波导[3]。表面基波导的抬升会转化为抬升波导，抬升波导的下沉也会转化为表面基波导。

蒸发波导的修正折射率 M 值剖面是一个对数线性剖面，这可由折射率剖面的直接测量结果给出。蒸发波导的高度是其修正折射率 M 值剖面中最小修正折射率 M 值对应的高度，也就是 $\mathrm{d}M/\mathrm{d}z = 0$ 所在的高度。在这个高度基础上，高度进一步增高，修正折射率 M 值将增大。蒸发波导的强度定义为在海面的修正折射率 M 值与蒸发波导高度处的修正折射率 M 值之差。蒸发波导高度一般不超过 40 m，几乎存在于所有无冰的海域。蒸发波导高度会因地理经纬度、季节甚至一天中时刻的不同而发生变化，蒸发波导高度的全球平均值约为 13 m[4]。由于蒸发波导出现的概率大，而且位置就在近海面，对船载电子系统影响大，因此本书重点介绍蒸发波导。

本 章 小 结

本章介绍了蒸发波导概念及其相关的基础知识。首先，介绍了对流层折射的基本概念，包括折射定律、射线的曲率半径、折射分类及修正折射率等。其次，分析了电磁波在对流层中传播时的折射情况及大气波导的形成机理。最后，介绍了对流层大气波导的分类。

本章参考文献

[1] LEVIS C A, JOHNSON J T, TEIXEIRA F L. Radiowave propagation : physics and applications[J]. Archives De Sciences Sociales Des Religions, 1979, 48(4):363-363.

[2] PATTERSON W. Ducting climatology summary[J]. SPAWAR Sys. Cent., San Diego, Calif., Tech. Rep, 1992.

[3] 伍亦亦, 洪振杰. 利用高分辨率探空资料统计分析大气波导特性[J]. 舰船科学技术, 2011, 33(10):41-45.

[4] TURTON J, BENNETTS D, FARMER S. An introduction to radio ducting[J]. Meteorological Magazine, 1988, 117(1393):245-254.

第 3 章 蒸发波导预测模型

3.1 大气运动的基本概念

3.1.1 大气运动的基本方程

大气运动遵从质量守恒、能量守恒、动量守恒等基本物理规律。在大气科学研究中，对这些物理规律用同时满足并包含"源"和"汇"的一组耦合关系进行描述，得到大气运动的基本方程。这些基本方程是在大气研究中做了合适的假设和参量设定后得到的。

在质量守恒中，假设了地球大气质量是无源和汇的。在能量守恒中，认为大气中尺度特征很像理想气体，并处于局部热力平衡状态。在气团的内能变化过程中，引入物理量位温 θ，其定义为

$$\theta = T_v \left(\frac{1000}{p} \right)^{\frac{R_d}{C_p}} \tag{3-1}$$

式中，p 为气压，C_p 为定压比热，T_v 为虚温，R_d 为干空气气体常数。考虑到大气和理想气体的区别，在从理想气体状态方程推导大气状态方程的过程中引入了这些参数。由理想气体状态方程可得到湿空气的状态方程：

$$p\alpha = R_d(1 + 0.61q)T \tag{3-2}$$

式中，α 为空气比容，即单位质量空气的体积；q 为比湿。R_d 和普适气体常数 R^* 的关系式为

$$R_d = \frac{R^*}{28.98} = 287\text{K}^{-1}\text{kg}^{-1} \tag{3-3}$$

湿空气的状态方程可写成包含水汽影响的理想气体形式，即

$$p\alpha = R_d T_v \tag{3-4}$$

由此可见，虚温 $T_v = (1 + 0.61q)T$，它等于具有同样 $p\alpha$ 值的干空气对应的温度。定压比热 C_p 和干空气气体常数 R_d 之比是 $7:2$[1]。、

关于气团随时间和空间位置变化的动量守恒，可由牛顿第二定律得到。

3.1.2 大气中尺度环流

在大气科学研究中，对上述基本方程进行符合实际的各种假设，如滞弹性条件、流体静力条件等，可得到诸如连续性方程的简化形式深对流连续方程、浅对流连续方程，以及

运动方程的简化形式流体静力方程等，这些简化形式使用的一系列特征尺度均属于大气中尺度环流[2]的范畴，由此形成的各种简化关系适用于中尺度环流，基于这些关系的蒸发波导预测理论也属于中尺度问题。因此，大气中尺度环流能够用于说明蒸发波导环境特性预测结果代表的水平范围。

大气科学研究中提出了各种关于中尺度环流的定义，这里引用 R.A.Pielke 给出的定义，即滞弹性的、流体静力的和明显非梯度风的气象系统。其判据如下：

（1）水平尺度大到可以应用流体静力学方程。

（2）水平尺度小到科里奥利项相对于平流项和气压梯度力项是很小的，其形成的流场即使在没有摩擦力的情况下也与梯度风关系有着本质的不同。

在这一尺度的定义中，由于第二项判据是以中尺度环流的水平尺度构成其上限的，因此，这一定义是维度的函数。

3.1.3 莫宁-奥布霍夫相似理论

目前，所有的蒸发波导预测模型都是以莫宁-奥布霍夫（Monin-Obukhov）相似理论为基础的，只是各种模型在相似理论应用上有所不同。莫宁-奥布霍夫相似理论认为，对于定常、水平均匀、无辐射和无相态变化的近地层，其运动学和热力学结构仅决定于湍流过程。由于蒸发波导出现在海洋大气边界近地层内，受海面微气象条件的影响，蒸发波导高度通常是根据近地层相似理论利用气象海洋观测资料来确定的。对任意物理量 σ（如海面风速 u、位温 θ、比湿 q 等），记 $\bar{\sigma}$ 为湍流平均量，σ' 为湍流脉动量，σ^* 为该物理量的湍流特征尺度，根据莫宁-奥布霍夫相似理论，可得

$$\frac{\partial \bar{\sigma}}{\partial z} = \frac{\sigma^*}{\kappa z} \varphi\left(\frac{z}{L}\right) \tag{3-5}$$

式中，κ 为卡门常数，其值为 $0.35\sim0.40$，这里取值 0.40；z 为海面以上垂直高度，L 为莫宁-奥布霍夫长度；φ 为无量纲稳定度因子 z/L 的函数，该函数称为物理量垂直分布廓线的普适函数，对于不同的物理量和大气层结，它有不同的表达式。

在大气边界层相似理论的参数化过程中，大气参数随高度的变化根据莫宁-奥布霍夫相似理论以相应的尺度通量来描述，海面风速 u、位温 θ、比湿 q 分别由下式给出：

$$u(z) = \frac{u^*}{h}\left[\ln\left(\frac{z}{z_0}\right) - \psi_M\left(\frac{z}{L}\right)\right] \tag{3-6}$$

$$\theta(z) = \theta_0 + 0.74\frac{\theta^*}{k}\left[\ln\left(\frac{z}{z_0}\right) - \psi_H\left(\frac{z}{L}\right)\right] \tag{3-7}$$

$$q(z) = q_0 + 0.74\frac{q^*}{k}\left[\ln\left(\frac{z}{z_0}\right) - \psi_H\left(\frac{z}{L}\right)\right] \tag{3-8}$$

式中，θ_0 和 q_0 分别为位温初始值和比湿初始值，即 $z = 0$ 时的位温和比湿；z_0 为海面粗糙

度，其值通常选取 1.5×10^{-4}；$\psi\left(\dfrac{z}{L}\right)$ 是和 $\varphi\left(\dfrac{z}{L}\right)$ 相联系的，两者关系式为

$$\psi\left(\frac{z}{L}\right) = \int_0^{\frac{z}{L}} \frac{1 - \varphi\left(\dfrac{z}{L}\right)}{\dfrac{z}{L}} \, \mathrm{d}\left(\frac{z}{L}\right) \tag{3-9}$$

3.2　蒸发波导预测模型——PJ 模型

3.2.1　PJ 模型的基本理论

20 世纪 70 年代，美国的 Jeske 提出了利用海面气象参数预测蒸发波导高度的方法。1985 年，Paulus 在 Jeske 模型的基础上做了一些修正，提出了一个修正后的实用模型，简称 PJ 模型[3,4]。PJ 模型是早期最成功并被广泛应用的蒸发波导预测模型。

PJ 模型采用 6m 高度处的气温、相对湿度、风速和海水表面温度作为输入，它假定海面大气压为常数 1000hPa。该模型使用了一个称为位折射率的量 N_p 代替折射率 N，用位温 θ 代替空气温度 T，用位水汽压 e_p 代替水汽压 e。Jeske 认为位折射率是一个保守量，并且假定其具有相似变量的性质。因此，使用垂直位折射率梯度的相似表达式，给出产生波导的位折射率临界梯度，从而推导出蒸发波导高度的表达式。

PJ 模型所使用的位折射率的表达式为

$$N_p = \frac{A}{\theta}\left(1000 + \frac{Be_p}{\theta}\right) \tag{3-10}$$

式中，用位折射率 N_p 代替大气折射率 N，用位温 θ 和位水汽压 e_p 分别代替实际空气温度 T 与水汽压 e，$A = \dfrac{-0.125B}{\Delta N_p}$，$B = \ln\dfrac{h_1}{h_0} - \psi$。在近地层，位温与空气温度、位水汽压与水汽压几乎相等，将式（3-10）对 z 求导，可得

$$\frac{\partial N_p}{\partial z} = \frac{\partial N}{\partial z} - \frac{A}{T}\frac{\partial p}{\partial z} \tag{3-11}$$

通常情况下，大气压可以由 $p(h) = p_0 \exp(-h/h_0)$ 给出。其中，h_0 为均质大气高度，$h_0 = \dfrac{RT}{gu}$，R 为普适气体常数，g 为重力加速度，u 为空气分子量，由此计算得到近海面的 $\dfrac{\partial p}{\partial z} \approx 0.12\text{hPa}^{-1}$。对气温 T 值选择 15℃，从而可以得到位折射率梯度的临界值：$\dfrac{\partial N_p}{\partial z} = 0.125$，此时，所对应的高度就是蒸发波导高度[4]。

假定 h_1 为气象要素的测量高度，$h_1 = 6\text{m}$，T_a 为近海面空气温度（单位：K），T_s 为海水表面温度（单位：K），u 为测量高度处的风速（单位：knot）。利用莫宁-奥布霍夫相似

理论计算莫宁-奥布霍夫长度和整体里查逊数 Ri_b（通常情况下，Ri_b 不大于 1）：

$$L = \frac{10h_1\Gamma_e}{Ri_b} \tag{3-12}$$

$$Ri_b = 369h_1\frac{T_a - T_s}{u^2 T_a} \tag{3-13}$$

式（3-12）中，函数 Γ_e 根据 Ri_b 的取值采用不同的计算公式：

$$\begin{aligned}
\Gamma_e &= 0.05 & Ri_b &\leqslant -3.75, \\
\Gamma_e &= 0.065 + 0.004Ri_b & -3.75 &< Ri_b \leqslant -0.12, \\
\Gamma_e &= 0.109 + 0.367Ri_b & -0.12 &< Ri_b \leqslant 0.14, \\
\Gamma_e &= 0.155 + 0.021Ri_b & 0.14 &< Ri_b
\end{aligned} \tag{3-14}$$

选取物理量 σ 作为位折射率 N_p，可得

$$\frac{\partial N_p}{\partial z} = \frac{N_p^*}{kz}\varphi\left(\frac{z}{L}\right) \tag{3-15}$$

对于普适函数 φ，在大气中性条件下（气海温差 $\delta=0$），其值为 1；在非大气中性条件下，这类普适函数不能由莫宁-奥布霍夫相似理论直接给出，只能通过近地层观测根据经验给出。不同的研究者给出的结果有所不同，本章对稳定的大气层结（气海温差 $\delta>0$），采用 Jeske 建议使用的、由莫宁-奥布霍夫相似理论给出的对数线性关系[5]：

$$\varphi\left(\frac{z}{L}\right) = 1 + \beta\frac{z}{L}, \qquad \beta = 5.2 \tag{3-16}$$

对不稳定的大气层结（气海温差 $\delta<0$），采用 Jeske 建议使用的、由 Panofsky 等人推导出的关系[5]：

$$\varphi^4 - 4\alpha\frac{z}{L}\varphi^3 = 1, \qquad \alpha = 4.5 \tag{3-17}$$

将式（3-17）等号两边分别在海面粗糙度 z_0 到参考高度 z_1 范围内求积分，得

$$N_p(z_1) - N_p(z_0) = \frac{N_p^*}{k}B \tag{3-18}$$

式中，$B = \int_{z_0}^{z_1}\frac{\varphi\left(\frac{z}{L}\right)}{z}\mathrm{d}z$，将式（3-18）代入式（3-15），可得

$$\frac{\partial N_p}{\partial z} = \frac{N_p(z_1) - N_p(z_0)}{z}\frac{\varphi\left(\frac{z}{L}\right)}{B} = \frac{\Delta N_p}{z}\frac{\varphi\left(\frac{z}{L}\right)}{B} \tag{3-19}$$

式中，

$$N_p(z_1) = \frac{77.6}{T_a}\left[1000 + \frac{4810}{T_a}e\right] \tag{3-20}$$

$$N_p(z_0) = \frac{77.6}{T_s}\left[1000 + \frac{4810}{T_s}e_0\right] \qquad (3\text{-}21)$$

e 和 e_0 分别为参考高度处的水汽压和海水表面饱和水汽压，由下面公式给出：

$$e = \frac{RH}{100}\left\{6.105\exp\left[25.22\left(\frac{T_a - 273.2}{T_a}\right) - 5.31\ln\left(\frac{T_a}{273.2}\right)\right]\right\} \qquad (3\text{-}22)$$

$$e_0 = 6.105\exp\left[25.22\left(\frac{T_s - 273.2}{T_s}\right) - 5.31\ln\left(\frac{T_s}{273.2}\right)\right] \qquad (3\text{-}23)$$

当位折射率梯度取其临界值-0.125 时，所对应的高度就是蒸发波导高度 δ。在大气中性条件和稳定条件下，蒸发波导高度方程为

$$\delta = 0, \quad \Delta N_p > 0 \qquad (3\text{-}24)$$

$$\delta = \frac{\Delta N_p}{-0.125\left(\ln\frac{h_1}{h_0} + \frac{5.2h_1}{L}\right) - \frac{5.2\Delta N_p}{L}} \qquad (3\text{-}25)$$

如果式（3-25）的计算结果 $\delta < 0$ 或 $\frac{\delta}{L} > 1$，那么

$$\delta = \frac{\Delta N_p(1 + 5.2) + 0.65h_1}{-0.125\ln\frac{h_1}{h_0}} \qquad (3\text{-}26)$$

在不稳定条件下，

$$\delta = \frac{1}{\sqrt[4]{A^4 - \frac{18}{L}A^3}} \qquad (3\text{-}27)$$

式中，$A = \frac{-0.125B}{\Delta N_p}$，$B = \ln\frac{h_1}{h_0} - \psi$，这里的 ψ 是关于 $\frac{h_1}{L}$ 的普适函数。

由于热导效应和热辐射效应，空气温度在测量过程中会存在很大的误差，因此会对蒸发波导高度产生很大影响。Paulus 对此作了一些修正：在 $T_a - T_s > -1$ 的情况下，计算两个波导高度 δ_0（$T_a = T_s$）和 δ_1（$T_a = T_s - 1$），若 $\delta_0 > \delta_1$，则 δ_1 就是所求蒸发波导高度。

PJ 模型计算蒸发波导修正折射率剖面的公式为

$$M(z) = M_0 + 0.125z - \frac{0.125\delta}{\varphi\left(\frac{\delta}{L}\right)}\left[\ln\left(\frac{z + z_0}{z_0}\right) - \psi\left(\frac{z}{L}\right)\right] \qquad (3\text{-}28)$$

式中，M_0 为海面粗糙度 z_0 处的大气修正折射率。

3.2.2 计算机仿真结果

下面给出两组计算机仿真结果。

1. 在稳定条件下

T_a =3.8T_a；T_s =2.0℃；u =7.98m/s；RH =78.8%。当蒸发波导高度为 5.4508m 时，蒸发波导修正折射率剖面如图 3-1 所示。

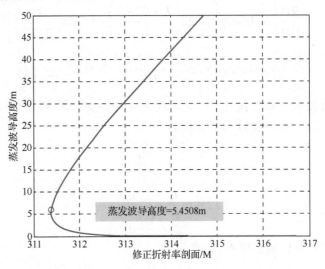

图 3-1　在稳定条件下，蒸发波导高度为 5.4508m 时的蒸发波导修正折射率剖面

2. 在不稳定条件下

（1）T_a =10.4℃；T_s =11.0℃；u =4.5 m/s；RH =55%。当蒸发波导高度为 12.352m 时，蒸发波导修正折射率剖面如图 3-2 所示。

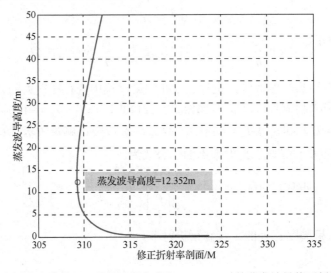

图 3-2　在不稳定条件下，蒸发波导高度为 12.352m 时的蒸发波导修正折射率剖面

（2）T_a =12.0℃；T_s =12.2℃；u =4.2 m/s；RH =60%。当蒸发波导高度为 11.5235m 时，蒸发波导修正折射率剖面如图 3-3 所示。

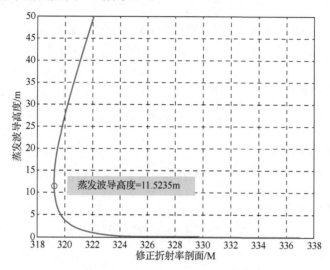

图 3-3　在不稳定条件下，蒸发波导高度为 11.5235m 时的蒸发波导修正折射率剖面

3.3　蒸发波导预测模型——伪折射率模型

3.3.1　伪折射率模型的基本理论

伪折射率模型是由我国刘成国博士提出的，该模型以伪折射率为相似参量，用莫宁-奥布霍夫相似理论预测蒸发波导高度[6]。由于近海面的折射率梯度变化可近似认为与气压无关，因此，刘成国博士定义了伪折射率，推导了其相似公式，得到蒸发波导高度方程。伪折射率模型以在一个已知高度上测量的空气温度、相对湿度、海面风速和海水温度作为输入量，把大气折射率表示成气压、温度、水汽压垂直梯度的函数，用流体静力学方程近似计算垂直气压梯度，然后引入与气压无关但与大气折射率直接相关的参量——伪折射率。

从折射率的表达式可知，离地面高度 z 处的大气折射率 $N(z)$ 是空气温度 $T(z)$、水汽压强 $e(z)$ 和气压 $P(z)$ 的函数，即

$$N(z) = 77.6 \times \frac{P(z)}{T(z)} + 3.73 \times 10^5 \times \frac{e(z)}{T^2(z)}$$ （3-29）

将上式对 z 微分，忽略近海面的气象参数变化对各参量梯度系数的影响，选取标准大气条件下海面的气压 P_0 = 1013.25 hPa，T_0 = 288 K，e_0 = 10.13 hPa，得到近海面大气折射率的梯度，即

$$\frac{\partial N(z)}{\partial z} \approx 0.269 \frac{\partial P(z)}{\partial z} - 1.263 \frac{\partial T(z)}{\partial z} + 4.495 \frac{\partial e(z)}{\partial z}$$ （3-30）

根据玻耳兹曼公式，在典型情况下：

$$\frac{\partial P(z)}{\partial z} \approx 0.1192\text{hPa/m} \tag{3-31}$$

把式（3-31）代入式（3-30）可以得到近海面大气折射率满足：

$$\frac{\partial N(z)}{\partial z} \approx -0.032 - 1.263\frac{\partial T(z)}{\partial z} + 4.495\frac{\partial e(z)}{\partial z} \tag{3-32}$$

在蒸发波导高度处：

$$\frac{\partial N(z)}{\partial z}\Big|_{z=\delta} = -0.157\text{N/m} \tag{3-33}$$

所以蒸发波导高度满足：

$$4.495\frac{\partial e(z)}{\partial z}\Big|_{z=\delta} - 1.263\frac{\partial T(z)}{\partial z}\Big|_{z=\delta} \approx -0.125\text{N/m} \tag{3-34}$$

引入参量伪折射率 $N_{\text{p}}(z)$：

$$N_{\text{p}}(z) = 4.495e(z) - 1.263T(z) \tag{3-35}$$

则

$$\frac{\partial N_{\text{p}}(z)}{\partial z} \approx 4.495\frac{\partial e(z)}{\partial z} - 1.263\frac{\partial T(z)}{\partial z} \tag{3-36}$$

显然，$N_{\text{p}}(z)$ 在蒸发波导高度 δ 处满足：

$$\frac{\partial N_{\text{p}}(z)}{\partial z}\Big|_{z=\delta} = -0.125\text{N/m} \tag{3-37}$$

在大气边界层相似理论的参数化过程中，大气参数随高度的变化根据莫宁-奥布霍夫相似理论通过相应的尺度通量描述，海面风速 u、位温 θ、比湿 q 分别由式（3-6）、式（3-7）和式（3-8）给出。

在位温 $\theta(z)$ 与虚温 $T_{\text{v}}(z)$ 和空气温度 $T(z)$ 相关的关系式（3-1）中，令

$$A_{\theta} = [1 + 0.61q(z)]\left(\frac{1000}{P(z)}\right)^{\frac{R_{\text{d}}}{C_{\text{p}}}} \tag{3-38}$$

则

$$\theta(z) = A_{\theta}T(z) \tag{3-39}$$

由于蒸发波导高度一般不超过 40m，气压的变化相对 1000hPa 来说很小，而且比湿 q 远小于 1，空气中 R_{d} 和 C_{p} 的比值是 2:7，因此，可以认为 A_{θ} 是常数。

对比湿和湿度的关系式：

$$q(z) = \frac{0.622e(z)}{P(z) - e(z)} \tag{3-40}$$

式中，分母的相对变化很小，可以认为比湿以常数方式正比于湿度，即

$$q(z) = A_q e(z) \tag{3-41}$$

$$A_q = \frac{0.622}{P(z) - e(z)} \tag{3-42}$$

A_q 视为常数。此位温、比湿的相似关系可直接引用到温度和湿度的相似关系中：

$$T(z) = T_0 + 0.74 \frac{T^*}{\kappa} \left[\ln\left(\frac{z}{z_0}\right) - \psi_\theta\left(\frac{z}{L}\right) \right] \tag{3-43}$$

$$e(z) = e_0 + 0.74 \frac{e^*}{\kappa} \left[\ln\left(\frac{z}{z_0}\right) - \psi_\theta\left(\frac{z}{L}\right) \right] \tag{3-44}$$

式中，T^* 和 e^* 是与 u^* 具有同样意义的参量。

将式（3-43）和式（3-44）代入式（3-35），可得到伪折射率的相似关系式，即

$$N_p(z) = N_{p0} + 0.74 \frac{N_p^*}{\kappa} \left[\ln\left(\frac{z}{z_0}\right) - \psi_\theta\left(\frac{z}{L}\right) \right] \tag{3-45}$$

式中，N_{p0} 是海水表面折射率，N_p^* 是与 T^* 具有相同意义的参量，它满足

$$N_p^* = 4.495 e^* - 1.263 T^* \tag{3-46}$$

将式（3-46）代入式（3-45）得到蒸发波导高度方程：

$$0.74 N_p^* \varphi_\theta\left(\frac{\delta}{L}\right) = -0.125 \kappa \delta \tag{3-47}$$

通过牛顿迭代法，求出波导高度。

利用式（3-45），伪折射率 $N_p(z)$ 可表示为

$$\frac{\partial N_p(z)}{\partial z} = \frac{0.74 N_p^*}{\kappa z} \varphi_\theta\left(\frac{z}{L}\right) \tag{3-48}$$

将式（3-47）代入式（3-48）可得到

$$\partial N_p(z) = -\frac{0.125\delta}{\varphi_\theta(\delta/L)} \left[\frac{\partial z}{z} - \partial \psi_\theta\left(\frac{z}{L}\right) \right] \tag{3-49}$$

对式（3-49）在 z_0 到 $z_0 + z$ 范围积分，可得

$$N_p(z) = -\frac{0.125\delta}{\varphi_\theta\left(\dfrac{\delta}{L}\right)} \left\{ \ln\frac{z_0+z}{z_0} - \left[\psi_\theta\left(\frac{z_0+z}{L}\right) - \psi_\theta\left(\frac{z_0}{L}\right) \right] \right\} \tag{3-50}$$

前面已经说明海面粗糙度 z_0 的值很小，因此，由 $M = N + \dfrac{z}{R} \times 10^6 \approx N + 0.157z$，可得

$$N(z) = N(0) + N_p(z) - 0.032z \tag{3-51}$$

大气修正折射率 $M(z)$ 和大气折射率 $N(z)$ 的关系式为

$$M(z) = N(z) + 0.157z \tag{3-52}$$

于是，有

$$M(z) = M(0) - \frac{0.125\delta}{\varphi\left(\dfrac{\delta}{L}\right)} \left\{ \ln\frac{z_0+z}{z_0} - \left[\psi_\theta\left(\frac{z_0+z}{L}\right) - \psi_\theta\left(\frac{z_0}{L}\right) \right] \right\} + 0.125z \tag{3-53}$$

式（3-53）就是所求的蒸发波导修正折射率剖面。

3.3.2 计算机仿真结果

利用上述理论，只要测出某一高度 z 处的空气温度 T、湿度 e（或相对湿度 RH）、海面风速 u、海水表面温度 T_0，利用牛顿迭代法即可计算出蒸发波导高度。

计算中涉及的气象学经验公式如下。

莫宁-奥布霍夫长度公式：

$$L = \frac{u^{*2}T}{1.35\kappa g(T^* + 0.608T_q^*)} \tag{3-54}$$

在稳定和中性条件下：

$$\psi_u = \psi_\theta = -6.35\left(\frac{z}{L}\right) \tag{3-55}$$

在不稳定条件下：

$$\psi_\theta = 2\ln\left[\frac{(1+\beta)}{2}\right], \quad \beta = \left[1-16\left(\frac{z}{L}\right)\right]^{0.25}$$

$$\psi_u = 2\ln\left[\frac{(1+\beta)}{2}\right] + \ln\left[\frac{(1+\beta^2)}{2}\right] - 2\arctan(\beta) + \frac{\pi}{2} \tag{3-56}$$

下面给出 3 种不同条件下的计算机仿真结果。中性条件下蒸发波导修正折射率剖面如图 3-4 所示，稳定条件下蒸发波导修正折射率剖面如图 3-5 所示，不稳定条件下蒸发波导修正折射率剖面如图 3-6 所示。

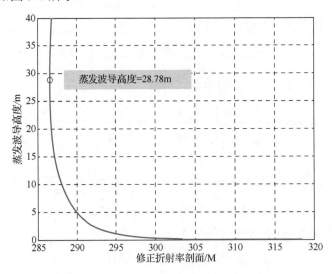

图 3-4　中性条件下蒸发波导修正折射率剖面

（1）在中性条件下：测量数据为 $z_1 = 8\text{m}$；$T_1 = T_0 = 288\text{K}$，$u_1 = 5\text{m/s}$，$e_1 = 17.0\text{hPa}$，蒸发波导高度为 28.78m。

（2）在稳定条件下：测量数据为 $z_1 = 9\text{m}$；$T_1 = 289\text{K}$，$T_0 = 288\text{K}$，$u_1 = 8\text{m/s}$，$e_1 = 18.0\text{hPa}$，

蒸发波导高度为 6.12m。

（3）在不稳定条件下：测量数据为 z_1 =6m；T_1 =290K，T_0 =291K，u_1 =5m/s，e_1 =16.5hPa，蒸发波导高度为 19.42m。

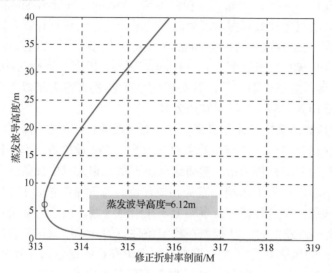

图 3-5　稳定条件下蒸发波导修正折射率剖面

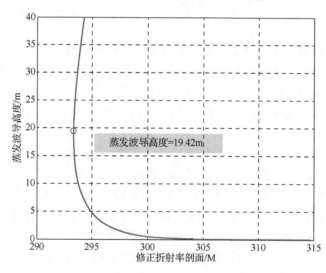

图 3-6　不稳定条件下蒸发波导修正折射率剖面

3.4　蒸发波导预测模型——NPS 模型

本节主要介绍 NPS 模型。同时，利用最新的边界层实验观测结果，改进 NPS 模型在稳定条件下的性能。

3.4.1　NPS 模型

目前，蒸发波导预测模型是获取蒸发波导高度及其修正折射率剖面的主要方法，它以大气边界层相似理论——莫宁-奥布霍夫相似理论（Monin-Obukhov Similarity）为基础，使用某一已知高度处的气象参数和海水表面温度的平均测量值进行计算。国内外尚存在若干蒸发波导预测模型，如 BYC（Babin-Young-Carton）模型[7,8]、美国海军研究生院（Naval Postgraduate School, NPS）模型[8,9]、PJ（Paulus-Jeske）模型[10]、MGB（Musson-Gauthier-Bruth）模型[11]、伪折射率模型[12]等。这些模型对莫宁-奥布霍夫相似理论的应用方法存在不同之处，因此适用条件和计算结果有所差异。

PJ 模型[10]因其算法简单且计算速度快，在海上舰船中广泛应用，自 1978 年起它就作为美国海军业务化运行模型。PJ 模型的主要缺点是，它假设位折射率与位温度、位湿度等气象参数满足大气边界层相似理论，然而这只在不稳定和大气中性条件下成立，对稳定条件，位折射率并不满足——莫宁-奥布霍夫相似理论。当气海温差大于 1℃时，PJ 模型认为这是测量误差造成的，而进行修正。事实上，在沿海区域，由于海陆交互作用，气海温差大于 0℃ 的情况是经常发生的，PJ 模型在稳定条件下的计算结果可能会发生错误。同时，PJ 模型没有考虑在低风速下莫宁-奥布霍夫相似理论存在的误差，并且 PJ 模型采用的一些参数来源于陆地测量的结果。因此，PJ 模型在不稳定条件下（气海温差小于 0℃）的预测结果往往比实际蒸发波导高度大。而在稳定条件下（气海温差大于 0℃），该模型不能给出正确的结果。

NPS 模型是美国海军研究生院提出的蒸发波导预测模型，采用了长期海上调查所获得的海气通量整体算法，目前也是美国海军业务化运行的模型。Babin[7,8]对 PJ 模型、NPS 模型、BYC 模型、MGB 模型、NWA 模型、NRL 模型进行了仔细的理论分析和浮标数据验证评估，认为 NPS 模型和 BYC 模型是目前估计蒸发波导高度及其修正折射率剖面的最佳模型。这两种模型的基本原理一样，区别是内部特定函数的选择和波导高度的确定方式不同。BYC 模型通过求导方式直接获得蒸发波导高度，而 NPS 模型在获得温度、湿度、气压的剖面后，才计算出蒸发波导修正折射率剖面，再利用最小值的位置确定蒸发波导高度。相比较而言，NPS 模型具有更强的稳定性，因为当蒸发波导高度为零或当蒸发波导高度超过边界层很多时，BYC 模型通过求导方式获得的蒸发波导高度都为 0，将出现错误。因此，本章选择 NPS 模型开展海上蒸发波导的统计规律研究。

在海上近地层内，大气和海面之间的相互作用十分剧烈，使该层大气的运动呈现明显的湍流性质。由于在该层内气压的垂直梯度和科里奥利力可以被忽略，因此，可以使用近地层的莫宁-奥布霍夫相似理论。莫宁-奥布霍夫相似理论陈述了近地层大气物理量垂直梯度与尺度参数之间的关系，它是一个估计近表面折射率剖面的有力工具。

在近地层中，假设大气水平均匀，动量的湍流通量守恒，并且敏热和潜伏热不随高度的变化而变化，那么，一个守恒标量 S 的垂直梯度可以按照莫宁-奥布霍夫相似理论论表示为[10]

$$\frac{\partial S}{\partial z} = \frac{S^*}{\kappa z}\varphi_S\left(\frac{z}{L}\right) \tag{3-57}$$

式中，z 为海拔高度（单位：m），S^* 为标量 S 的尺度参数，κ 为卡门常数（其值通常取 0.4），L 为莫宁-奥布霍夫长度，ϕ_S 是通过经验确定的标量 S 的稳定性函数。标量 S 通常为海面风速、位温和比湿。

对式（3-57），从 $z = z_0$ 处开始积分，则有[10]

$$S(z) - S_0 = \frac{S^*}{\kappa}\left[\ln\left(\frac{z}{z_0}\right) - \varphi_S\left(\frac{z}{L}\right)\right] \tag{3-58}$$

式中，z_0 为海面粗糙度（通常取 1.5×10^{-4}），S_0 为标量 S 在 z_0 处的值。由上式可以计算出标量 S 在近地层中任一高度处的值。

在对流层中，气温 T、气压 P 和水汽压 e 的测量对计算大气折射率 N 是很重要的。然而，在进行近地层气象要素测量时会受到湍流的影响。因此，只能使用模拟湍流传输机制并推测折射率的方法代替对瞬时折射率的直接测量。莫宁-奥布霍夫相似理论恰好模拟了这种湍流传输机制。在式（3-57）和式（3-58）中，通常对标量 S 分别取为海面风速 u、位温 θ 和比湿 q，相应的尺度参数分别为 u^*、θ^* 和 q^*。位温是指当空气包的压力达到参考压力 P_0（其值通常为 1000 hPa）时空气包的温度[7,8]，即

$$\theta = T\left(P_0 / P\right)^{R/C_p} \tag{3-59}$$

式中，T 为空气温度（单位：K），P 为大气压，$R / C_p = 0.286$。比湿 q 与水汽压 e 的函数关系式为[7,8]

$$e = \frac{qP}{\varepsilon + (1-\varepsilon)q} \tag{3-60}$$

式中，ε 为常数 0.62197。

为了确定相应的尺度参数，以往 PJ 模型和 MGB 模型等依赖理查森数（Richardson Number）和莫宁-奥布霍夫长度之间的经验关系。其中，许多经验关系是通过陆上实验获得的，针对海洋的实验较少。采用经验关系的目的是简化计算，符合当时计算能力较低的要求。NPS 模型的核心是采用长期海上调查所获得的海气通量整体算法 COARE[13]，所用的经验关系均来自海洋实验，该算法广泛应用于边界层，并且得到了大量的实验验证。本书采用最新发布的 COARE 3.0 算法进行近地层尺度参数 u^*、θ^* 和 q^* 的计算，之后采用以下公式计算温度和湿度剖面[7,8]：

$$T(z) = T_{sea} + \frac{\theta^*}{\kappa}\left[\ln\left(\frac{z}{z_{0\theta}}\right) - \varphi_T(\zeta)\right] - \Gamma_d z \tag{3-61}$$

$$q(z) = q_{sea} + \frac{q^*}{\kappa}\left[\ln\left(\frac{z}{z_{0q}}\right) - \varphi_T(\zeta)\right] - \Gamma_d z \tag{3-62}$$

式中，z 为在近地层中任一高度，T_{sea} 为海水表面气温，q_{sea} 为在海水表面处的比湿，函数 φ 在稳定条件和不稳定条件下选择不同的形式[7]。$\zeta = z / L$ 称为莫宁-奥布霍夫参数，用来表示大气稳定度。在中性条件下，$L\to\infty$，$\zeta = 0$；在稳定条件下，$L > 0$，$\zeta > 0$，ζ 越大，

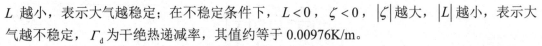

L 越小，表示大气越稳定；在不稳定条件下，$L<0$，$\zeta<0$，$|\zeta|$ 越大，$|L|$ 越小，表示大气越不稳定，Γ_d 为干绝热递减率，其值约等于 0.00976K/m。

为了确定折射率垂直剖面，还需要知道气压随高度变化的函数表达式。气压剖面是通过联立流体静力学方程和理想气体定律并积分得到的[8]，即

$$p(z_1) = p(z_1)\exp\left[\frac{g(a+z_1)}{R\bar{T}_v}\right] \tag{3-63}$$

式中，z_1 为观测高度，z_2 为近地层中任一高度，g 为重力加速度（约 9.8m/s²），R 为通用气体常数（287.04J/kg/K），$\bar{T}_v$ 为高度 z_1 和 z_2 两处虚温的平均值，即

$$\bar{T}_v = \left[\bar{T}_v(z_1) + \bar{T}_v(z_2)\right]/2$$

利用式（3-61）～式（3-63）获得的温度、湿度和大气压剖面，再结合式（3-64）和式（3-65），就可以得到蒸发波导修正折射率剖面。

$$N = \frac{77.6P}{T} - 5.6\frac{e}{T} + 3.75\times10^5\frac{e}{T^2} \tag{3-64}$$

$$M = N + 0.157z \tag{3-65}$$

假设以下条件成立：空气温度为 28 ℃，海水表面温度为 30 ℃，海面风速为 5 m/s，相对湿度为 75%，大气压为 1000 hPa，则利用 NPS 模型计算得到的蒸发波导修正折射率剖面如图 3-7 所示。剖面最小值的高度称为蒸发波导高度，剖面最小值与海面修正折射率之差称为波导强度。

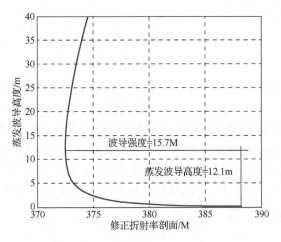

图 3-7　蒸发波导修正折射率剖面

3.4.2　NPS 模型在稳定条件下的改进

NPS 模型[9,14]是用来估计蒸发波导修正折射率剖面和蒸发波导高度最有效的模型，但是该模型在稳定条件下，尤其在强稳定条件下，会过高地估计蒸发波导高度。本节介绍使用新的稳定度函数改善 NPS 模型在稳定条件下的性能。

NPS 模型在稳定条件下（气海温差大于 0 ℃）使用 Beljaar 和 Holtslag 稳定度函数[15]，该模型在本节中被称为 NPS_BH 模型。Beljaar 和 Holtslag 稳定度函数在弱稳定条件下比较有效，但是在强稳定条件下误差较大，会导致 NPS_BH 模型计算结果偏大。Cheng 和 Brutsaert 稳定度函数[16]和 Grachev 稳定度函数[17]是最接近边界层观测实验的测量结果，使用这两个稳定度函数的 NPS 模型在稳定条件下性能更好，与这两个稳定度函数结合的 NPS 模型在本节中分别被称为 NPS_CB 模型和 NPS_GR 模型。

在本节中，利用上述 3 个模型分别计算蒸发波导修正折射率剖面，如图 3-8（a）所示。气象水文条件如下：空气温度为 20 ℃，海水表面温度为 18 ℃，相对湿度为 72%，海面风速为 5.3 m/s，大气压为 1022.2 hPa。从图 3-8（a）可以看出，NPS_BH 模型在上述气象水文条件下不能计算出蒸发波导高度（EDH），而其他两种模型可以计算出蒸发波导高度。NPS_CB 模型计算的蒸发波导高度为 70.5 m，NPS_GR 模型计算的蒸发波导高度为 54.9m。

利用上述三个模型分析蒸发波导高度对气象水文参数的敏感性。气象水文条件如下：空气温度为 25 ℃，气海温差为 0~6 ℃，相对湿度为 50%~90%，海面风速 3 m/s，大气压为 1000 hPa。从图 3-8（b）～图 3-8（d）可以看出，蒸发波导高度随着气海温差的增大快速增大。在稳定条件下，逆温（空气温度大于海水表面温度）是导致蒸发波导高度较大

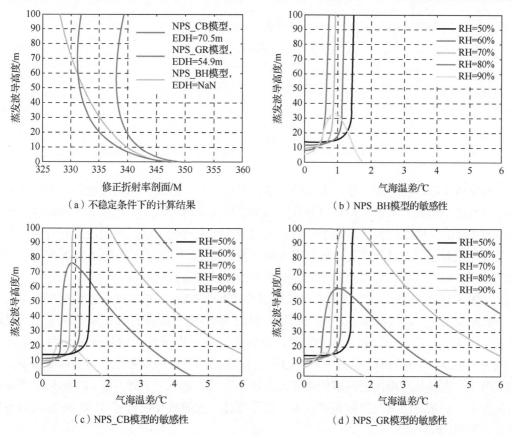

图 3-8　蒸发波导修正折射率剖面计算和蒸发波导高度对气象水文参数的敏感性分析

的主要原因。当温差大于 2 ℃且相对湿度较低时，NPS_BH 模型不能计算出蒸发波导高度。但是，在相同的条件下，NPS_CB 模型和 NPS_GR 模型都可以计算出蒸发波导高度。因此，这两个模型，尤其是 NPS_GR 模型有更宽的适用范围。

下面利用图 3-9 所示的沃洛普斯（Wallops）岛实验数据验证上述 3 个模型的有效性[14]。把由 3 个模型计算得到的蒸发波导修正折射率剖面输入 APM 模型中计算电磁波传播路径损失，与实测的电磁波传播路径损失对比。结果表明，利用 NPS_GR 模型计算得到的结果与实测的电磁波传播路径损失最为吻合。因此，本书利用 NPS_GR 模型计算蒸发波导高度。

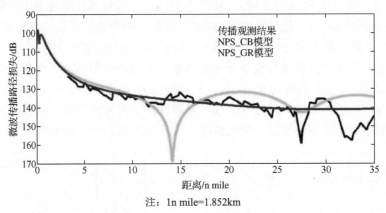

图 3-9　沃洛普斯（Wallops）岛实验数据（2000 年）

3.5　蒸发波导高度对气象要素的敏感性分析

影响蒸发波导高度的气象要素主要包括近海面的空气温度、相对湿度、海面风速及风向、气海温差和大气压等。蒸发波导预测模型的仿真分析表明，大气压和风向对蒸发波导高度和强度的直接影响很小。本书作者参与的多次海上实验表明，风向改变有时会引起空气温度和相对湿度的显著变化，从而间接影响波导高度。因此，下面利用 NPS 模型，分析空气温度、相对湿度、海面风速和气海温差对蒸发波导高度的影响。

从图 3-10 可以看出各气象要素对蒸发波导高度的影响，图中横坐标轴为空气温度与海水表面温度之差，即气海温差，纵坐标轴为利用 NPS 模型计算的蒸发波导高度。当气海温差小于 0℃、等于 0℃和大于 0℃时，分别称为不稳定条件、中性条件和稳定条件。在气海温差大于 0℃的稳定条件下，由于近海面的热量被海水吸收，容易形成自下而上的逆温层，而且相对湿度随高度的增加产生梯度变化，由式（3-59）可知，折射率剖面将沿高度减小，预测的蒸发波导高度很大。为了进行有效的统计，把超过 40 m 的波导高度也设定为 40 m。

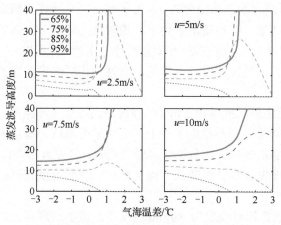

（a）固定海水表面温度为26℃情况下的敏感性分析结果

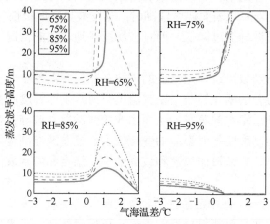

（b）固定海面风速为5m/s情况下的敏感性分析结果

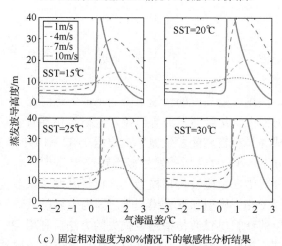

（c）固定相对湿度为80%情况下的敏感性分析结果

图 3-10　利用 NPS 模型分析蒸发波导高度对气象要素的敏感性

图 3-10（a）是固定海水表面温度为 26 ℃的情况下，改变气海温差、相对湿度和海面风速时的敏感性分析结果。在不稳定条件下，相对湿度越低、海面风速越高，蒸发波导高度就越大；在稳定条件下，当风速较低、相对湿度小于 85%时，蒸发波导高度很快达到 40 m，但随着海面风速的加大，蒸发波导高度降低，而且在相对湿度较大的情况下蒸发波导高度降低得更快。

图 3-10（b）是固定海面风速为 5 m/s 的情况下，改变气海温差、相对湿度和海水表面温度时的敏感性分析结果。在不稳定条件下，相对湿度越低、海水表面温度越高，则蒸发波导高度就越大；在稳定条件下，当相对湿度较低时，蒸发波导高度很快达到 40 m，但随着相对湿度的加大，蒸发波导高度降低，而且在海水表面温度较低的情况下蒸发波导高度降低得更快。

图 3-10（c）是固定相对湿度为 80%的情况下，改变气海温差、海水表面温度和海面风速的分析结果。在不稳定条件下，海水表面温度越高、海面风速越大，蒸发波导高度就越大；在稳定条件下，当海水表面温度较高时，蒸发波导高度很快达到 40 m，但随着海水表面温度的降低，蒸发波导高度降低，而且在海面风速较大的情况下蒸发波导高度降低得更快。

从上述敏感性分析结果可统计出一般的规律：在气海温差小于 0℃的不稳定条件下，蒸发波导高度随气海温差的变化较小，空气温度与海水表面温度越高、海面风速越大，相对湿度就越低，越有利于海水的蒸发，从而形成较强的蒸发波导；在气海温差大于 0℃的稳定条件下，蒸发波导高度随气海温差的变化较大，蒸发波导高度与气象要素的关系更加复杂，在较低相对湿度、较低海面风速和较高的空气温度和海水表面温度的情况下，蒸发波导高度很高。

从图 3-10 也可以看出，在稳定条件下，蒸发波导高度对气象要素的敏感性强于不稳定条件下的。同时，也说明气象测量仪器的误差将在稳定条件下带来更大的蒸发波导高度计算误差。

3.6　冷空气条件下不同蒸发波导预测模型的对比

在大气表面层中，因湿度随高度的快速下降而形成的近海面大气折射率负梯度可把电磁波射线弯曲传输到海面上，这种蒸发波导现象对电磁波传播有着重要的影响。蒸发波导通常在亚热带地区形成并具有较高的发生概率。根据 1982—1999 年的海洋观测数据可知，在 100°E～140°E 和 0°N～40°N 区域的发生概率超过 85%[18]。

蒸发波导研究主要集中在电磁波传播模型上，已经开发了很多电磁波传播模型，如射线光学模型、抛物方程（PE）模型和混合模型等。因为能够模拟较为复杂的边界条件，PE 模型成为一种广泛使用的计算电磁波传播路径损失的方法。利用 PE 模型得到的计算结果已经在实验中经过验证，表明它能够处理边界层内较低位置的电磁波传播问题。为了求解 PE 问题，人们已经开发了相当多的电磁波传播模型软件。其中应用最广的是 AREPS[19]软件。AREPS 软件已被用于计算 78 km 链路上的路径损失，并且其结果得到了很好的验证。但是它仅在 Windows 系统上可用，并且不能自由分发。因此，本章使用 PETOOL 软件，它是一款基于 MATLAB 软件的免费软件，并且经 AREPS 结果验证[20]。

目前，研究人员在利用气象数据计算蒸发波导修正折射率剖面方面取得了显著进展。几乎所有现代计算技术都基于大气边界层的相似理论——莫宁-奥布霍夫相似理论。为了获得大气的准确折射率曲线，人们已经开发了几种基于莫宁-奥布霍夫相似理论的蒸发模型，如 BYC 模型[7]、NPS 模型[9]、耦合海洋-大气响应实验（COARE）模型[21]，以及俄罗斯国立水文气象大学（Russian State Hydrometeorology University, RSHMU）模型[22]。本章作者在 2018 年提出了一种基于神经网络的模型，但它需要大量的现场测量数据来训练网络。而基于莫宁-奥布霍夫相似理论的蒸发波导预测模型使用来自再分析数据中的气象参数，可以计算出不同的蒸发波导修正折射率剖面。

根据蒸发波导的影响因素，气象条件对船载电子系统的设计和应用非常重要。在众多的气象中，冷涌或冷空气是一种特殊的天气现象。美国国家气象局把冷涌定义为 24 小时内温度的迅速下降过程。在冬季的南海存在高发的冷空气现象[23,24]，它的到来会导致空气温度及大气修正折射率的垂直分布发生变化，从而影响电磁波传播路径损失。

本节使用来自美国国家环境预报中心（NCEP）的气候预报系统再分析（CFSR）数据，以及 BYC 模型、NPS 模型、COARE 模型和 RSHMU 模型来计算折射率分布，使用 PETOOL 软件计算电磁波传播路径损失。针对特殊的天气条件，分析了南海区域冷空气条件下电磁波传播路径损失情况，并对以上 4 种模型的性能进行比较。

3.6.1　4 种蒸发波导预测模型的对比

1. 4 种蒸发波导预测模型所用相似函数对比

BYC 模型、NPS 模型、COARE 模型和 RSHMU 模型使用的相似函数存在差异。
在 BYC 模型中，海面风速的相似函数由下式给出[25]：

$$\psi_u(\zeta) = \begin{cases} \dfrac{\psi_{uk} - \zeta^2 \psi_k}{1 + \zeta^2}, & \zeta < 0 \\ -5\zeta, & \zeta \geq 0 \end{cases} \tag{3-66}$$

其中，

$$\psi_{uk} = 2\ln\left(\frac{1+x}{2}\right) + \ln\left(\frac{1+x^2}{2}\right) - 2\arctan(x) + \left(\frac{\pi}{2}\right) \tag{3-67}$$

$$\psi_k = 1.5\ln\left(\frac{y^2 + y + 1}{3}\right) - \sqrt{3}\arctan\left(\frac{2y+1}{\sqrt{3}}\right) + \frac{\pi}{\sqrt{3}} \tag{3-68}$$

$$x = (1 - 16\zeta)^{1/4} \tag{3-69}$$

$$y = (1 - 12.87\zeta)^{1/3} \tag{3-70}$$

温度的相似函数和湿度的相似函数与海面风速的相似函数相同，但需要把 ψ_{uk} 替换为

ψ_{hk}，即

$$\psi_{hk} = 2\ln\left(\frac{1+s}{2}\right) \tag{3-71}$$

其中，

$$s = (1-16\zeta)^{1/2} \tag{3-72}$$

在 NPS 模型中，不稳定条件下的几个气象参数的相似函数几乎与 BYC 模型相同，而海面风速的相似函数中的 y 由下式给出：

$$y = (1-10\zeta)^{1/3} \tag{3-73}$$

温度函数和温度的相似函数中的 y 由下式给出：

$$y = (1-34\zeta)^{1/3} \tag{3-74}$$

稳定条件下与中性条件下的温度函数和温度的相似函数分别为

$$\psi_u = -\zeta - \frac{2}{3}\left(\zeta - \frac{5}{0.35}\right)\exp(-0.35\zeta) - \left(\frac{2}{3}\right)\left(\frac{5}{0.35}\right) \tag{3-75}$$

$$\psi_h = 1 - \left(1 + \frac{2\zeta}{3}\right)^{1.5} - \frac{2}{3}\left(\zeta - \frac{5}{0.35}\right)\exp(-0.35\zeta) - \left(\frac{2}{3}\right)\left(\frac{5}{0.35}\right) \tag{3-76}$$

在 RSHMU 模型中，海面风速相似函数和湿度相似函数分别为

$$\psi_u(\zeta) = \begin{cases} \dfrac{3}{2}\ln\dfrac{1+x_1+x_1^2}{3} - \sqrt{3}\arctan\left(\dfrac{2x_1+1}{\sqrt{3}} - \dfrac{\pi}{3}\right), & \zeta \leqslant 0 \\ -5.4\zeta, & \zeta > 0 \end{cases} \tag{3-77}$$

$$\psi_h = \begin{cases} \dfrac{3}{2}\ln(1+8\zeta^2) + 0.7\left[\dfrac{3}{2}\ln\dfrac{1+y_1+y_1^2}{3} - \sqrt{3}\left(\arctan\dfrac{2y_1+1}{\sqrt{3}} - \dfrac{\pi}{3}\right)\right], & \zeta \leqslant 0 \\ -6\zeta, & \zeta > 0 \end{cases} \tag{3-78}$$

其中，

$$x_1 = (1-8\zeta)^{1/3} \tag{3-79}$$

$$y_1 = (1-34\zeta)^{1/3} \tag{3-80}$$

在 COARE 模型中，海面风速相似函数和湿度相似函数分别为

$$\psi_u = \begin{cases} \dfrac{1}{1+\zeta^2}\left[2\ln\dfrac{1+x_2}{2} + \ln\dfrac{1+x_2^2}{2} - 2\arctan x_2 + \dfrac{\pi}{2}\right] \\ + \left(1 - \dfrac{1}{1+\zeta^2}\right)\left[1.5\ln\dfrac{1+y_2+y_2^2}{3} - \sqrt{3}\arctan\dfrac{2y_2+1}{\sqrt{3}} + \dfrac{\pi}{3}\right], & \zeta < 0 \\ -\zeta - \dfrac{2}{3}\left(\zeta - \dfrac{5}{0.35} - \dfrac{2}{3}\times\dfrac{5}{0.35}\right), & \zeta \geqslant 0 \end{cases} \tag{3-81}$$

$$\psi_h = \begin{cases} \dfrac{1}{1+\zeta^2} 2\ln\dfrac{1+x_2}{2} + \left(1 - \dfrac{1}{1+\zeta^2}\right) \\ \quad + \left[1.5\ln\dfrac{1+y_2+y_2^2}{3} - \sqrt{3}\arctan\dfrac{2y_2+1}{\sqrt{3}} + \dfrac{\pi}{3}\right], & \zeta < 0 \\ 1 - \left(1+\dfrac{2}{3}\zeta\right)^{3/2} - \dfrac{2}{3}\left(\zeta - \dfrac{5}{0.35}\right)e^{-0.35\zeta} - \dfrac{2}{3}\times\dfrac{5}{0.35}, & \zeta \geqslant 0 \end{cases} \quad (3\text{-}82)$$

式中，

$$x_2 = (1-16\zeta)^{1/4} \quad (3\text{-}83)$$
$$y_2 = (1-10\zeta)^{1/3} \quad (3\text{-}84)$$

图 3-11 所示为在不同条件下使用 4 种蒸发波导预测模型计算出的 4 个修正折射率剖面。利用相同的气象参数计算得到的修正折射率剖面具有明显的差异，从而得到不同的蒸发波导强度和蒸发波导高度，利用这些修正折射率剖面计算的电磁波传播路径损失也会有很大的不同。

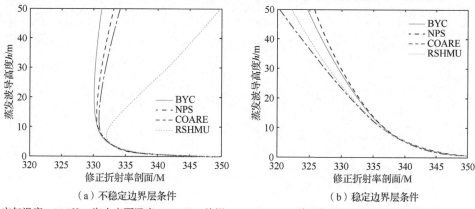

（a）不稳定边界层条件　　　　　　　　（b）稳定边界层条件

空气温度：20.8℃，海水表面温度：24.3℃，比湿：0.0094kg/kg，海面气压：1019hPa，海面风速：8.4m/s
空气温度：25.8℃，海水表面温度：24.3℃，比湿：0.0121kg/kg，海面气压：1013hPa，海面风速：4.3m/s

图 3-11　使用 4 种蒸发波导预测模型计算的修正折射率剖面

2. 气象参数对 4 种蒸发波导预测模型计算结果的影响对比

敏感性分析对于量化每个气象参数对蒸发波导高度的影响很重要。尽管蒸发波导高度不能反映整个修正折射率剖面，但它是剖面的最重要特征，也是定量评估蒸发波导中电磁波传播的最佳参数。因此，本小节主要关注气象参数对蒸发波导预测模型计算出的蒸发波导高度及相应的电磁波传播路径损失的影响。在本节中，程序所能计算的最大蒸发波导高度为 50 m。由于每种模型所用的相似函数与气温差 δ、比湿 q、海水表面温度 T 和海面风速 u 密切相关，因此这几个气象参数对蒸发波导高度和电磁波传播路径损失的影响将被详细分析。虽然海面气压是用于计算蒸发波导修正折射率剖面的一个参量，但其对模型计算结果的影响可以忽略不计，本节对比不做过多讨论。

1）不稳定条件下的蒸发波导高度敏感性分析

图3-12所示为在不稳定条件下使用4种模型计算得到的蒸发波导高度与各个气象参数的关系。图 3-12（a）显示，当海水表面温度、比湿和海面风速固定不变时，使用不同蒸发波导预测模型计算的蒸发波导高度变化及其对气海温差的敏感性。可以清楚地看出，各模型计算的蒸发波导高度均对气海温差非常敏感。由 RSHMU 模型计算得到的蒸发波导高度远小于 BYC 模型、NPS 模型和 COARE 模型的计算结果。此外，使用后 3 种模型获得的计算结果比 RSHMU 模型的计算结果更为接近，而利用 BYC 模型可获得最大的蒸发波导高度。尽管由这4种模型计算得到的蒸发波导高度都随气海温差的增大而增大，但由BYC模型得到的蒸发波导高度（相对而言）随气海温差的变化而变化的速率最小，特别是当气海温差< −1℃时尤其如此。随着气海温差趋近于零，海洋表面层倾向于中性条件，由上述4 种模型计算得到的蒸发波导高度趋向收敛。之所以会出现这种收敛现象，是因为（根据以上 4 种模型所用的相似函数可知）它们在中性条件下均会接近于零。

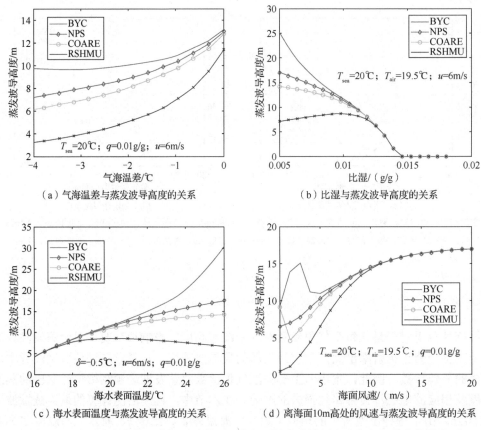

（a）气海温差与蒸发波导高度的关系　　　　（b）比湿与蒸发波导高度的关系

（c）海水表面温度与蒸发波导高度的关系　　（d）离海面10m高处的风速与蒸发波导高度的关系

图 3-12　在不稳定条件下使用 4 种模型计算得到的蒸发波导高度与各气象参数的关系

图 3-12（b）中，当比湿从 0.005g/g 逐渐增大到 0.01g/g 时，保持气海温差、海水表面温度和海面风速固定不变，那么随着比湿的增大，由 4 种模型计算出的蒸发波导高度均显著降低。当比湿超过 0.01g/g 时，由 4 种模型计算得到的蒸发波导高度几乎收敛成一条线并随比湿的增大而迅速减小。最终，当比湿达到 0.014g/g 时，蒸发波导高度降低至 0m。与图 3-12（a）中的情况类似，由 RSHMU 模型计算得到的蒸发波导高度小于其他模型，而由 BYC 模型计算得到的蒸发波导高度最大。

图 3-12（c）显示，当气海温差、比湿和海面风速固定不变时，使用 BYC 模型、NPS 模型和 COARE 模型计算得到的蒸发波导高度大致随着海水表面温度的增大而增大。对于地球上的气象状况而言，这意味着赤道地区的蒸发波导高度在理论上大于高纬度地区的蒸发波导高度。此外，当海水表面温度在 20℃以上时，由 RSHMU 模型计算得到的蒸发波导高度随着海水表面温度的增大而开始减小。由 BYC 模型计算得到的蒸发波导高度最大，由 RSHMU 模型计算得到的蒸发波导高度最小。

在图 3-12（d）中，气海温差、海水表面温度和比湿是固定不变的，海面风速则从 0 增大到 20 m/s。除了在较低海面风速下由 BYC 模型计算得到的结果，由其他 3 种模型计算得到的蒸发波导高度随着海面风速的增大而显著增大。这一现象可能是由与高风速相关的湍流引起的。从海平面到上层大气中水蒸气的垂直交换导致表面层中的湿度迅速降低，这有利于蒸发波导的形成。尽管如此，由 RSHMU 模型计算得到的蒸发波导高度仍然远小于其他模型的计算结果。当海面风速超过 10 m/s 时，由上述 4 种模型计算得到的蒸发波导高度几乎汇聚成一条线。

2）稳定条件下的蒸发波导高度敏感性分析

图 3-12 所示为在稳定条件下使用 4 种模型计算得到的蒸发波导高度与各个气象参数的关系。图 3-13（a）显示，当 0℃<气海温差<1℃时，由 4 种模型计算得到的蒸发波导高度迅速增大，一直到它们达到 50 m 的最大可计算高度为止；当 1℃<气海温差<8℃时，蒸发波导高度保持在 50 m，这意味着蒸发波导层可以陷获更多的电磁波能量，从而在接收天线处获得更高的接收电平。由上述 4 种模型计算得到的蒸发波导高度在不同的气海温差下开始减小，对于 COARE 模型，这一转折点的值约为 8℃，而对于 BYC 模型和 RSHMU 模型，转折点的值约为 9.5℃。当气海温差超过 12℃时，由 NPS 模型计算得到的蒸发波导高度仍保持在 50 m，这使其成为稳定条件下对气海温差最不敏感的模型。

图 3-13（b）显示，当气海温差、海水表面温度和海面风速固定不变时，由上述 4 种模型计算得到的蒸发波导高度首先随着比湿的增大而增大，然后急剧减小。在图 3-13（b）所示的稳定条件下，当比湿超过 0.01 g/g 时，由上述 4 种模型计算得到的蒸发波导高度几乎收敛成一条线并随着比湿的增大而迅速减小。最终，当比湿达到 0.014 g/g 时，蒸发波导高度减小至 0 米。当比湿 < 0.01 g/g 时，由 RSHMU 模型计算得到的蒸发波导高度小于其他 3 种模型计算的蒸发波导高度，并且此后变为次高。在稳定条件下，蒸发波导高度对比湿非常敏感，并且来自不同模型的蒸发波导高度之间的差异不显著。

图 3-13（c）显示了海水表面温度对蒸发波导高度的影响。在气海温差、风速和比湿

固定不变的情况下，当海水表面温度 <19℃时，蒸发波导高度随着海水表面温度的增大而增大，这与在不稳定条件下计算得到的结果一致。此时，由 COARE 模型计算得到的蒸发波导高度大于其他 3 种模型的计算结果。当海水表面温度 >19℃时，蒸发波导高度随着海水表面温度的增大而减小，而由 RSHMU 模型计算得到的蒸发波导高度减小最快。这种情况下，蒸发波导高度对海水表面温度的变化比较敏感。

图 3-13（d）显示，当气海温差、海水表面温度和海面风速固定不变时，由上述 4 种模型计算得到的蒸发波导高度对海面风速非常敏感。当 0 m/s < 海面风速 < 5 m/s 时，来自 4 种模型的蒸发波导高度计算结果比较相似，均达到最大可计算高度 50 m；当 5 m/s < 海面风速<10 m/s 时，由 4 种模型计算得到蒸发波导高度从 50 m 急剧减小到约 22 m，这一现象可能导致电磁波传播路径损失迅速增加；当海面风速超过 10 m/s 时，上述 4 种模型的计算结果几乎相同，在 20 m/s 的海面风速时，由 4 种模型计算得到的蒸发波导高度减小至约 20 m。

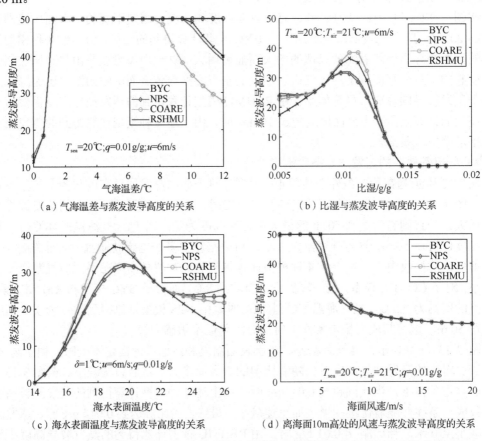

（a）气海温差与蒸发波导高度的关系 （b）比湿与蒸发波导高度的关系

（c）海水表面温度与蒸发波导高度的关系 （d）离海面10m高处的风速与蒸发波导高度的关系

图 3-13　在稳定条件下使用 4 种模型计算得到的蒸发波导高度与各气象参数的关系

3）不稳定条件下的电磁波传播路径损失敏感性分析

当冷空气接近海面时，空气温度通常低于海水表面温度，这种情况大体上与不稳定边界层条件的情况。本节主要分析在不稳定条件下电磁波传播的路径损失。根据之前南海的电磁波传播实验，频率为 5～10 GHz 的电磁波具有最佳性能。因此，本节选择 9.5 GHz 作为研究频率。由于天线极化方式对电磁波远距离传播路径损失的影响很小，因此，本节选择水平极化方式，发射天线和接收天线的高度都设置为 2.5m，使用不同的蒸发波导预测模型和气象参数计算的修正折射率剖面也被输送到 PE 模型中作为输入量，由此计算得到相应条件下的路径损失。

图 3-14 所示为在不稳定条件下使用 4 种模型计算得到的路径损失与各气象参数的关系。图 3-14（a）显示，当海水表面温度、比湿和海面风速固定不变时，使用 4 种模型计算得到的路径损失的变化及其对气海温差的敏感性。从图 3-12（a）中可知，从 4 种模型获得的蒸发波导高度均随着气海温差的增大而增大，来自 RSHMU 模型的蒸发波导高度最小。相应地，随着气海温差的增加，由 4 种模型计算的路径损失减小，由 RSHMU 模型计算的路径损失最大。该图显示 4 种模型的计算结果差异很大。在气海温差为-4℃时，由 BYC 模型计算得到的路径损失约为 200 dB，而由 RSHMU 模型计算得到的路径损失超过 300 dB，由 NPS 模型和 COARE 模型计算得到的路径损失则较为接近。当气海温差接近 0℃时，由 4 种模型计算得到的路径损失则收敛到约 165 dB。在 4 种模型中，RSHMU 模型在不稳定条件下对气海温差最敏感，而 BYC 模型的灵敏度最低。

图 3-14（b）显示，当气海温差、海水表面温度和海面风速固定时，初始计算出的路径损失几乎不随比湿的增大而增大，当比湿 > 0.01 g/g 时又会急剧增大。与图 3-12（a）对比，可以看出虽然 BYC 模型产生了更大的蒸发波导高度，但相应的路径损失几乎不受影响。但是，使用 RSHMU 模型计算得到的路径损失比其他模型约大 5 dB。当比湿超过 0.01 g/g 时，4 种模型计算得到的路径损失对比湿非常敏感。在比湿约为 0.013 g/g 时，4 种模型计算得到的路径损失超过 300 dB，远大于当比湿 < 0.01 g/g 时的约 157dB 的路径损失。

图 3-14（c）显示了海水表面温度对电磁波传播路径损失的影响。在固定气海温差、海面风速和比湿下，当海水表面温度 < 19℃时，路径损失随着海水表面温度的增大而减小。与比湿的情况类似，尽管由 4 种模型计算得到的蒸发波导高度彼此显著不同，但最终路径损失几乎没有差异，而这与气海温差的情况不同。当海水表面温度 > 19℃时，使用 BYC 模型、NPS 模型和 COARE 模型计算的结果几乎收敛到 160 dB，而由 RSHMU 模型计算得到的结果高出约 7 dB。因此，路径损失在寒冷海面条件下对海水表面温度非常敏感，但当海水表面温度高于 20℃时几乎不受影响。

图 3-14（d）显示当气海温差、海水表面温度和海面风速固定不变时的情况。当海面风速 < 7 m/s 时，由 NPS 模型、COARE 模型和 RSHMU 模型计算得到的路径损失对海面风速非常敏感，而 BYC 模型则不然。在温和的风力条件下，RSHMU 模型计算得到的结果远高于 300 dB，在海面风速为 7 m/s 时迅速减小至 170 dB。当海面风速 > 7 m/s 时，由 4 种模型计算得到的路径损失相似，几乎保持不变，保持在 165 dB 左右。

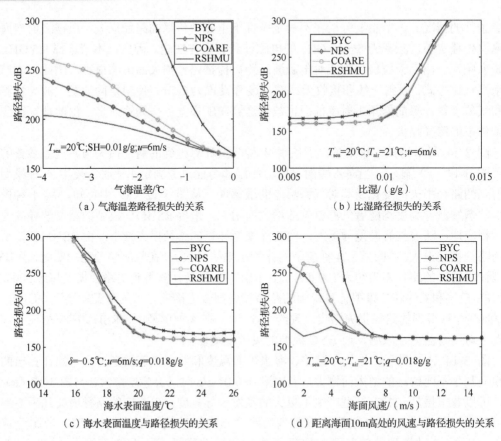

（a）气海温差路径损失的关系　　　　　（b）比湿路径损失的关系

（c）海水表面温度与路径损失的关系　　（d）距离海面10m高处的风速与路径损失的关系

图 3-14　在不稳定条件下使用 4 种模型计算得到的路径损失与各气象参数的关系

3.6.2　冷空气条件下的电磁波传播实验

2007 年 11 月，本书作者所在课题组在南海进行了相关的蒸发波导传播实验。实验中接收天线位于广西壮族自治区涠洲岛（21.0575°N，109.1392°E），发射天线则在不同时间安装在不同的地方。当发射天线位于广东省灯楼角（20.2547°N，109.9187°E）时，作者研究了不同蒸发波导预测模型在冷空气下的性能。实验中的电磁波传播路径如图 3-15 所示。

1. 从美国国家环境预报中心的气候预报系统再分析数据中获得的气象参数

2007 年 11 月 17—22 日，距离海面 2 m 高处的温度和距离海面 10 m 高处的风速观测数据如图 3-16 所示。2007 年 11 月 17 日上午 10 点，涠洲岛主要受较弱的陆地冷风影响，灯楼角则主要受海风影响；11 月 18 日上午 10

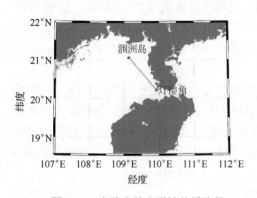

图 3-15　实验中的电磁波传播路径

点，北部湾北部的冷风变得更强，并且气温有所降低；在 11 月 19 日和 20 日时，受北风影响的区域逐步扩大。两天后，陆上冷风减弱，涠洲岛和灯楼角的温度逐渐升高。

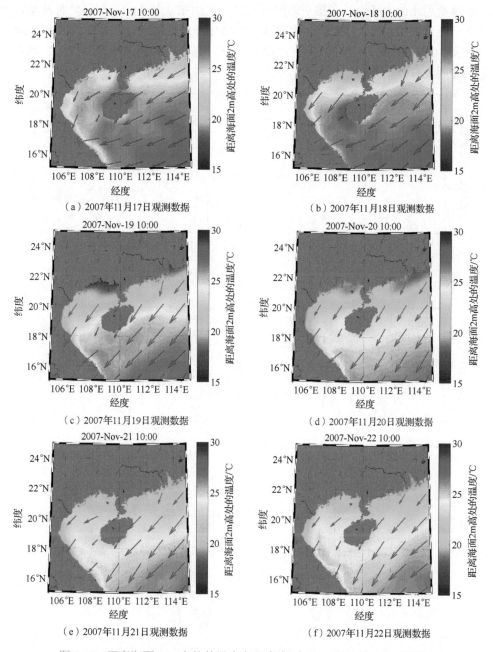

图 3-16 距离海面 2 m 高处的温度和距离海面 10 m 高处的风速观测数据

2007 年 11 月 17—24 日若干气象参数的变化情况（包括气温、比湿、海水表面温度、海面气压和海面风速）如图 3-17 所示。该图显示了涠洲岛、灯楼角两个地点之间的中点数据。2007 年 11 月 19 日 00:00，气温达到当地最低值，当年 11 月 17—24 日气温并未恢复至冷空气到来前当地的最高气温；由于来自陆地的干燥风的影响，在 2007 年 11 月 18 日也清楚地观察到了比湿的减小。在接下来的几天里，比湿在 0.01 kg/kg 左右略有波动，同样没有再次升至原来的水平。同时，当来自陆地的高压冷风抵达时，海面气压增大。2007 年 11 月 18 日中午 12 时至 11 月 20 日中午 12 时，涠洲岛全天海面风速均比较大，但灯楼角的海面风速则没有较大波动。

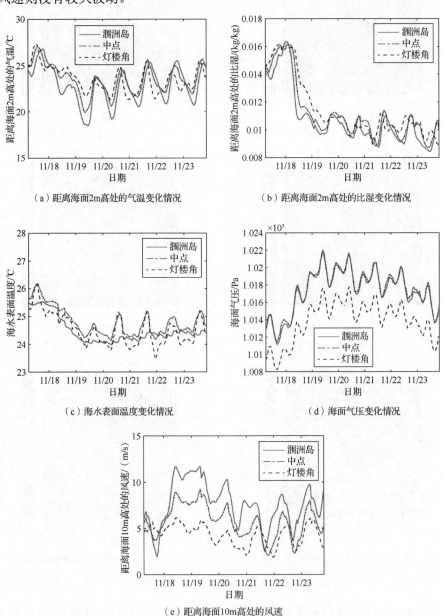

（a）距离海面2m高处的气温变化情况　　（b）距离海面2m高处的比湿变化情况

（c）海水表面温度变化情况　　（d）海面气压变化情况

（e）距离海面10m高处的风速

图 3-17　2007 年 11 月 17—24 日若干气象参数的变化情况

2. 实验中的气象参数灵敏度分析

为了估计不同蒸发波导预测模型计算的蒸发波导高度差异，根据图 3-17 中的实验数据，一组气象数据（空气温度：23℃，比湿：0.012 kg/kg，海水表面温度：25℃，海面气压：1012 hPa，海面风速：8 m/s）被用来参考气象条件。对于这些气象参数的偏差，空气温度和海水表面温度设定为 2℃，比湿为 10 g/kg，海面气压为 6000 Pa，海面风速为 2 m/s。表 3-1 是实验条件下蒸发波导高度与各气象参数的关系。

在所考虑的 4 种模型中，RSHMU 模型对空气湿度、海水表面温度和海面风速最敏感，而对比湿和海面气压最不敏感。BYC 模型对比湿和海面气压最敏感。图 3-17 所示气象参数的波动范围分别约为 7℃、8 g/kg、2℃、0.1×10⁴ Pa 和 10 m/s。将每个参数的波动范围与相应的灵敏度相乘可知，随着冷空气的经过，空气温度、比湿和海面风速对蒸发波导高度产生相当大的影响，其次是海水表面温度，其影响相对较小。与其他气象参数相比，海面气压的影响则可以忽略不计。

表 3-1　实验条件下蒸发波导高度与各气象参数的关系

模型	空气温度/℃	比湿/（g/kg）	海水表面温度/℃	海面气压/hPa	海面风速/（m/s）
BYC 模型	0.73	2.56	1.89	2.26×10^{-2}	0.43
NPS 模型	1.50	1.38	0.26	1.24×10^{-2}	1.11
COARE 模型	1.77	1.02	0.76	0.73×10^{-2}	1.47
RSHMU 模型	2.09	0.36	2.11	0.28×10^{-2}	1.92

实验地点（涠洲岛和灯楼角）的蒸发波导高度随时间的变化情况如图 3-18 所示。针对这两个地点，分别利用 BYC 模型、NPS 模型、COARE 模型和 RSHUM 模型进行计算。在本实验的冷空气条件下，BYC 模型和 RSHMU 模型分别得到最大和最小的蒸发波导高度。根据先前的灵敏度分析，BYC 模型和 RSHMU 模型计算的蒸发波导高度波动值大于其他两个模型。在实验的前几日，计算出的蒸发波导高度变化主要受高风速和低比湿的影响。根据 RSHMU 模型可知，经过一段时间后，灯楼角的低风速和低气温导致蒸发波导高度明显下降。

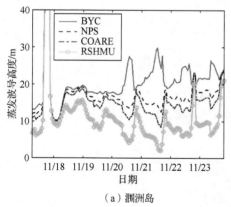

（a）涠洲岛

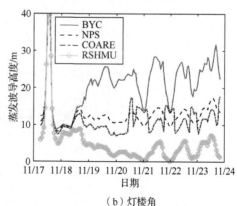

（b）灯楼角

图 3-18　实验地点的蒸发波导高度随时间的变化情况

3. 根据实验气象条件进行的电磁波传播仿真

利用美国国家环境预报中心的气候预报系统再分析数据，可获得实验地点的气象参数，使用上述 4 种蒸发波导预测模型计算得到修正折射率剖面。把每个修正折射率剖面和电磁波传播参数作为 PE 模型的输入量，可以计算得到相应的路径损失。图 3-19 为 2007 年 11 月 19—23 日使用 4 种蒸发波导预测模型计算得到的路径损失。2007 年 11 月 19 日，

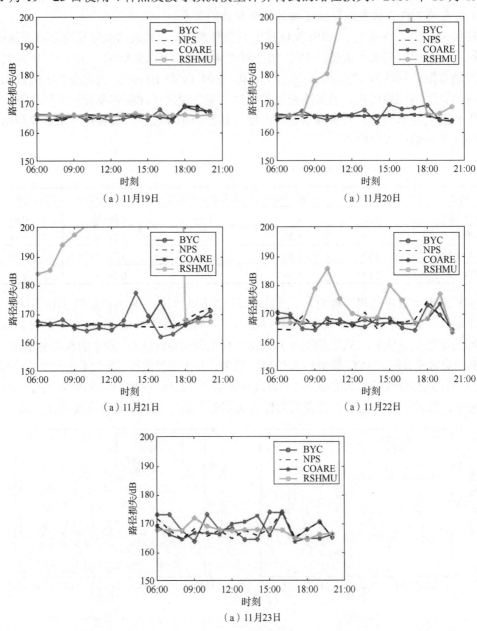

图 3-19 2007 年 11 月 19—23 日使用 4 种蒸发波导预测模型计算得到的路径损失

由 4 种模型计算得到的路径损失几乎相同，其范围为 160～170 dB，波动值不超过 8 dB；在 11 月 20 日，BYC 模型、COARE 模型和 NPS 模型的计算结果相似，而 RSHMU 模型的计算结果则有很大不同。由 RSHMU 模型计算得到的路径损失在当天上午 09:00 和 10:00 达到 180 dB 左右，然后在 11:00 后超过 195 dB，最后在 18:00 降至 165 dB 左右。2007 年 11 月 21 日，4 种蒸发波导预测模型的计算结果与 11 月 20 日的情况类似，除了 BYC 模型和 COARE 模型的波动更为显著，并且在当天早上由 RSHMU 模型计算得到的路径损失超过 180 dB；11 月 22 日，由 RSHMU 模型计算得到的路径损失减少到与其他模型的计算结果相同。

4. 实验数据分析

1）基本实验条件

在本实验进行的过程中有一股冷空气经过。2007 年 11 月 19 日，课题组在涠洲岛与灯楼角之间进行了相应的实验设备安装。在发射站点，来自信号发生器的 9.5GHz 连续波信号通过功率放大器，被馈送到发射天线。在接收终端，接收灵敏度为-150 dBm 的频谱分析仪被连接到接收天线上。信号通过频谱分析仪传输到用于数据存储的个人计算机，它以 0.2Hz 的速率对接收信号进行了采样。在 2007 年 11 月 20 日 08:00—09:00，在接收天线处检测到微弱的电磁波信号。在接下来的两天（11 月 21 日和 22 日），课题组进行了连续观察，并在若干时间点获得有效的路径损失。表 3-2 为实验中的电磁波传播系统配置，图 3-20 是实验中的发射天线和接收天线。

（a）发射天线　　　　　　　　（b）接收天线

图 3-20　实验中的发射天线和接收天线

表 3-2　实验中的电磁波传播系统配置

参量	数值
频率	9.5 GHz
天线高度	约 2.5 m
发射功率（P_t）	25 dBm

参量	数值
天线类型	喇叭型天线
发射天线增益（G_t）	20 dBi
接收天线高度	约 2.5 m
接收天线类型	喇叭型天线
接收天线增益（G_r）	20 dBi

接收功率可表示为

$$P_r = P_t + G_t - P_1 + G_r - P_c \tag{3-85}$$

式中，P_r 为接收功率，P_1 为路径损失，P_c 为线损，其值在实验中约为 15 dB。由于接收天线的最小接收功率为−150 dBm，因此通过计算可知，最大可被测量的路径损失约为 200dB。

2）实验结果和仿真结果的比较

图 3-21 为 2007 年 11 月 20—21 日实验中获得的路径损失与仿真获得的路径损失比较。由于本实验接收系统的路径损失测量阈值约为 200 dB，这表明 2007 年 11 月 20 日几乎所有时间内测量的路径损失都超过了 200 dB。该测量结果与使用 RSHMU 模型计算的路径损失可以很好地进行匹配。

2007 年 11 月 21 日之后，当冷空气逐渐消失时，在 09:00、15:00、18:00、19:00 和 20:00 获得的路径损失与使用 BYC 模型、NPS 模型和 COARE 模型计算的路径损失一致。在 11 月 20 日，当比湿和气温下降、海面风速增加时，RSHMU 模型的性能优于其他 3 种模型。在 11 月 21 日，风力降至正常水平后，BYC 模型、NPS 模型和 COARE 模型的性能优于 RSHMU 模型。随着冷空气在 11 月 22 日离开，气温升高，上述 4 种模型具有相似的表现。

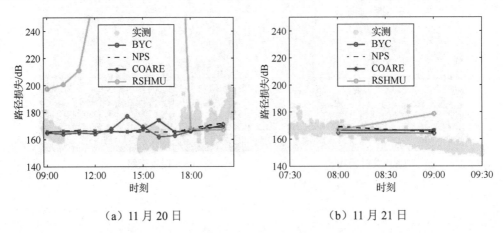

（a）11 月 20 日　　　　　　（b）11 月 21 日

图 3-21　2007 年 11 月 20—21 日实验中获得的路径损失与仿真获得的路径损失比较

表 3-3 为 2007 年 11 月 21—22 日 4 种蒸发波导预测模型计算结果与实验数据的均方根误差（RMSE）。总体来说，BYC 模型、NPS 模型和 COARE 模型在 3 天中的计算结果较为接近，在后两天的计算结果与实验结果一致。11 月 21 日和 11 月 22 日，NPS 模型的 RMSE

分别为 4.8 dB 和 6.1 dB；11 月 20 日 RSHMU 模型的性能保持稳定且是最好的，但其在后两天中的表现是最差的。因此，在比湿及空气温度下降和海面风速增加的时间段，RSHMU 模型的性能优于其他 3 种模型。冷风平静之后，BYC 模型、NPS 模型和 COARE 模型的性能优于 RSHMU 模型。随着冷空气最终通过和气温升高，4 种模型表现出类似的性能。

表 3-3　2007 年 11 月 21—22 日 4 种蒸发波导预测模型计算结果与实验数据的均方根误差

模型	11 月 21 日	11 月 22 日
BYC 模型	6.7 dB	6.3 dB
NPS 模型	4.8 dB	6.1 dB
COARE 模型	6.3 dB	7.8 dB
RSHMU 模型	24.0 dB	15.7 dB

本 章 小 结

首先详细讨论了蒸发波导预测技术中涉及的大气学理论知识。在此基础上，给出了两种预测蒸发波导高度的理论模型——PJ 模型和伪折射率模型，并实现了计算机仿真。其次，重点介绍了 NPS 模型及其在稳定条件下的改进，并分析了蒸发波导高度对气象参数的敏感性。最后，比较了在南海的冷空气条件下 4 种基于莫宁-奥布霍夫相似理论的蒸发波导预测模型。从美国国家环境预报中心的气候预报系统再分析数据中获得相应的气象参数，并利用 BYC 模型、NPS 模型、COARE 模型和 RSHMU 模型计算得到不同的修正折射率剖面。

本 章 参 考 文 献

[1] (美)R. B. 斯塔尔. 边界层气象学导论[M]. 徐静琦，杨殿荣，译. 青岛：青岛海洋大学出版社，1991.

[2] PAULUS R A. Practical application of an evaporation duct model. Radio Sci[J], 1985, 20, pp887-896

[3] H. JESKE. State and limits of prediction methods of radar wave propagation conditions over the sea. Modern Topics in Microwave Propagation and Air-Sea Interaction. A Zancla Ed, Dreidel Publication 1973, 130-148

[4] 戴福山. 海上蒸发波导高度的确定及其敏感性试验. 空军气象学院学报. 1997,18(4):290-301.

[5] H. JESKE. The State of Radar-Range Prediction Over Sea. Tropospheric Radio Wave Propagation Part B . AGARD CP-70,1971:50-1～50-10.

[6] 刘成国，黄际英，等. 用伪折射率和相似理论计算海上蒸发波导剖面. 电子学报. Vol 29, No.7, July 2001.

[7] BABIN S M, YOUNG G S, Carton J A. A new model of the oceanic evaporation duct[J].Journal of Applied Meteorology, 1997, 36(3):193-204.

[8] BABIN S M, DOCKERY G D. LKB-Based Evaporation Duct Model Comparison with Buoy Data[J]. Journal of Applied Meteorology, 2002, 41(4):434-446.

[9] FREDERICKSON P, DAVIDSON K, NEWTON A. An operational bulk evaporation duct model[C]. 2003. p 9-11.

[10] PAULUS R A. Practical application of an evaporation duct model[J]. Radio Science, 1985, 20(4):887-896.

[11] MUSSON‐GENON L, GAUTHIER S, BRUTH E. A simple method to determine evaporation duct height in the sea surface boundary layer[J]. Radio science, 1992, 27(5):635-644.

[12] 刘成国. 蒸发波导环境特性和传播特性及其应用研究[D]. 西安电子科技大学, 2003.

[13] FAIRALL C, BRADLEY E F, HARE J, et al. Bulk parameterization of air-sea fluxes: Updates and verification for the COARE algorithm[J]. Journal of climate, 2003, 16(4):571-591.

[14] FREDERICKSON P. Improving the characterization of the environment for AREPS electromagnetic performance predictions[C]. 2012. Reno NV.

[15] BELJAARS A, HOLTSLAG A. Flux parameterization over land surfaces for atmospheric models[J]. Journal of Applied Meteorology, 1991, 30(3):327-341.

[16] CHENG Y, BRUTSAERT W. Flux-profile relationships for wind speed and temperature in the stable atmospheric boundary layer[J]. Boundary-Layer Meteorology, 2005, 114(3):519-538.

[17] GRACHEV A A, ANDREAS E L, FAIRALL C W, et al. SHEBA flux–profile relationships in the stable atmospheric boundary layer[J]. Boundary-layer meteorology, 2007, 124(3):315-333.

[18] 蔺发军, 刘成国, 成思, 等. 海上大气波导的统计分析[J]. 电波科学学报, 2005, 20(1).

[19] PATTERSON W L. Advanced refractive effects prediction system (AREPS)[C]. 2007 IEEE Radar Conference, 2007: 891-895.

[20] OZGUN O, APAYDIN G K, KUZUOGLU M, et al. PETOOL: MATLAB-based one-way and two-way split-step parabolic equation tool for radiowave propagation over variable terrain[J], 182(12): 2638-2654.

[21] FAIRALL C W, BRADLEY E F, ROGERS D P, et al. Bulk parameterization of air-sea fluxes for tropical ocean global atmosphere coupled ocean atmosphere response experiment[J]. Journal of Geophysical Research: Oceans, 1996, 101(C2): 3747-3764.

[22] GAVRILOV A. Methods of calculating the structure of near-water atmospheric layer with reference to radio location over the ocean[J]. Scattering and diffraction of radar signals and their information content, 1984: 31-36.

[23] CHANG C-P, CHEN J-M. A statistical study of winter monsoon cold surges over the South China Sea and the large-scale equatorial divergence[J]. Journal of the Meteorological Society of Japan. Ser. II, 1992, 70(1B): 287-302.

[24] WANG B, HUANG F, WU Z, et al. Multi-scale climate variability of the South China Sea monsoon: A review[J]. Dynamics of Atmospheres and Oceans, 2009, 47(1-3): 15-37.

[25] DERKSEN L T J. Radar Performance Modelling: A study of radar performance assessment accuracy to the resolution of atmospheric input data[C]. Case studies of North Sea environments. 2016.

第 4 章　蒸发波导高度时空分布规律

蒸发波导高度时空分布规律对船载电子系统的设计和应用十分重要。目前，被广泛使用的蒸发波导高度时空分布规律于 20 世纪 80 年代计算得到。该时空分布规律集成于高级折射影响预测系统（Advanced Refractivity Effects Prediction System，AREPS）中，被广泛用于船载电子系统性能评估。但是，该分布规律是用 PJ 模型计算的，在很多情况下，PJ 模型被证明并不精确。此外，该分布规律使用的气象数据库 ICODAS（International Comprehensive Ocean-Atmosphere Data Set）是 1974—1980 年由志愿商船收集的，数据比较陈旧，空间分辨率也较低（10°×10°）。

本章介绍大面积海域蒸发波导高度时空分布规律计算方法，利用改进的蒸发波导预测模型和美国国家环境预报中心最新的气候预报系统再分析数据（以下简称 CFSR 数据），计算了世界海洋、中国南海、亚丁湾和西太平洋的蒸发波导高度时空分布规律，获得了中国南海及世界海洋蒸发波导高度分布特征，建立了空间分辨率为 0.312°×0.313° 的蒸发波导环境特性数据库，与国外的空间分辨率为 10°×10° 的数据库（美国 AREPS 软件）相比，不仅空间分辨率提高了约 1024 倍，而且精度更高。

图 4-1 是蒸发波导高度时空分布规律研究框架。

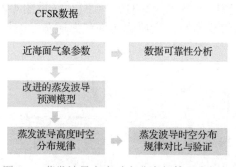

图 4-1　蒸发波导高度时空分布规律研究框架

4.1　蒸发波导统计分析的方法与数据源

为了进行大面积海域蒸发波导统计特征研究，气象数据源必须是大面积、长时间、同步获取的。单点现场气象测量（岸边、岛上或船上）、雷达海杂波反演等方法仅局限于局部海域的短期观测，很难获得大面积海域长时期的蒸发波导高度时空分布规律。随着人类航天技术的快速发展，利用海洋卫星遥感仪器可获得高精度、全天候、长时间的全球或半球的海洋动力学参数，如蒸发波导环境特性研究所需要的海水表面温度、空气温度、湿度、气压、风向和海面风速等气象要素。但是，由于卫星种类和运行轨道的不同，目前很难同步获得蒸发波导预测所需的近海面气象要素。例如，美国的快速测风（Quick SCAT）卫星，可以高精度测量全球海洋表面风场数据，当海面风速为 3～30 m/s 时，海面风速均方误差为 2 m/s，风向均方误差为 20°，空间分辨率为 25 km（经过处理后可以达到 12.5 km），可以覆盖全球 90%的海洋，但只能每天扫描固定海域 1 次，而且存在观测盲区，远远不能满足蒸发波导预测的要求。

美国国家环境预报中心公开发布的天气预报系统再分析数据[1]，为获得大面积海域蒸发波导高度时空分布规律提供了一种新的途径。该数据是由美国国家环境预报中心和美国国家大气研究中心（NCAR）协作，对来自地面、船舶、无线电探空仪、飞机、卫星等气象观测资料进行数据同化处理后，研制出的全球气象资料同化数据库。美国国家环境预报中心的天气预报系统再分析数据可靠性高，广泛应用于气候诊断分析，并且在一些全球、区域气候变化的模拟和预测中，作为气候模式的初始场和驱动场资料，用来检验模拟结果。该数据是美国国家环境预报中心不断更新发布的高分辨率全球耦合大气和海洋再分析数据，具有以下新的特点：

（1）在产生 6 小时猜测场时，耦合了大气和海洋的相互作用。

（2）使用一个交互式海冰模型。

（3）在整个再分析时间段，利用格点统计插值（Grid-point Statistical Interpolation, GSI）算法同化了卫星观测辐射数据。

美国国家环境预报中心的天气预报系统再分析数据给出了从 1979 年至今间隔 1 小时的全球气象再分析资料，经度覆盖范围为 180°W～180°E，纬度覆盖范围为 90°N～90°S，共计 1152×576 个格点，空间分辨率为 0.312°×0.313°（见图 4-2），大约为 38 km，并且包含了蒸发波导预测所需的气象参数，为研究大面积海域蒸发波导统计特征监测方法、获取大面积海域蒸发波导高度时空分布规律提供有效数据支撑。

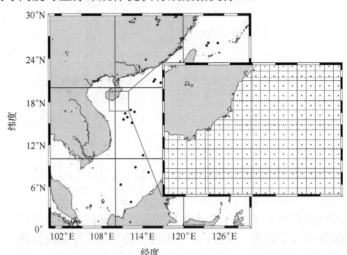

左侧黑点：马斯登（Marsden）网格，空间分辨率为 10°×10°；右侧红点：NCEP 的气候预报系统再分析数据，空间分辨率为 0.312°×0.313°

图 4-2　空间分辨率对比

如前所述，蒸发波导高度主要决定于近海面空气温度、相对湿度、海面风速、海水表面温度和海面气压这 5 个气象要素，表 4-1 是从 NCEP 的气候预报系统数据中提取和计算得到的气象要素。空气温度采用离海面 2 m 高处的再分析数据，海水表面温度采用再分析海水表面温度，相对湿度利用离海面 2 m 高处的再分析比湿数据，从而计算得到水汽压；通过空气温度获得饱和水汽压之后，计算出相对湿度；风速和风向采用离海面 10 m 高处的再分析风场数据。图 4-3 是从 NCEP 的气候预报系统再分析数据中提取的 2008 年 1 月离海面 2 m 高处的空气温度和海水表面温度的月平均值，图 4-4 是从上述再分析数据中提取的 2008 年 1 月海面风速和风向的月平均值。

表 4-1　从 NCEP 的气候预报系统再分析数据中提取和计算得到的气象要素

提取的气象要素	再分析高度	英文简称	计算得到气象要素	再分析高度	英文简称
空气温度/℃	2 m	TA	风速/（m/s）	10 m	WS
海水表面温度/℃	表面	—	气海温差/℃	2m	ASTD
比湿/（g/kg）	2 m	SH	相对湿度（%）	2m	RH
风速（u 分量）/（m/s）	10 m	—	蒸发波导高度/m	—	EDH
风速（v 分量）/（m/s）	10 m	—			
海面气压/hPa	表面	SLP			

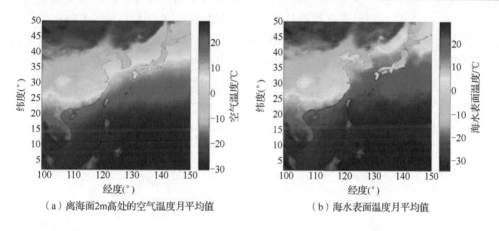

（a）离海面2m高处的空气温度月平均值　　　　（b）海水表面温度月平均值

图 4-3　从 NCEP 的气候预报系统再分析数据中提取的 2008 年 1 月的空气温度和海水表面温度的月平均值

本节利用美国国家浮标数据中心（National Data Buoy Center, NDBC）的浮标数据验证 NCEP 的气候预报系统再分析数据的有效性。海上浮标数据不受陆地和测量船的影响，可以作为验证再分析数据有效性的重要依据。热带大气海洋（Tropical Atmosphere Ocean, TAO）浮标阵列在太平洋热带区域上，实时记录和传输气象水文数据。本节选取位于 8°2′54″N，165°8′31″E 位置的 WMO52006 浮标数据来验证 NCEP 的气候预报系统再分析数据（在图 4-5 中简称 CFSR 数据）的有效性。本节处理了 1989 年 7 月 6 日—2009 年 12 月 31 日的数据，计算并比较了 2009 年 4 月 1 日—30 日气象数据的月平均值和月标差，以及蒸发波导高度的月平均值和月标准差，结果在图 4-5 中给出。

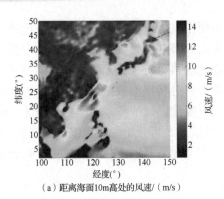 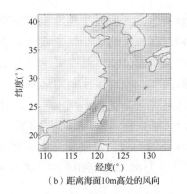

（a）距离海面10m高处的风速/（m/s）　　　　　（b）距离海面10m高处的风向

图4-4　从 NCEP 的气候预报系统再分析数据中提取的 2008 年 1 月海面风速和风向的月平均值

图 4-5（a）比较了 2009 年 4 月 1—30 日的 CFSR 数据和浮标数据。总的来说，在该时间段内，CFSR 数据与浮标数据比较吻合，但是在有些时间段，还存在一定偏差。这些偏差可能是由缺少现场观测数据引起的。

图 4-5（b）是根据 CFSR 数据和浮标数据进行的气象数据月平均值对比，图 4-5（c）是根据 CFSR 数据和浮标数据进行的气象数据月标准差对比。总体上看，CFSR 数据和浮标数据的月平均值和月标准差吻合较好。利用 CFSR 数据计算得到的蒸发波导高度的月平均值，和利用浮标数据计算得到的蒸发波导高度的月平均值吻合较好，最大误差为 1 m 左右。2009 年 1—3 月，利用浮标数据计算得到的蒸发波导高度大于利用 CFSR 数据计算得到的蒸发波导高度。主要原因如下：与浮标数据相比，CFSR 数据中的空气温度较高，相对湿度较低。蒸发波导高度标准差最大偏差小于 0.5 m。

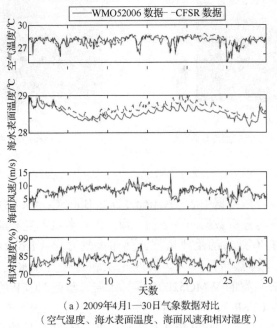

（a）2009年4月1—30日气象数据对比
（空气湿度、海水表面温度、海面风速和相对湿度）

图 4-5　浮标数据和 CFSR 数据对比

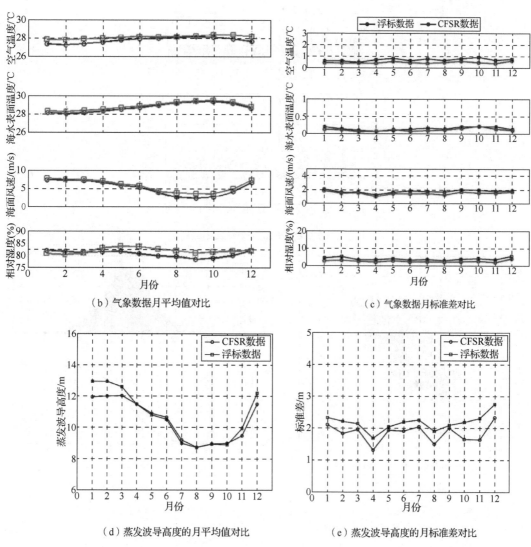

（b）气象数据月平均值对比　　　　　　　　（c）气象数据月标准差对比

（d）蒸发波导高度的月平均值对比　　　　（e）蒸发波导高度的月标准差对比

图 4-5　浮标数据和 CFSR 数据对比（续）

本节以 2008 年全年数据为例，分析利用 CFSR 数据计算蒸发波导高度的不确定性如图 4-6 所示。从图 4-6（a）和图 4-6（b）可以看出，利用 CFSR 数据计算的蒸发波导高度和利用浮标数据计算的蒸发波导高度基本是一致的。蒸发波导高度误差平均值和标准差分别为 1.08 m 和 1.64 m。从图 4-6（c）可以看出，蒸发波导高度误差在-2～2 m 之间的概率为 80%左右。综上所述，利用 CFSR 数据计算的蒸发波导高度是可信的。

在本章中，NPS 模型的输入参数（高度）设置为 2 m（与 CFSR 数据中的空气温度和相对湿度对应的高度相同）。CFSR 数据中的海面风速对应的高度为 10 m，从图 4-5（a）可以看出，CFSR 数据中的海面风速和浮标数据中的海面风速测量结果（测量高度为 2m）比较一致。因此，在本章中把 CFSR 数据中的海面风速输入 NPS 模型，以计算蒸发波导高度。

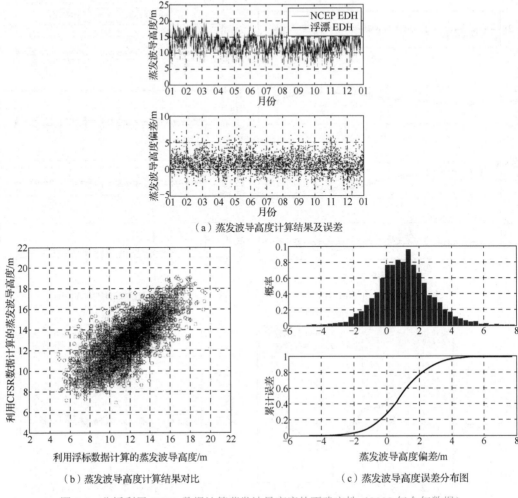

（a）蒸发波导高度计算结果及误差

（b）蒸发波导高度计算结果对比　　　　　（c）蒸发波导高度误差分布图

图 4-6　分析利用 CFSR 数据计算蒸发波导高度的不确定性（2008 年全年数据）

4.2　世界海洋蒸发波导高度的时空分布规律及其成因分析

本节对世界海洋蒸发波导高度时空分布规律进行计算。图 4-7 是世界海洋蒸发波导高度的分布规律。

4.2.1　世界海洋蒸发波导高度的时空分布规律

世界海洋蒸发波导高度的时空分布规律如下：

（1）由于世界各地气候特征随纬度变化明显，因此蒸发波导高度的分布特征也随纬度变化明显，其随纬度变化的规律如图 4-8 所示。

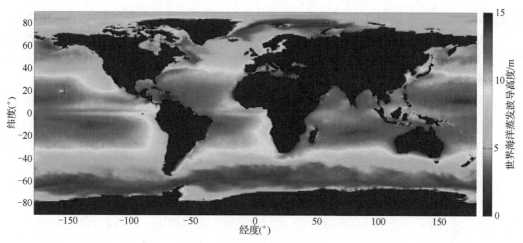

图 4-7　世界海洋蒸发波导高度的时空分布规律

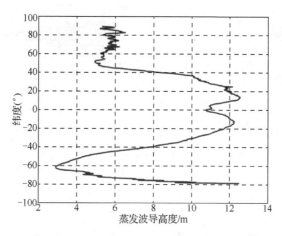

图 4-8　世界海洋蒸发波导高度随纬度变化的规律

（2）总体来说，蒸发波导高度随着纬度的增大不断减小。在纬度为 40°～60° 的海域，蒸发波导高度平均值大约为 5 m。在北冰洋海域，蒸发波导高度平均值为 7 m 左右，但是在南极洲附近的海域，蒸发波导高度平均值为 15 m 左右。

（3）在靠近陆地的海域，如北美洲西南侧海域、南美洲东南侧和西南侧海域、非洲东侧和西侧海域、北冰洋北部海域、澳大利亚西侧和南侧海域、印度洋北部海域、地中海、红海、亚丁湾、阿曼湾、波斯湾和中国黄海海域的蒸发波导高度相对较高。主要原因是这些海域靠近沙漠或比较干燥的大陆区域，相对湿度较低，会导致蒸发波导高度较高。

图 4-9 是世界海洋蒸发波导高度概率分布，主要特征如下：

（1）图 4-9（a）是世界海洋蒸发波导高度分布直方图，世界海洋蒸发波导高度平均值是 7.9 m，蒸发波导高度出现在 11 m 左右的概率最大，即 12% 左右。

（2）图 4-9（b）是纬度小于 40° 的海域的蒸发波导高度分布直方图。在该部分海域，蒸发波导高度平均值是 10.1 m。蒸发波导高度出现在 10 m 左右的概率最大，即 20%左右。

（3）从蒸发波导高度累积概率分布（见图 4-10）可以看出，在世界海域，蒸发波导高度大于 5 m 的概率为 70%，大于 8 m 的概率为 50%，大于 10 m 的概率为 35%，大于 13 m 的概率为 10%。

（4）在纬度小于 40°的海域，蒸发波导高度大于 5 m 的概率为 99%，大于 8 m 的概率为 85%，大于 10 m 的概率为 70%，大于 13 m 的概率为 20%。

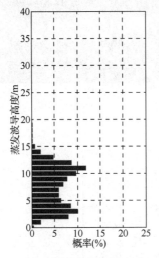
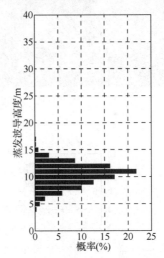

（a）世界海洋蒸发波导高度分布直方图   （b）纬度小于40°的海域的蒸发波导高度分布直方图

图 4-9　世界海洋蒸发波导高度概率分布

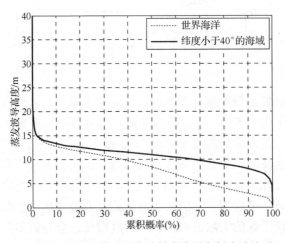

图 4-10　世界海洋蒸发波导高度累积概率分布

蒸发波导高度的月平均值分布如图 4-11 所示，与低纬度海域相比，高纬度海域的蒸发波导高度随月份的变化比较明显。世界海洋蒸发波导高度变化规律总结如下。

（1）北冰洋。在每年的 1—4 月以及 9—12 月，在北冰洋北部海域，蒸发波导高度很大，最大值超过 20 m；在 5—8 月，北冰洋的蒸发波导高度比较小。

（2）大西洋。大西洋在赤道附近的海域，全年蒸发波导高度的月平均值都比较大，大约为 10 m。随着纬度的增高，该海域的蒸发波导高度不断减小；在北纬 50°～60° 的海域，蒸发波导高度大约为 5 m。

（3）印度洋。在印度洋北部全年蒸发波导高度都比较大，尤其是在 7—8 月，蒸发波导高度超过了 25 m。在印度洋南部海域，蒸发波导高度随着纬度的增加不断减小，在南纬 50° 附近的海域，蒸发波导高度减小到 3 m 左右。

（4）太平洋。在太平洋纬度小于 30° 的海域，蒸发波导高度为 10 m 左右；蒸发波导高度随着纬度的增加不断减小，在纬度 50°～60° 的海域，蒸发波导高度为 3 m 左右。

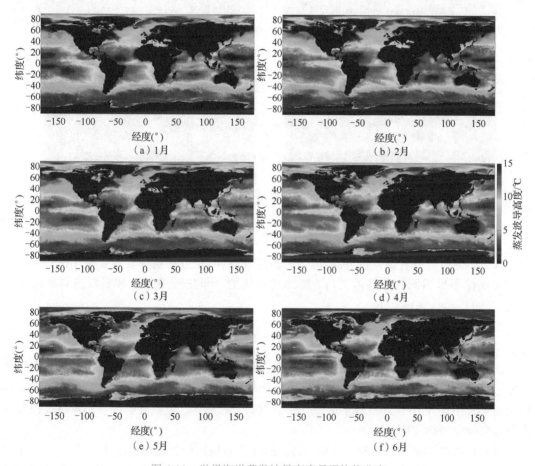

图 4-11 世界海洋蒸发波导高度月平均值分布

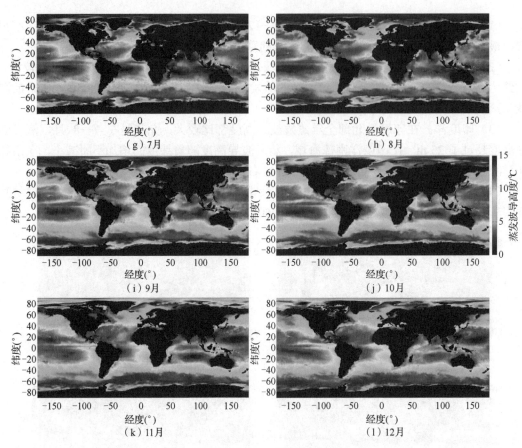

图 4-11 世界海洋蒸发波导高度月平均值分布（续）

从上面分析可以看出，世界海洋蒸发波导高度的时空分布规律较为复杂，在各个海域的分布规律不尽相同，但整体上，是随纬度变化的，即在低纬度海域蒸发波导高度相对较大。

4.2.2 世界海洋蒸发波导高度的时空分布规律的成因分析

从 CFSR 数据中，可以得到影响蒸发波导高度的气象参数的月平均值，如近海面空气温度、海水表面温度、气海温差、相对湿度和海面风速，这些气象参数的月平均值变化趋势如图 4-12～图 4-16 所示。基于这些气象参数的分布规律，可以分析世界海洋蒸发波导高度的时空分布规律成因。

（1）北冰洋。除了每年的 7 月和 8 月，北冰洋海域的空气温度都小于 0 ℃。在一年大部分时间中，北冰洋海域的气海温差都大于 0 ℃，近海面大气处于稳定状态，全年平均风速小于 3 m/s。在 5—8 月，该海域的相对湿度为 90%左右，其他月份的相对湿度较低。在北冰洋北部海域（5—8 月除外），低相对湿度和低风速导致蒸发波导高度较大。

（2）大西洋。在大西洋靠近赤道附近的海域，空气温度在全年都比较高。气海温差小于 0 ℃，近海面大气处于不稳定状态，近海面风速比较大，相对湿度为 80% 左右，使得该海域的蒸发波导高度为 10 m 左右。在接近南纬 50° 附近的海域，在 1—4 月和 10—12 月，气海温差大于 0 ℃，近海面大气处于稳定状态，高相对湿度和高风速使得该海域的蒸发波导高度较小，平均值为 4 m 左右。

（3）印度洋。在印度洋北部海域，蒸发波导高度在全年都很大，尤其是在 7 月和 8 月，在中东地区附近海域的蒸发波导高度超过 25 m。该海域的相对湿度较低，是蒸发波导高度偏大的主要原因。北风将中东地区的干燥空气带到了印度洋北部海域，降低了该海域的相对湿度。在印度洋南部海域，蒸发波导高度随着纬度的增加逐渐减小，在南纬 50°～南纬 60° 的海域，蒸发波导高度只有 3 m 左右。高相对湿度和低海水表面温度是造成蒸发波导高度较小的主要原因。

（4）太平洋。在太平洋纬度小于 30° 的海域，蒸发波导高度为 10 m 左右。主要原因是，近海面大气处于稳定状态，相对湿度较低，海水表面温度和空气温度较高。随着纬度的增加，蒸发波导高度不断减小，在纬度 50°～60° 附近的海域，蒸发波导高度为 3 m 左右。

从上面分析可以看出，影响蒸发波导高度的主要气象参数是气海温差、空气温度、相对湿度和海面风速。其中，气海温差决定了近海面大气所处的状态。虽然风向不会直接影响蒸发波导高度，但是它可以通过改变其他气象参数，如相对湿度，间接影响蒸发波导高度。

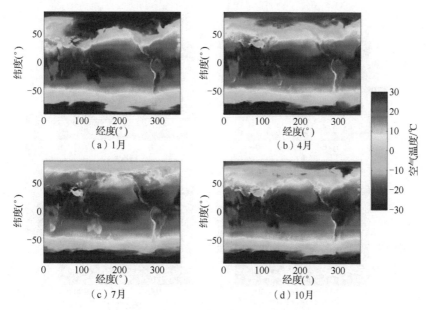

图 4-12　近海面空气温度月平均值变化趋势

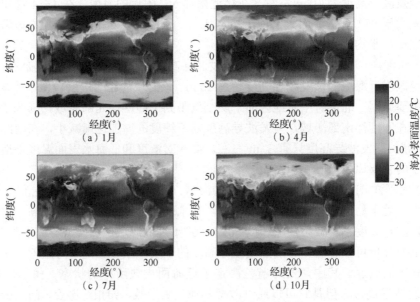

图 4-13　海水表面温度月平均值变化趋势

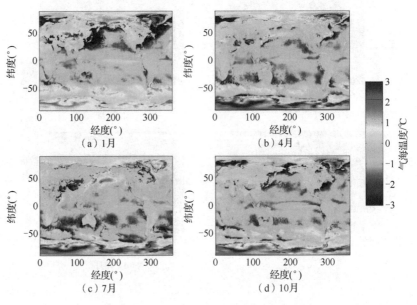

图 4-14　气海温差月平均值变化趋势

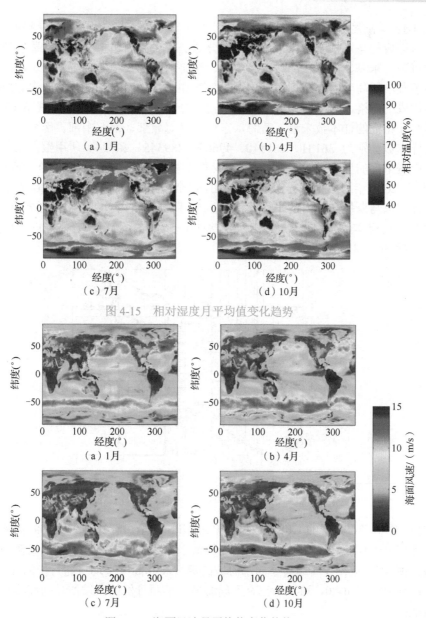

图 4-15　相对湿度月平均值变化趋势

图 4-16　海面风速月平均值变化趋势

4.3　西太平洋蒸发波导高度的时空分布规律及其成因分析

4.3.1　西太平洋蒸发波导高度的时空分布规律

本节采用 1990—2008 年的 CFSR 数据，首先将某年某日某时刻的气象数据输入 NPS 模型，计算出蒸发波导高度样本。然后，利用统计方法获得不同海域的月平均值分布规律。

图 4-17 是蒸发波导环境特性网格点划分图，其中粗线构成的方格是按照 10°×10° 空间分辨率形成的马斯顿方格。根据这种划分方法，我国周边主要海域的蒸发波导环境特性只能用黄海、东海、南海北部、南海中部、南海南部 5 个马斯顿方格表示，显然很难准确地描述蒸发波导高度的分布规律，实用性较差。相反，采用 CFSR 数据形成的网格是图 4-17 中细线构成的方格，与马斯顿方格相比，空间分辨率提高了约 28 倍。在 AREPS 软件中，从获得统计特征的样本数来看，黄海、东海、南海北部、南海中部、南海南部 5 个马斯顿方格的样本数分别为 36131、161840、49665、289345、40734。所用数据来自船测数据，东海和南海中部的样本数较多，这与该海域航线繁忙有关。本节采用 1990—2008 年的 CFSR 数据，除了 2001 年的数据有异常，不能使用，每个格点的时间样本数为 26280，若与 AREPS 软件一样求取马斯顿方格内的平均值，则每个马斯顿方格内 NCEP 网格样本总数为 735840，而 NCEP 网格样本数分别是以上 AREPS 软件中 5 个马斯顿方格样本数的 20 倍、4.5 倍、14.8 倍、2.5 倍和 18 倍。

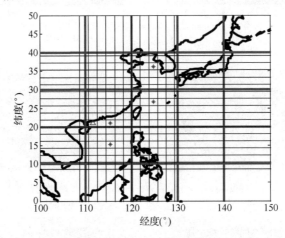

图 4-17　蒸发波导环境特性网格点划分图

利用 1990—2008 年的 CFSR 数据，采用 NPS 模型可计算得到世界海洋蒸发波导高度的月平均值。图 4-18～图 4-19 所示分别为西太平洋蒸发波导高度的月平均值和年平均值变化趋势，图 4-20 是我国周边典型局部海域的蒸发波导高度平均值随月份的变化趋势。

从图 4-18～图 4-20，可以看出，不同海域、不同月份的蒸发波导高度具有明显的时空分布特征：

（1）渤海及黄海。每年的 3—7 月蒸发波导高度较大，尤其在 5 月，其值达到西太平洋海域的蒸发波导高度最大值，在黄海典型海域（由图 4-17 中的星号表示）的波导平均值高达 16.5m；该海域在 1—2 月、11—12 月，蒸发波导高度相对较小。

（2）东海及其以东的西太平洋海域。在每年的 1—3 月和 7—12 月，该海域的蒸发波导高度较大，而在 4—6 月，蒸发波导高度平均值小于 10m。

（3）南海北部沿海海域。在每年的 6—12 月，该海域的蒸发波导高度较大，平均值约为 12m，而在 1—5 月，蒸发波导高度较小，一般小于 10m。

（4）南海中部海域。该海域的蒸发波导高度整体上比南海北部和东海的蒸发波导高度大，蒸发波导高度平均值在 10m 以上。

（5）西太平洋海域。其中黄海与渤海的蒸发波导高度最大，约为 16m，从北纬 5°～25° 的海域，蒸发波导高度的年平均值约为 12m，其他海域的蒸发波导高度次之。

因此，从长期统计的平均值来分析，在我国周边海域，由于受到复杂气象要素和气候变化的影响，蒸发波导高度的时空分布规律并不是简单地符合"南方比北方高、夏季比冬季高"的一般原则，而是具有复杂的时空分布特征和内在原因。

图 4-21 为利用 AREPS 数据和 NCEP 数据获得的蒸发波导高度的比较。AREPS 在中国周边海域主要有 4 个 10°×10° 的马斯顿方格（见图 4-17），分别是南海、南海北部、东海、黄海。从图 4-21 中可看出，由于数据来源不同，特别是估计蒸发波导高度的方法不同，计算得到的蒸发波导高度存在较大差异，NPS 模型的估计值一般比 PJ 模型的估计值小，这与文献中认为 PJ 模型的估计值过大的结果是一致的。从模型的理论分析和数据的时效性，以及通过与浮标数据的比较结果来看，本章基于 CFSR 数据和 NPS 模型估计的蒸发波导高度具有更高的精度。

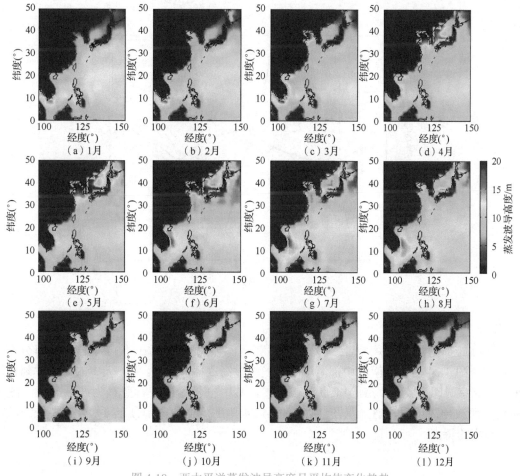

图 4-18　西太平洋蒸发波导高度月平均值变化趋势

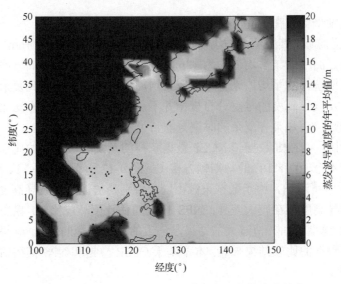

图 4-19　西太平洋蒸发波导高度的年平均值变化趋势

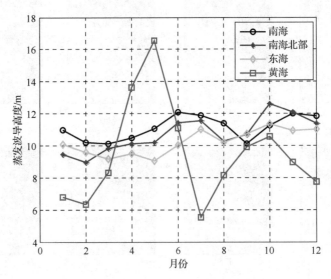

图 4-20　我国周边典型局部海域蒸发波导高度平均值随月份的变化趋势
（所选海域由图 4-17 中的星号表示）

　　针对局部海域，利用以上分析方法可获得蒸发波导高度在不同月份的概率分布。图 4-22～图 4-24 是中国南海中部海域的蒸发波导高度概率分布，将一天中的 4 个时刻进行平均（北京时间 2 点、8 点、14 点和 20 点），其中横轴为概率，竖轴为波导高度，图中的数值为波导高度平均值。从图 4-22～图 4-24 中的均值和概率分布可知，该海域的蒸发波导高度的特点：

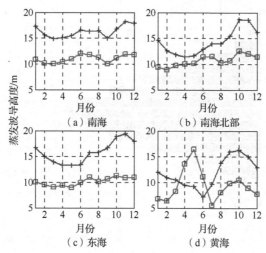

带十字号的曲线为 AREPS 数据，带方框的曲线为 CFSR 数据

图 4-21　利用 AREPS 数据与 CFSR 数据获得的蒸发波导高度的比较

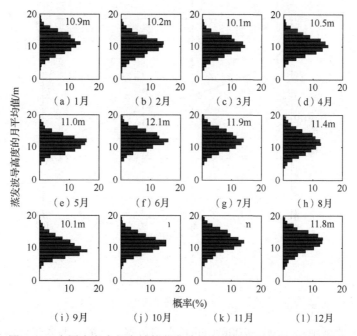

图 4-22　中国南海中部海域的蒸发波导高度的月平均值及概率分布

（1）蒸发波导高度在全年都较高，其平均值都在 10m 以上。

（2）在蒸发波导高度的全年概率分布中，最大概率出现的蒸发波导高度为 11m，该概率约为 13%。

（3）从蒸发波导高度的全年累积概率分布可看出，蒸发波导高度大于 8m 的概率约为 90%，大于 10m 的概率约为 70%，大于 12m 的概率约为 45%，大于 14m 的概率约为 20%。

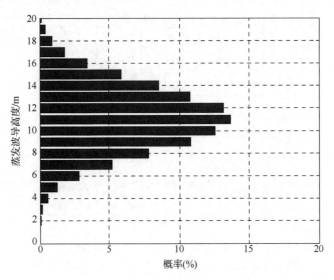

图 4-23   南海中部海域的蒸发波导高度的年平均值及概率分布

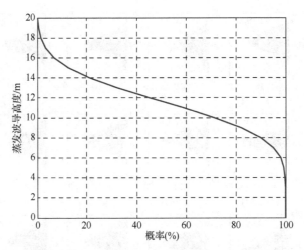

图 4-24   南海中部全年蒸发波导高度的累积概率分布（海域位置见图 4-17 中的星号）

4.3.2   西太平洋蒸发波导高度的时空分布规律的成因分析

利用 CFSR 数据中的 1990—2008 年的月平均数据，可得到西太平洋海域空气温度、气海温差、风向、风速和相对湿度的统计特征，它们的月平均值的时空分布规律分别如图 4-25～图 4-29 所示。结合蒸发波导高度对气象要素的敏感性特点，并根据长期观测的气象要素的月平均值的时空分布规律，分析形成图 4-18～图 4-24 所示蒸发波导高度时空分布规律的原因。

（1）渤海及黄海。在该海域，每年 3—7 月的蒸发波导高度很大，主要原因是，该海域在这个时间段的气海温差大于 0，近海面大气处于稳定状态，而且该海域风速一般小于

6m/s，相对湿度一般小于 80%，由前面的气象要素敏感性分析可知，这种气象条件会形成很大的蒸发波导高度；每年的 1—2 月和 11—12 月该海域近海面的大气处于不稳定状态，尽管相对湿度较低，但由于温度较低，导致波导高度较小。

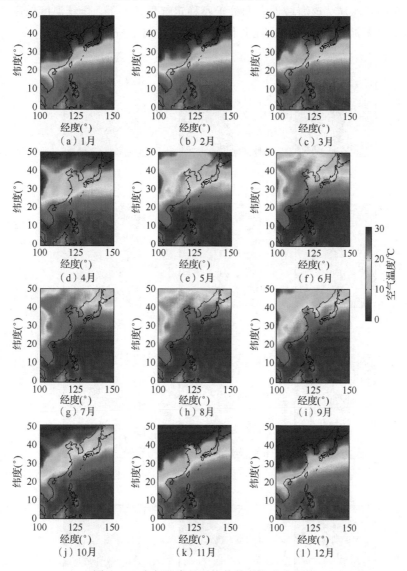

图 4-25　空气温度月平均值的时空分布规律

（2）东海及其以东的西太平洋海域。近海面气象要素大部分处于不稳定状态，每年的 1—3 月和 7—12 月蒸发波导高度较大，主要原因是，相对湿度较低，一般在 80% 以下，而且风速较大；而在每年的 4—6 月蒸发波导高度平均值小于 10m，主要原因是，相对湿度很高，平均值高达 90%，而且风速相对较小。

（3）南海北部沿海海域。该海域近海面以不稳定层结为主，每年的 6—12 月的蒸发波导高度较大，其平均值约为 12m，主要原因是相对湿度较低且风速较大；而在每年的 1—5 月的蒸发波导高度平均值较小，一般小于 10m，主要原因是风速变小，而相对湿度很高，平均值高达 90%左右。

（4）南海中部海域。该海域近海面处于不稳定气象条件下，全年温度较高，风速较大，使得该海域的蒸发波导高度整体上比其他海域的蒸发波导高度大。

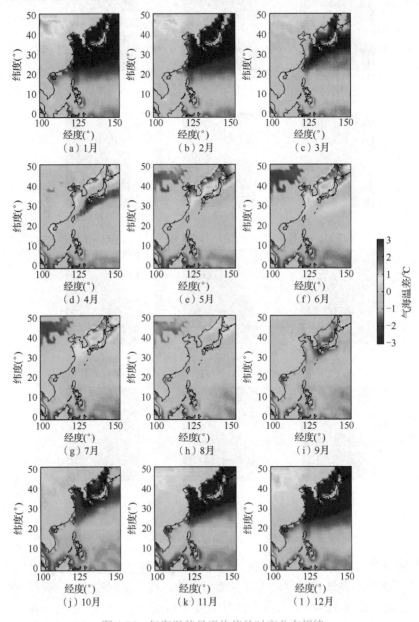

图 4-26　气海温差月平均值的时空分布规律

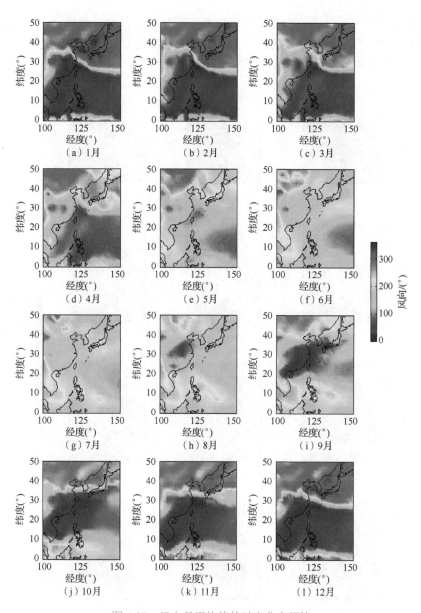

图 4-27 风向月平均值的时空分布规律

（5）整个西太平洋海域。黄海与渤海的蒸发波导高度最大，约 16m，主要与该海域近海面在一年中的 4 个月处于稳定层结有关；从北纬 5°～25° 的海域，蒸发波导高度的年平均值约为 12m，主要原因是该海域的全年温度较高，风速较大，而相对湿度比赤道附近小。

（6）风向的影响。风向的月平均值的时空分布规律如图 4-27 所示。我国绝大多数地区一年中的风向发生着规律性的季节更替，这是因为我国所处的地理位置主要是由海陆配置所决定的。大陆和海洋热力特性的差异使冬季严寒的亚洲内陆形成一个冷性高气压区，东部和南部的海洋上相对形成一个热性低气压区，高气压区的空气要流向低气压区。因此，在每年的 1—4 月和 9—12 月，东海及其以南的大部分海域以东北风居多，黄海以北主要为西北风。相反，在每年的 5—8 月的夏季，高温的大陆成为低气压区，凉爽的海洋成为高气压区。因此，我国大部分近海海域以东南风和西南风为主。

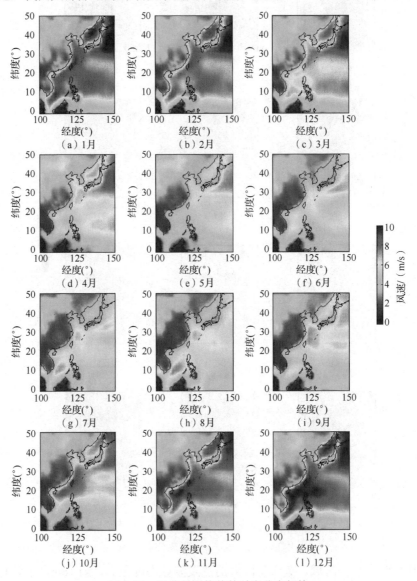

图 4-28　风速月平均值的时空分布规律

风向对相对湿度具有重要的影响。在黄海、东海北部及其以东的西太平洋海域，在每年的 1—4 月和 11—12 月主要存在西北风，由大陆上的西北风带来的干燥气流使得该部分海域的相对湿度比南方海域小，这与蒸发波导高度在该海域有较强的分布特征是一致的。而我国东南沿海在每年的 5—9 月，相对湿度较高，这主要是由于东南风从海洋带来了湿润空气，而且这个时间段也是热带风暴和台风多发季节，产生的雨水较多，这与东南沿海在这些月份的蒸发波导高度较小是一致的。

从以上分析可以看出，西太平洋蒸发波导高度的时空分布规律受多种气象要素时空分布规律的影响，其内在关系是十分复杂的。影响的主要气象要素包括气海温差、相对湿度、风速和空气温度。风向虽然不会产生直接作用，但风向的转换也反映在相对湿度的变化上，从而引起蒸发波导环境特性的变化。

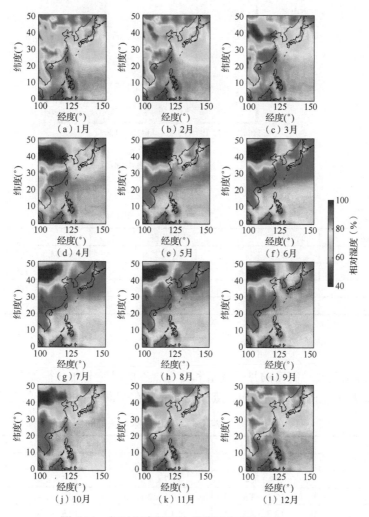

图 4-29 相对湿度月平均值的时空分布规律

4.4 中国南海蒸发波导高度的时空分布规律及其成因分析

在本节中，选取中国南海作为蒸发波导高度的时空分布规律研究区域，该区域覆盖范围为 2°N～23°N，105°E～121°E。为了方便研究，把中国南海分为 4 个研究区域：北部湾、南海北部、南海中部和南海南部，如图 4-30 和表 4-2 所示。

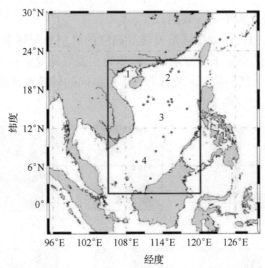

1—北部湾；2—南海北部；3—南海中部；4—南海南部

图 4-30   中国南海研究区域划分

表 4-2   中国南海研究区域

序　号	研究区域	纬度范围	经度范围
1	北部湾	17°N～22°N	105°E～110°E
2	南海北部	17°N～23°N	110°E～121°E
3	南海中部	10°N～17°N	109°E～121°E
4	南海南部	2°N～10°N	105°E～117°E

4.4.1   中国南海蒸发波导高度的时空分布规律

中国南海蒸发波导高度的月平均值和月标准差的时空分布规律如图 4-31～图 4-32 和表 4-3 所示。从上述两图可以看出，蒸发波导高度在空间上和时间上的分布都是不均匀的。

表 4-3   中国南海蒸发波导高度的月平均值和月标准差的时空分布规律（单位：m）

月份	北部湾	南海北部	南海中部	南海南部
1	9.8 ± 2.5	10.6 ± 1.8	11.5 ± 1.3	10.3 ± 1.3
2	8.8 ± 1.4	11.2 ± 1.4	12.5 ± 1.4	11.3 ± 1.7
3	12.5 ± 3.8	10.6 ± 2.1	10.5 ± 1.4	9.6 ± 0.9
4	13.3 ± 4.5	10.2 ± 1.7	10.8 ± 1.3	10.0 ± 1.0
5	12.9 ± 3.9	11.0 ± 2.4	10.6 ± 1.4	10.8 ± 1.9
6	12.8 ± 2.5	11.5 ± 1.2	11.7 ± 1.3	10.6 ± 1.6
7	13.8 ± 3.4	11.4 ± 1.6	11.3 ± 1.6	11.0 ± 1.4
8	12.3 ± 2.6	10.7 ± 1.9	11.1 ± 1.9	10.7 ± 1.0
9	11.1 ± 2.0	11.2 ± 2.0	11.2 ± 1.5	12.0 ± 1.7
10	10.6 ± 1.5	12.2 ± 1.3	9.9 ± 1.2	10.1 ± 1.1
11	12.7 ± 2.8	14.3 ± 2.5	12.2 ± 1.4	10.2 ± 1.0
12	11.3 ± 2.2	13.8 ± 1.4	13.1 ± 1.4	11.2 ± 1.4

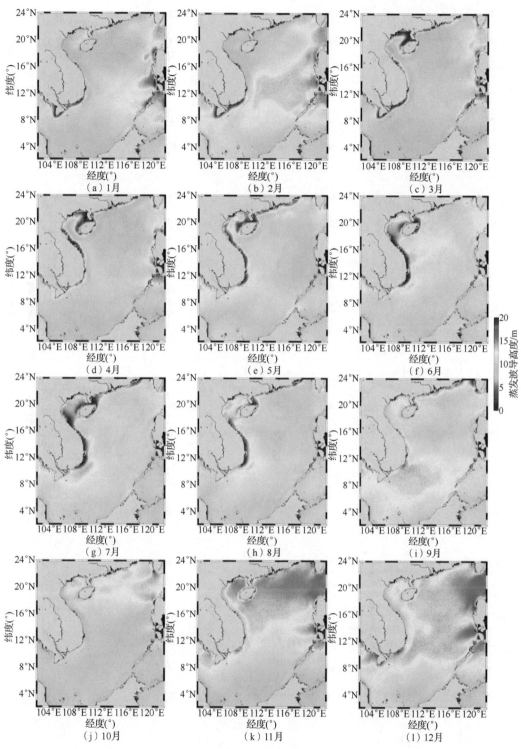

图 4-31 中国南海蒸发波导高度的月平均值时空分布规律

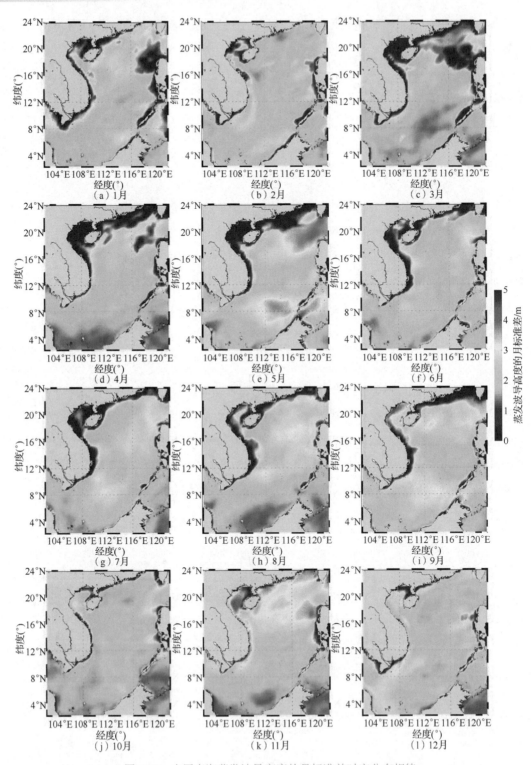

图 4-32　中国南海蒸发波导高度的月标准差时空分布规律

（1）北部湾。在每年的 1—2 月，该海域的蒸发波导高度较小，小于 10 m。在 4 月、5 月和 7 月，该海域的蒸发波导高度较大，尤其在 7 月，蒸发波导高度最大，平均值为 13.8 m。在夏季的北部湾，蒸发波导高度较大的区域出现在海南岛西北部和越南东北部海域。在秋季的北部湾，蒸发波导高度开始减小，但是，在整个冬季，北部湾的蒸发波导高度都比较大。与中国南海其他海域相比，该海域蒸发波导高度标准差较大，在 4 月达到最大值，为 4.5 m。

（2）南海北部。在每年的 1—8 月，该海域蒸发波导高度为 10~12 m；在 9—11 月，该海域蒸发波导高度不断升高，在 11 月达到最高值，为 14.3 m；在 12 月以后，该海域蒸发波导高度回落到 10 m 左右。在全年中，4 月的南海北部海域蒸发波导高度最小，为 10.2 m。在春季、夏季和秋季，南海北部海域蒸发波导高度最大的区域都出现在中国台湾地区和菲律宾中间的海域。在 11 月和 12 月，在整个南海北部海域蒸发波导高度都比较大。在 11 月，蒸发波导高度的标准差最大，为 2.5 m。

（3）南海中部。该海域蒸发波导高度最高值出现在 12 月，为 13.1 m；蒸发波导高度最低值出现在 10 月，为 9.9 m。在整个冬季，该海域蒸发波导高度都比较大。当春季来临时，蒸发波导高度开始减小，蒸发波导高度较小的区域出现在该海域南部。在夏季，该海域蒸发波导高度大于 10 m，蒸发波导高度较大的区域移动到越南东南部海域。南海中部海域蒸发波导高度的标准差在全年比较稳定，小于 2 m。

（4）南海南部。该海域蒸发波导高度最高值出现在 9 月，为 12.0 m；蒸发波导高度最低值出现在 3 月，为 9.6 m。在冬季，蒸发波导高度较小的区域出现在马来西亚西北部，小于 10 m。当春季来临时，蒸发波导高度迅速增大，蒸发波导高度较大的区域出现在该海域南部。在 9 月和 10 月，该海域蒸发波导高度减小到 10 m 左右。蒸发波导高度的标准差在该海域比较稳定，小于 2 m。

图 4-33 为中国南海蒸发波导高度的时空分布规律对比，主要对比了本书的计算结果（New EDH Climatology）和 20 世纪 80 年代的计算结果（Old EDH Climatology）。从图 4-33 可以看出，本书的计算结果和 20 世纪 80 年代的计算结果还是有显著差异的。20 世纪 80 年代的计算结果过高估计了蒸发波导高度，其月平均值为 15~18 m。本书的计算结果的蒸发波导高度为 10~12 m，其在 12 月最大，为 12.2 m，在 3 月最小，为 10.4 m。与 20 世纪 80 年代的计算结果相比，本书的计算结果标准差较小，小于 1.5 m。

图 4-33（c）和图 4-33（d）以 12 月为例，对比了本书的计算结果和 20 世纪 80 年代的计算结果的空间分辨率（本书的计算结果：0.312°×0.313°，20 世纪 80 年代的计算结果：10°×10°）。以黄岩岛附近海域为例，对比了 12 月蒸发波导高度平均值。20 世纪 80 年代计算的蒸发波导高度年平均值为 17.95 m，本书计算的蒸发波导高年平均值为 12.42 m。20 世纪 80 年代的计算结果过高估计了蒸发波导高度及其标准差，这会对计算电磁波在蒸发波导中的传播路径损失产生重要影响。

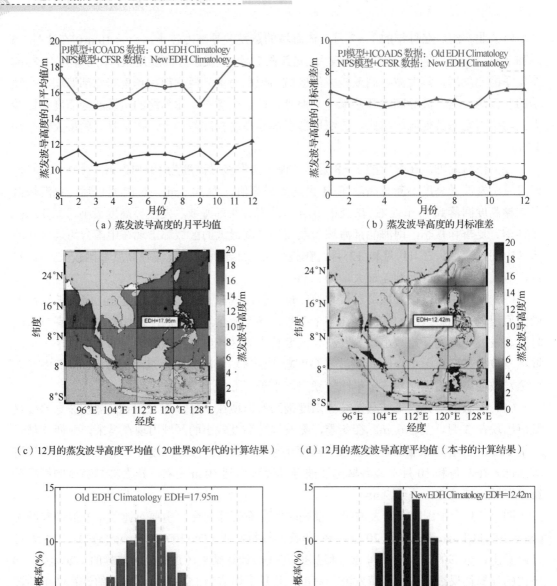

（a）蒸发波导高度的月平均值　　　　　　　　　（b）蒸发波导高度的月标准差

（c）12月的蒸发波导高度平均值（20世界80年代的计算结果）　　（d）12月的蒸发波导高度平均值（本书的计算结果）

（e）蒸发波导高度概率发布（黄岩岛，20世纪80年代的计算结果）（f）蒸发波导高度概率发布（黄岩岛，本书的计算结果）

ICOADS 的全称为 International Comprehensive Ocean-Atmosphere Data Set：国际综合海气数据集

图 4-33　中国南海蒸发波导高度的时空分布规律对比

图 4-34 为两种计算结果对电磁波传播路径损失计算的影响。图 4-34（a）是中国南海蒸发波导高度年平均值 17.95 m（20 世纪 80 年代的计算结果）和 12.42 m（本书的计算结果）对应的蒸发波导修正折射率剖面。把修正折射率剖面输入抛物方程模型中，用于计算电磁波传播路径损失。发射天线高度是 10 m，电磁波频率为 10 GHz，水平极化，计算距离为 100 km。

图 4-34（b）是接收高度为 10 m 时路径损失随距离变化的曲线，从图 4-34（b）可以看出，当蒸发波导高度为 17.95 m 时，路径损失较小。当接收距离为 100 km、接收高度为 10 m 时，利用本书的计算结果得到的路径损失为 145 dB，利用 20 世纪 80 年代的计算结果得到的路径损失为 137 dB。因此，利用本书的计算结果计算路径损失，会增加 8 dB，这会对预测雷达和通信系统工作性能产生重要影响。

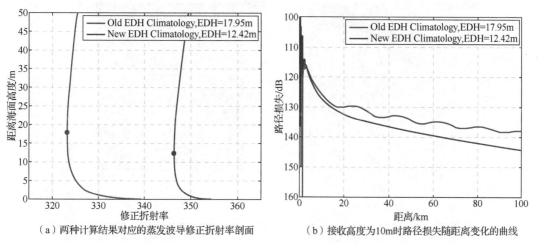

（a）两种计算结果对应的蒸发波导修正折射率剖面　　（b）接收高度为10m时路径损失随距离变化的曲线

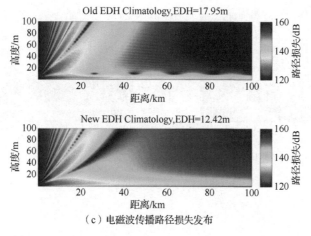

（c）电磁波传播路径损失发布

图 4-34　两种计算结果对电磁波传播路径损失计算的影响

4.4.2　中国南海蒸发波导高度的时空分布规律的成因分析

蒸发波导高度与气象参数关系密切。在不稳定条件下（气海温差<0 ℃），空气温度和海水表面温度越高，相对湿度越低，风速越大，蒸发波导高度越大。在稳定条件下（气海温差>0 ℃），气海温差显著影响蒸发波导高度，此时，蒸发波导高度和气象参数关系更为复杂。在稳定条件下，空气温度越高，风速越低，相对湿度越低，蒸发波导高度越高。下面利用气海温差、风速和相对湿度的时空分布规律（见图 4-35～图 4-37），分析中国南海蒸发波导高度的时空分布规律成因。

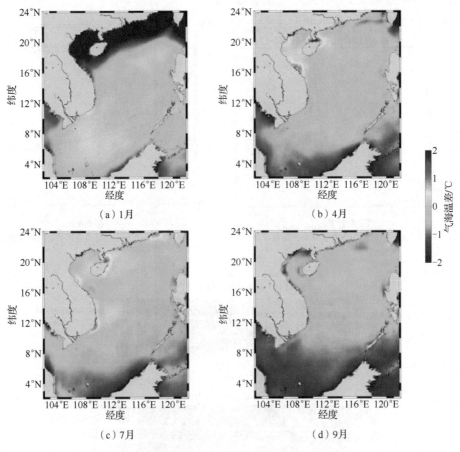

图 4-35　气海温差分布规律

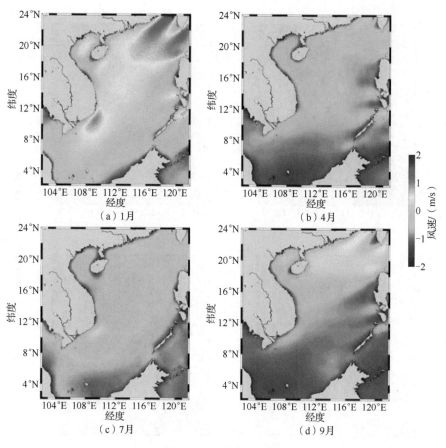

图 4-36　风速分布规律

（1）北部湾。在每年的 10—12 月，该海域近海面的大气处于不稳定状态，高风速（>10 m/s）和低相对湿度（<70%）导致蒸发波导高度较大。

（2）南海北部。在冬季，该海域近海面的大气同样处于不稳定状态（气海温差<0 ℃），风速大于 12 m/s，相对湿度小于 75%。因此，蒸发波导高度较大。在 6—7 月，该海域近海面的大气处于稳定状态或中性状态，相对湿度较高，因此蒸发波导高度较小。

（3）南海中部。在全年中，该海域近海面的大气处于中性状态和不稳定状态，相对湿度为 80% 左右，蒸发波导高度大都为 10～12 m。在冬季，风速大于 10 m/s 是该时期蒸发波导高度较大的主要原因。

（4）南海南部。在每年的 4—11 月，蒸发波导高度都在 10 m 左右。在这期间该海域近海面的大气处于不稳定状态，风速小于 5 m/s，相对湿度大于 75%，风速较低是蒸发波导高度小的主要原因。在 3 月时，该海域近海面的大气处于稳定状态，相对湿度高和海水表面温度低是蒸发波导高度小的主要原因。

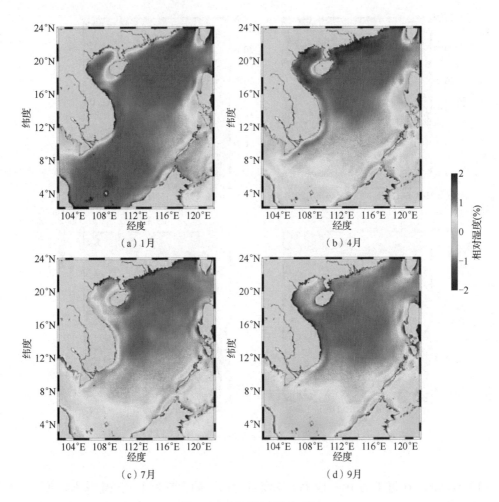

图 4-37　相对湿度分布规律

4.5　亚丁湾蒸发波导高度的时空分布规律及其成因分析

亚丁湾地处阿拉伯半岛和索马里半岛之间，该海湾东连阿拉伯海，西经曼德海峡与红海相通，是印度洋通向地中海和大西洋的交通要道，也是全球海盗活动的主要区域之一。为保护途经亚丁湾的国际航运、海上贸易和人员安全，根据联合国安理会 1846 号决议及其后续决议，从 2008 年底开始，中国海军护航编队赴亚丁湾执行护航任务。

亚丁湾同时也是蒸发波导的高发地区。蒸发波导是近海面大气特有的一种波导形式：由于海面水汽蒸发，使得近海面上几十米高度范围内的空气湿度随高度锐减，大气折射率随高度的增大而减小，出现负梯度垂直剖面结构；当此负梯度达到一定量级时，电磁波在此异常折射率环境中向海面传播的曲率大于海面曲率，信号能量就被波导层陷获。针对海盗快艇等海面小型高速移动目标，舰载海上搜索雷达多采用 S 或 X 波段等高频波段，在满足探测距离的前提下，旨在提高探测分辨能力。而蒸发波导对 S 或 X 波段的微波信号会产生较强的陷获效应，因此会严重影响工作在该波段内的雷达系统的探测能力，可能导致新的雷达探测盲区，还可能造成雷达波的超视距传播。因此，对亚丁湾近海面的蒸发波导进行气候学特征分析，掌握其时空分布规律，对于保障舰载海上搜索雷达的正常工作、提高舰队作战能力是十分必要的。

本节根据 1979 年至今的 CFSR 数据，结合 NPS 模型，利用大气科学中常用的统计方法，首先探讨了亚丁湾的蒸发波导高度分布的月际变化。其次，基于蒸发波导形成的物理机理，给出了蒸发波导高度分布变化与大气环流转换的关系，着重了分析从亚丁湾出海口到索科特拉岛之间海域的蒸发波导高度的突变机理。

4.5.1　亚丁湾蒸发波导高度的时空分布规律

根据美国国家环境预报中心（NCEP）发布的 1979 年至今的 CFSR 数据地理空间覆盖范围为 $0°E \sim 359.687°E$，$89.761°N \sim 89.761°S$，共包含 1152×576 个高斯格点，经度分辨率为 $0.313°$，纬度分辨率约为 $0.312°$，时间分辨率为 1h。图 4-38 是亚丁湾海域内 CFSR 数据格点的示意图。

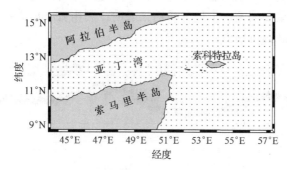

图 4-38　亚丁湾海域内 CFSR 数据格点（图中圆点）的示意图

气候态分析的具体步骤如下：首先利用 CFSR 数据计算得到任一时次和任一格点处的近海面的空气温度、相对湿度、风速以及海水表面温度等气象数据。然后把计算得到的气象数据代入改进后的 NPS 模型，可以确定该时次和格点处的蒸发波导高度。最后基于统计分析方法把计算得到的逐小时蒸发波导高度数据按月份分别进行统计分析，得到蒸发波导高度的时空分布规律。本书中的气候态分析采用气象统计分析中的等权平均法。

为了验证基于 CFSR 数据研究蒸发波导环境特性的可信度，本书采用斯克里普斯海洋研究所（Scripps Institution of Oceanography，SIO）和华盛顿大学（University of Washington，UW）联合开展的阿拉伯海实验所采集到的气象数据与 CFSR 数据进行结果比对。该实验为期一年，从 1994 年 10 月 16 日持续到 1995 年 10 月 20 日，实验采用的锚系监测浮标位于 $15.5°N$，$61.5°E$。该浮标记录了从 1994 年 10 月 16 日零时至 1995 年 10 月 20 日零时连续采集的空气温度、相对湿度、海水表面温度等气象数据，采样间隔时间为 7.5min，选取日均数据进行气象数据的月平均值分析。

选择 CFSR 数据中最接近锚系监测浮标的格点（15.4553°N,61.5624°E）的数据与该浮标数据进行比较，所选的 CFSR 数据格点与锚系监测浮标的距离为 8.3km。图 4-39 给出了 1994 年 10 月 16 日至 1995 年 10 月 20 日锚系监测浮标数据（空气温度、海水表面温度、相对湿度及风速等气象数据）与 CFSR 数据对比，可以看出，CFSR 数据和锚系监测浮标数据总体上一致性很好，除了在一年的某些时间段，CFSR 数据与锚系监测浮标数据有偏差，但是偏差不大，这些偏差可能是由数据同化技术本身造成的。从图 4-39（b）和图 4-39（c）可以看出，CFSR 数据与锚系监测浮标数据的月平均值和标准差基本相同。使用上述两种数据源分别计算统计了该位置的蒸发波导高度的月平均值和标准差分别如图 4-39（d）和图 4-39（e）。从该图可知，采用 CFSR 数据计算得到的蒸发波导高度的月平均值与利用锚系监测浮标数据计算得到的蒸发波导高度的月平均值基本相符，最大偏差大约为 1.5m。从 1994 年 10 月到 1995 年 4 月，利用锚系监测浮标数据计算得到的月平均值比利用 CFSR 数据计算得到的月平均值大，主要原因是锚系监测浮标获得的空气温度稍高、相对湿度稍低；从 1995 年 6 月至 1995 年 10 月，利用 CFSR 数据估算的蒸发波导高度的月平均值大于利用锚系监测浮标数据计算得到的月平均值大，这是因为在这期间锚系监测浮标获得的相对湿度比 CFSR 数据高，而空气温度则低一些。可见，相对湿度、空气温度等气象要素是影响蒸发波导高度的重要因素。上述分析结果表明，利用 CFSR 数据分析亚丁湾海域蒸发波导环境特性具有较高的可信度。

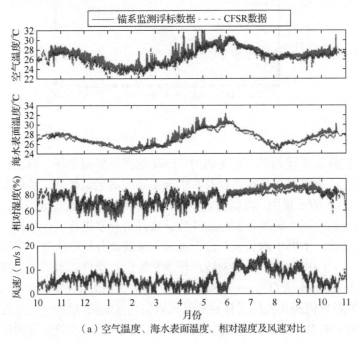

（a）空气温度、海水表面温度、相对湿度及风速对比

图 4-39　1994 年 10 月 16 日—1995 年 10 月 20 日的锚系监测浮标数据与 CFSR 数据对比

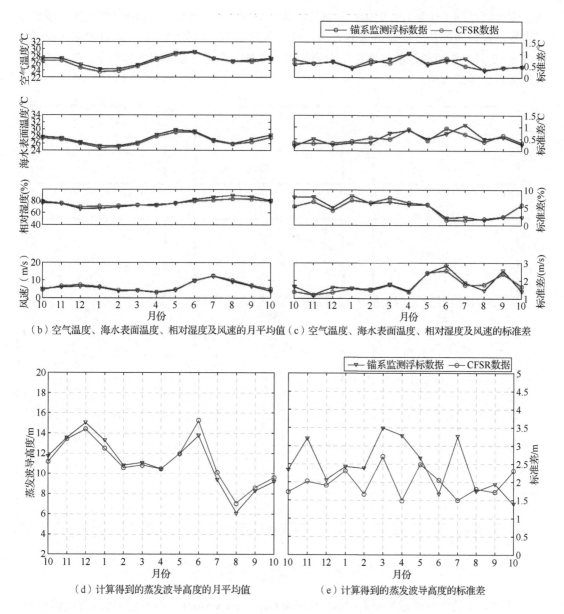

（b）空气温度、海水表面温度、相对湿度及风速的月平均值（c）空气温度、海水表面温度、相对湿度及风速的标准差

（d）计算得到的蒸发波导高度的月平均值　　　　　　（e）计算得到的蒸发波导高度的标准差

图 4-39　1994 年 10 月 16 日—1995 年 10 月 20 日的锚系监测浮标数据与 CFSR 数据对比（续）

　　研究表明，风速、海水表面温度、空气温度及相对湿度是影响蒸发波导生成和变化的直接原因。因此，天气系统的变化特征成为影响蒸发波导高度分布特征的关键因素。下面结合 CFSR 数据分析亚丁湾风速、海水表面温度、空气温度及相对湿度的年度变化过程。

　　亚丁湾位于印度洋季风环流的影响范围之内。季风是季风性的风向反转和干、湿期的季节性交替变化的一种大气环流现象。在季风区域，空气温度、海水表面温度及相对湿度的变化与季风的进退有着密切的关系。索马里急流是印度洋季风环流的重要成员之一，对亚丁湾海域风场（标量）的变化产生直接的影响。图 4-40 给出了亚丁湾海域风矢量场的月平均值，矢量线的长度代表风速的大小，风向从每年 10 月到次年的 3—4 月的东北风逐渐变成 6—9 月的西南风，季节性变化十分显著。此外，在索马里急流的作用下，7 月的平均风速达到全年最大值。

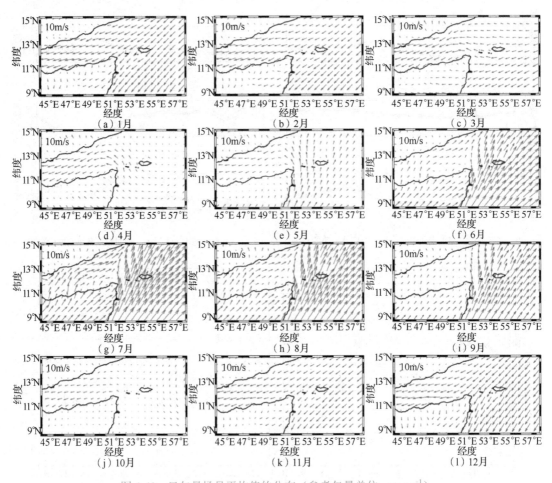

图 4-40　风矢量场月平均值的分布（参考矢量单位：m·s⁻¹）

根据全球联合海洋通量研究（Joint Global Ocean Flux Study）和亚丁湾季风变化的特点，本书将该地区全年分为 4 个气候学季节期：每年 12 月到次年 3 月为东北季风期（Northeast Monsoon），4—5 月为春季转换期（Spring Inter-Monsoon），6—9 月为西南季风期（Southwest Monsoon），10—11 月为秋季转换期（Fall Inter-Monsoon）。下面分析空气温度、海水表面温度、气海温差及相对湿度在不同时期之间的变化情况。

亚丁湾近海面的空气温度主要受到与邻近两大半岛之间空气对流和季风转换的影响。图 4-41 是亚丁湾近海面空气温度场月平均值的分布，从该温度场的变化可以看出，全年大部分时间整个研究海域的空气温度分布较为均匀，但是进入西南季风期后，如图 4-41（f）～

图 4-41（i）所示，在亚丁湾出海口形成较为明显的空气温度断层，亚丁湾湾内的空气温度比其出海口至索科特拉岛附近海域空气温度高出 5～6℃。结合图 4-40 可知，这种异常主要是由索马里急流的爆发，给亚丁湾出海口以东海域带来了南半球冬季寒流，使该海域近海面空气温度骤降。与此同时，阿拉伯半岛和索马里半岛大面积的沙漠地表持续不断的加热效应，成为亚丁湾湾内空气温度上升的驱动力，最终在其出海口附近形成了显著的空气温度断层。

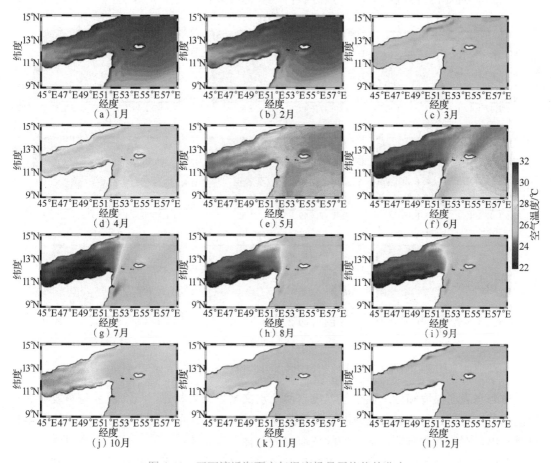

图 4-41　亚丁湾近海面空气温度场月平均值的分布

图 4-42 是月平均海水表面温度场的月平均值的分布。可以看出，与上述空气温度场的分布情况类似，全年大部分时间海水表面温度分布较为均匀，保持了夏天高冬天低的趋势。但是，进入西南季风期后，在亚丁湾出海口，海水表面温度场也形成了明显的温度断层，同样也是受到索马里急流的影响。索马里急流引起索马里沿海地区的沿岸上升流及其伴随的表层冷水现象，在该地区形成索马里寒流，其属于西边界流，从低纬度向高纬度输送低层冷水，导致亚丁湾出海口附近的水温比亚丁湾湾内的海水表面温度平均低 4～5℃，这种

降温作用一直持续到整个西南季风期结束。图 4-42（f）～图 4-42（j）清楚地显示了 6—10 月索马里寒流的开始、增强、减弱直到消失的过程。

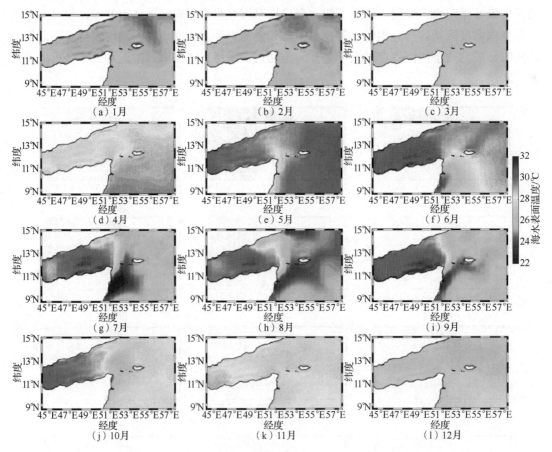

图 4-42　月平均海水表面温度场月平均值的分布

与海水表面温度和近海面空气温度这两个水文气象要素相比，气海温差与蒸发波导高度的相关性更强，因而本书也分析了气海温差月平均值的分布，如图 4-43 所示。从图 4-43 可以看出，在西南季风期，亚丁湾的气海温差总体上为正值。

在亚丁湾，空气中的水汽含量受到季风风向转换的影响严重，相比较而言，其受风速的影响较低。一般使用大气比湿表现水汽平流输送的过程，但是由于蒸发波导高度与相对湿度具有更为强烈的相关性，因此本书还是侧重于相对湿度的时空变化分析。

图 4-44 是相对湿度月平均值的分布。可以看出，在西南季风期，水汽从赤道地区朝东北方向沿着索马里海岸平流输送到阿拉伯海，使得亚丁湾东部（索科特拉岛附近）的相对湿度较高。而在东北季风期，受到干燥的东北季风影响，亚丁湾出海口附近的相对湿度明显降低，而亚丁湾湾内的相对湿度比其出海口的相对湿度高。

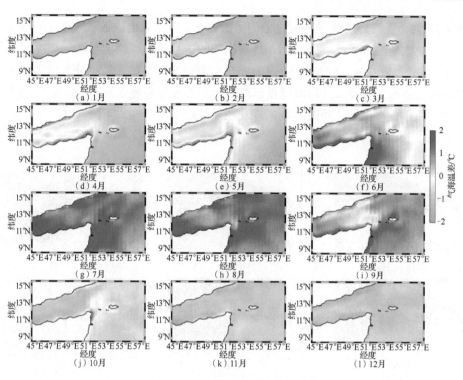

图 4-43　气海温差月平均值的分布

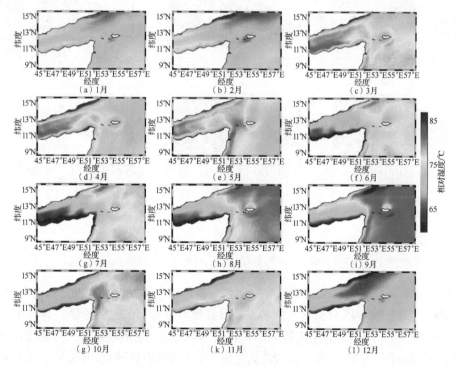

图 4-44　相对湿度月平均值的分布

图 4-45 为亚丁湾蒸发波导高度月平均值的分布,可以看出,亚丁湾蒸发波导高度全年都保持在一个较高的水平,从每年的 10 月到次年的 5 月该海域的蒸发波导高度月平均值为 10~15m,且分布较均匀。但是在 6—9 月,整个海域的蒸发波导高度分布出现异常,亚丁湾湾内蒸发波导高度明显比其出海口以东海域的蒸发波导高度大。特别是在 7—8 月,在亚丁湾出海口到索科特拉岛之间的海域,蒸发波导高度呈现断崖式下降,从 30m 降至 15m 左右,落差达 15m。

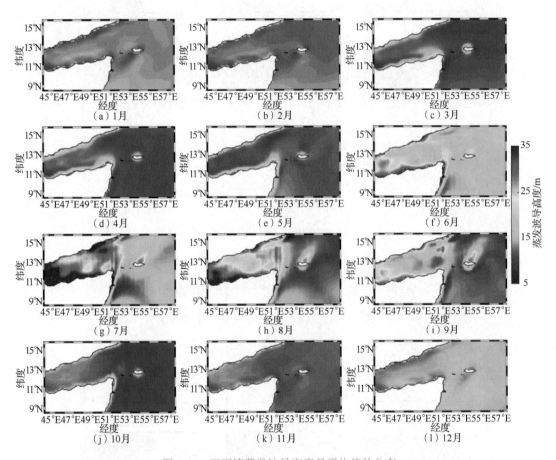

图 4-45　亚丁湾蒸发波导高度月平均值的分布

4.5.2　亚丁湾蒸发波导高度的时空分布规律的成因分析

根据上述亚丁湾气象水文要素的时空变化分析,以及蒸发波导高度对海洋气象要素的敏感性特点,结合图 4-45 分析亚丁湾蒸发波导高度时空分布的主要特征,具体如下:

(1)每年的 9—11 月,亚丁湾的西南风转变为东北风,使该海域的空气温度迅速降低,从平均 33℃左右降为 27℃,低于海水表面温度,气海温差由正转负,形成较高的相对湿度。

此时蒸发波导处于不稳定状态，蒸发波导高度骤降，由图 4-43 可以看出，9—10 月，气海温差由正转负，且保持比较稳定的状态。相对湿度也随着西南风转变为东北风而降低，进入 12 月后，相对湿度进一步降低至 60%。受此影响，蒸发波导高度有所上升，保持在 15m 左右，此状态基本保持到冬季结束。

（2）2 月，相对湿度有所上升，因而蒸发波导高度平均值相比前两月略下降。进入 3—4 月，亚丁湾周围的陆地开始回暖，气海温差呈现西高东低的趋势，从亚丁湾西部开始，往东一直到整个亚丁湾，气海温差逐渐由负转正。此时，该海域的蒸发波导高度开始从 2 月的最低值逐步升高，同时与气海温差的变化趋势保持一致：亚丁湾西部的蒸发波导高度高于东部，并且随着时间的推移，两者的差距越来越小。

（3）5 月，东北风逐渐转变为西南风，西南季风带来温暖的、相对湿度高的空气，使亚丁湾在弱不稳定状态与弱稳定状态之间转变，而相对较高的相对湿度使得部分海域的蒸发波导高度平均值比 4 月有所降低。由敏感性分析可知，在较高的相对湿度条件下，蒸发波导高度在稳定状态下比不稳定状态下低。

（4）6—7 月，蒸发波导高度达到全年最高值，主要原因是，该海域在 7 月的气海温差大于 0℃，近海面处于稳定层结状态，相对湿度较低，一般低于 80%，这种气象条件有利于形成很大的蒸发波导高度。需要指出的是，在 6—8 月风速达到最大值，但是此时蒸发波导高度却没有因此而减小，这可能是由于温暖的、相对湿度低的强对流空气穿越了亚丁湾，虽然风速较大，但是该气流所带来的温暖的空气使得此海域的气海温差呈正值，空气的相对湿度变低，这些变化都会使蒸发波导高度变大，从而部分抵消了较高风速会降低蒸发波导高度的负面影响。

从以上分析可以看出，亚丁湾蒸发波导高度的时空分布主要受到风向和邻近大陆温暖干燥空气对流的影响，风向虽然没有直接作用，但风向的转换也反映在相对湿度的变化上，从而引起蒸发波导高度的变化。

在每年的 11 月到次年的 1 月，沿着阿拉伯海地区的背风海岸，干燥的空气从西南亚陆地被平流输送到亚丁湾（见图 4-40），从而降低了空气的相对湿度（见图 4-44）。此时，蒸发波导高度相比 10 月开始升高，特别是在亚丁湾出海口东部靠近索科特拉岛的海域。

在春夏相交的季节（5 月和 6 月），沿着印度洋西部边界（索马里沿岸地区），强劲的西南季风造成了海洋和大气边界层的混合、上升流的产生，从图 4-40 可以看出，索马里急流对亚丁湾出海口东部海域的影响较大。此时，其海表风场强度可达 10m·s⁻¹，而对亚丁湾湾内的海域影响较小，直到索马里急流最强的时候（7 月），亚丁湾湾内部分海域的风场强度才上升至 7～9m·s⁻¹。此时沿索马里海岸至阿拉伯半岛迎风海岸的风场强度平均超过 13m·s⁻¹，如图 4-40 中的红色区域所示，沿索马里海岸的索马里急流带来了索马里寒流，使得亚丁湾出海口以东的大片海域的水温明显低于亚丁湾湾内。

此处特别分析前文所述的位于亚丁湾出海口处的索科特拉岛附近，蒸发波导高度呈现断崖式下降的原因。由于冷水上升流的作用，使得亚丁湾出海口东部海域的水温明显低于亚丁湾湾内的海水表面温度，同时亚丁湾湾内的空气受到附近陆地的夏季加热作用，其空气温度高于处于相对开阔海域的出海口东部海域上方的空气温度。因此，在上述两种因素的相互作用下，亚丁湾整体的气海温差为正值且相差不大。此时，蒸发波导处于强稳定状态，相对湿度成为影响蒸发波导高度的决定性因素。在强稳定状态下，相对湿度越大，对蒸发波导的形成产生抑制作用，于是，蒸发波导高度越低。结合图 4-40 和图 4-44 可知，索马里急流从赤道附近带来大量的水汽，造成亚丁湾出海口东部海域具有 80%左右的相对湿度，而受索马里急流影响较小的亚丁湾湾内海域的相对湿度仍保持在 60%。相对湿度的显著升高造成了蒸发波导高度的骤降。同时，这也表明，在索马里急流影响区域，蒸发波导高度对季风性风场强度和水汽含量的变化是很敏感的，季风流动的变化可以引起蒸发波导高度剧烈的变化。因此，在分析和预测索马里沿海和亚丁湾附近海域的蒸发波导高度时，需要密切注意索马里急流的产生及其变化情况。

与以往北印度洋地区的蒸发波导高度的时空分布规律研究相比，本节所采用的 CFSR 数据具有更高的空间分辨率和时间分辨率，更有利于局域关键海域的蒸发波导高度的时空分布特征评估，具有更高的可信度和更重要的实际应用价值。

掌握亚丁湾护航海域蒸发波导高度的时空分布规律是研究蒸发波导对舰载探测雷达工作性能影响的先决条件和基础。结合探测雷达的实际工作参数，将得到的亚丁湾护航海域蒸发波导高度统计特征映射为电磁波传播路径损失、雷达探测距离、雷达探测概率等实际应用参量的统计特征，是下一步深入研究的重点。

4.6 蒸发波导高度时空分布规律的实验验证

由于缺少足够多的海上实验数据，直接对世界海洋蒸发波导高度的时空分布规律进行验证是比较困难的。本节基于课题组在黄海海域同一海区不同季节的两次蒸发波导观测实验（见图 4-46），对黄海海域的蒸发波导高度的时空分布规律进行初步验证。

4.6.1 海上实验概况

课题组分别于 2009 年夏季（5 月）和 2009 年冬季（12 月），在黄海海域进行了两次蒸发波导观测实验，主要实验内容是观测蒸发波导信道路径损失，并同步采集发射端和接收端的气象数据。本节利用 2009 年夏季海上实验和 2009 年冬季海上实验采集的数据，验证蒸发波导高度的时空分布规律。在 2009 年 5 月 18 日上午，发射端位于江苏省盐城市，接收端位于山东省日照市如图 4-46（a）所示，传播路径的长度是 133 km。之后在当天下午把接收端移动到山东省海阳市如图 4-46（b）所示，传播路径的长度变为 277 km，信号频率是 8.5 GHz。在 2009 年 12 月 7 日，发射端和接收端位置与图 4-46（a）相同，信号的频率是 9.5 GHz。在发射端和接收端，天线高度都是 3 m 左右，天线增益都为 31 dB，发射信号功率都为 37 dBm（5 W）。

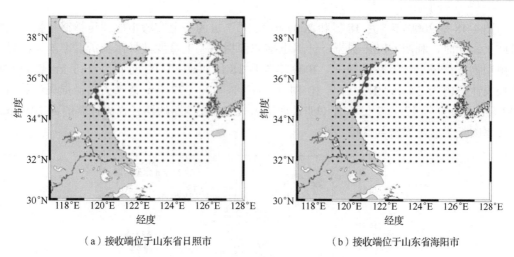

（a）接收端位于山东省日照市　　　　　　（b）接收端位于山东省海阳市

图 4-46　黄海海域蒸发波导观测实验位置示意

4.6.2　海上实验结果

图 4-47 是 5 月和 12 月的黄海海域蒸发波导高度的时空分布规律。可以看出，在 5 月，黄海海域蒸发波导高度很大，尤其是在黄海海域北部，蒸发波导高度为 18～20 m。随着纬度的降低蒸发波导高度不断减小，在 32°N 左右，蒸发波导高度降低到 8 m 左右。在图 4-46 中的传播路径上，蒸发波导高度都在 15 m 以上。在 12 月，黄海海域蒸发波导高度比较小，小于 10 m。在图 4-46（a）中的传播路径上，蒸发波导高度也比较小，其值为 8～10 m。由此可以初步推断，12 月的海上实验中的电磁波传播路径损失应该比 5 月的海上实验中的电磁波传播路径损失大。

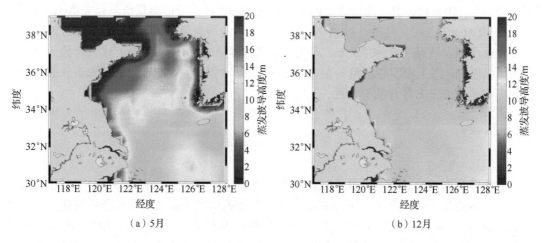

（a）5月　　　　　　　　　　　（b）12月

图 4-47　5 月和 12 月的黄海海域蒸发波导高度的时空分布规律

图 4-48 是 2009 年 5 月 18 日和 2009 年 12 月 7 日的海上实验电磁波传播路径损失的测量结果。同时，利用 CFSR 数据，计算电磁波传播路径上蒸发波导修正折射率剖面，进而利用抛物方程模型计算路径损失。2009 年 5 月 18 日 4 时（UTC 时间），133 km 链路的路径损失计算值为 141.6 dB；当天 10 时（UTC 时间），277 km 链路的路径损失计算值为 147.4dB。2009 年 12 月 7 日 6 时（UTC 时间），133 km 链路的路径损失计算值为 203.2dB，主要原因是当时蒸发波导高度很小。

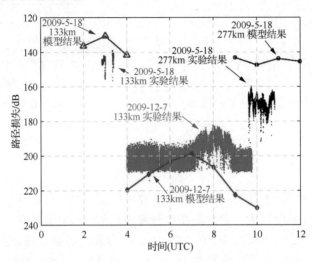

图 4-48　2009 年 5 月 18 日和 2009 年 12 月 7 日的海上实验电磁波传播路径损失的测量结果

2009 年 5 月 18 日 3 时（UTC 时间），133 km 链路的路径损失测量值为 138～156 dB，平均值为 145 dB，比计算值大 4 dB 左右。当天 10 时（UTC 时间）左右，277 km 链路的路径损失为 160～180 dB，比计算值偏小。2009 年 12 月 7 日的测量值与计算值比较吻合，在 182～210 dB 之间。同时，对 2009 年 12 月 7 日的测量值利用反演方法[2]计算蒸发波导高度，反演蒸发波导高度为 8.5 m，与 CFSR 数据再分析结果（7.8m）比较一致。从上述分析可以看出，海上实验测量值与图 4-47 分析结果比较一致，初步验证了本章计算的蒸发波导高度的时空分布规律的有效性。

本 章 小 结

本章首先利用改进的蒸发波导预测模型和美国环境预报中心最新公布的 CFSR 数据，计算了世界海洋、西太平洋、中国南海和亚丁湾的蒸发波导高度的时空分布规律，建立了空间分辨率为 0.312°×0.313° 的蒸发波导环境特性数据库，与国外公开的空间分辨率为 10°×10° 的数据库相比，空间分辨率和精度更高。其次，利用海上浮标观测数据以及电磁波传播路径损失测量数据对计算方法的有效性进行了验证。最后，分析了世界海洋、西太平洋、中国南海和亚丁湾蒸发波导高度的时空分布规律的成因。

本章参考文献

[1]　KISTLER R, COLLINS W, SAHA S, et al. The NCEP-NCAR 50-year reanalysis: Monthly means CD-ROM and documentation[J]. Bulletin of the American Meteorological society, 2001, 82(2): 247-267.

[2]　DOUVENOT R, FABBRO V, BOURLIER C, et al. Retrieve the evaporation duct height by least-squares support vector machine algorithm[J]. Journal of Applied Remote Sensing, 2009, 3(1): 033503-033503-15.

第 5 章 蒸发波导环境特性实时监测及短期预报方法

本章主要介绍蒸发波导环境特性实时监测方法及短期预报方法。在蒸发波导环境特性实时监测方法中，首先，介绍了蒸发波导环境特性实时监测方法；其次，基于 2012 年中国南海海上实验观测数据，分析了船载气象观测系统数据的可靠性；最后，分析了蒸发波导预测模型对气象参数的敏感性，并为船载蒸发波导环境特性实时监测提供重要的参考依据。在蒸发波导环境特性短期预报中，分别给出了基于美国国家环境预报中心的全球预报系统（GFS）数据和 WRF 模型的蒸发波导环境特性短期预报方法，并利用 CFSR 数据对预报方法进行了对比，验证了预报方法的有效性。

5.1 蒸发波导环境特性实时监测方法

5.1.1 蒸发波导环境特性实时监测方法概述

蒸发波导环境特性实时监测方法是利用船载观测设备采集近海面气象参数（空气温度、海水表面温度、相对湿度、风速和气压等），把这些参数输入蒸发波导预测模型中，计算舰船所在位置的蒸发波导修正折射率剖面并确定蒸发波导高度，以便实时监测蒸发波导环境特性，为船载通信系统的辅助决策提供环境信息。图 5-1 是蒸发波导环境特性实时监测方法的框图，表 5-1 是蒸发波导环境特性实时监测方法的输入/输出参数。输入参数是船载观测设备采集的近海面气象参数，计算模型是 NPS 模型[1,2]，输出参数是舰船航迹数据、蒸发波导高度和蒸发波导修正折射率剖面等信息。

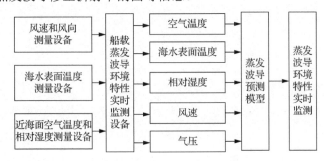

图 5-1　蒸发波导环境特性实时监测方法的框图

表 5-1　蒸发波导环境特性实时监测方法的输入/输出参数

输入参数	计算模型	输出参数
船载气象观测数据，即近海面气象参数： （1）近海面空气温度 （2）海水表面温度 （3）近海面相对湿度 （4）风速 （5）气压	NPS 模型	（1）航迹 （2）蒸发波导高度 （3）蒸发波导修正折射率剖面

在蒸发波导环境特性实时监测方法中，有两个问题比较重要，它们直接影响蒸发波导环境特性实时监测系统的测量精度：一个是船载气象观测数据的可靠性问题，即船载气象观测数据能否正确反映舰船航线上的气象参数变化，测量气象参数误差有何规律；另一个是蒸发波导预测模型对气象参数误差敏感性问题，即气象参数测量误差，对确定蒸发波导高度及其修正折射率剖面有何影响。

5.1.2　船载气象观测系统的组成及其测量数据的可靠性分析

2012 年 10 月，课题组在中国南海开展了海上实验，并在"实验一号"实验船上架设了用于测量空气温度、相对湿度、风速、海水表面温度和气压等传感器，同步测量了实验船航线上近海面气象参数。受船体等因素影响，船载气象观测系统测量数据可能存在一定误差。由于在"实验一号"航线上没有气象浮标，因此本节利用 CFSR 数据和船载抛弃式温度剖面观测设备（XBT）测量数据对海上实验测量数据进行验证，从而为船载蒸发波导环境特性实时监测系统的构建，提供可靠数据支撑和选型依据。

1. 船载气象观测系统的组成

实验人员在"实验一号"实验船上安装了自动气象站，该气象站连接了 3 个温/湿度传感器、4 个温度传感器、1 个气压传感器、1 个风速传感器、1 个风向传感器和 1 个红外温度传感器。海上实验所用气象水文传感器见表 5-2，船载气象水文测量设备如图 5-2 所示。

表 5-2　海上实验所用气象水文传感器

序号	传感器类型	安装位置
1	1 号温/湿度传感器	距离海面的高度约为 4.6 m
2	2 号温/湿度传感器	距离海面的高度约为 4.6 m
3	3 号温/湿度传感器	距离海面的高度约为 4.6 m
4	气压传感器	距离海面的高度约为 4.8 m
5	风速和风向传感器（船载）	距离海面的高度约为 17.6 m
6	红外温度传感器	距离海面的高度约为 3.8 m

（a）温/湿度传感器

（b）红外温度传感器

（c）风速和风向传感器（船载）

图 5-2　船载气象水文测量设备

2. 船载气象观测系统测量数据的收集

2012 年 10 月 12 日，"实验一号"实验船航行在中国海南岛东南部海域，图 5-3 是当日船载气象观测系统的测量数据。从图 5-3（a）可以看出，在这一天中，1 号～3 号温度传感器的测量数据比较一致，空气温度在 27～28 ℃之间变化，红外温度传感器测量的海水表面温度在 25 ℃上下波动，黑色线条代表红外温度传感器的壳体温度，其值也在 25 ℃上下波动。图 5-3（b）是相对湿度测量结果，其值在 70%～80%范围内波动，当天中午的相对湿度较低，在 70%左右。1 号湿度传感器和 2 号湿度传感器的测量结果比较一致，3 号湿度传感器的测量结果比前两者的测量结果小 5%左右，原因可能是这个湿度传感器长时间没有使用，测量精度可能受到一定影响。图 5-3（c）和图 5-3（d）是风速和风向数据，图 5-3（e）是"实验一号"实验船的航速数据，图 5-3（f）是气压数据，气压在一天之中存在周期性变化，上午 9 时气压最高，下午 18 时气压最低。

3. 船载气象观测系统测量数据的可靠性分析

本节主要利用CFSR数据、船载XBT测量数据与船载气象观测系统测量数据进行对比，验证船载气象观测系统测量数据的可靠性。

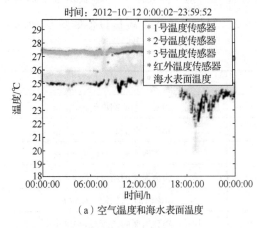
（a）空气温度和海水表面温度

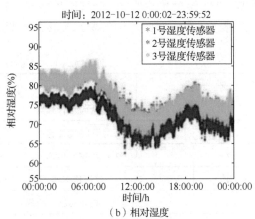
（b）相对湿度

图 5-3　2012 年 10 月 12 日船载气象观测系统的测量数据

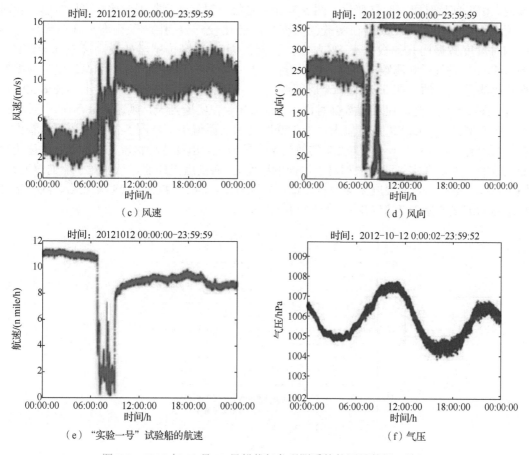

（c）风速　　　　　　　　　　　（d）风向

（e）"实验一号"试验船的航速　　　　（f）气压

图 5-3　2012 年 10 月 12 日船载气象观测系统的测量数据（续）

CRSR 数据的时间分辨率是 1h，即在一天中有 24 个观测数据，挑选空间上最接近航迹的格点位置，作为对照点，进行观测数据对比，如图 5-4 所示。在该图中，红线是 2012年 10 月 12 日"实验一号"实验船航迹，蓝点是 CFSR 数据格点位置，绿圆圈是每小时"实验一号"实验船航行的中心位置，红圆圈代表选择对比的格点位置。

图 5-5 是 2012 年 10 月 12 日船载气象观测系统测量数据和 CFSR 数据对比，包括空气温度、相对湿度、气压、海水表面温度和风速。空气温度和相对湿度对比数据中，还包括了中科院南海海洋研究所架设的温/湿度传感器测量数据，这些传感器安放在驾驶台甲板上方，离海面的高度为 15 m 左右。图 5-5（a）是空气温度观测数据对比，可以看出，空气温度和 CFSR 数据比较接近，在 26～28 ℃之间波动，在实验当天的 12 时之前，空气温度误差较大，为 1 ℃左右；在 12 时之后误差较小，不超过 0.5 ℃。中科院南海海洋研究所架设的温/湿度传感器测量数据与 CFSR 数据相差较大，测量值在 29 ℃左右，而且在中午12 时测量值上升至 31 ℃左右，在下午 18 时测量值降低至 29 ℃左右。主要原因可能有两个：其一，这些温/湿度传感器架设高度较高（15 m 左右），与其他传感器位置不同（4.6 m左右）；其二，这些温/湿度传感器架设在驾驶台甲板之上，受到船体辐射影响较大，观测

数据在中午前后时段有明显变化。图 5-5（b）是相对湿度观测数据对比，可以看出，相对湿度观测数据和 CFSR 数据在实验当天变化趋势比较一致。中科院南海海洋研究所测得的相对湿度数据比其他数据小 5%左右，可能是因温/湿度传感器架设高度不同导致的。图 5-5（c）是气压观测数据对比，可以看出，CFSR 数据和船载气象观测系统测量数据的变化趋势是一致的，在一天中呈现周期性变化。但是，两者在绝对数值上存在 6 hPa 的误差。图 5-5（d）是风速观测数据对比，可以看出，在实验当天，风速测量存在一定误差，在上午 9 时之前，CFSR 数据偏大，上午 9 时之后反而偏小。从图 5-3（d）还可以看出，在这两个时段，"实验一号"实验船的航向发生了改变。出现这种情况的原因是，风速传感器测量的并不是真实风速（风相对于海面的速度），而是虚拟风速（风相对于船的速度）。图 5-5（e）是海水表面温度观测数据对比，可以看出，CFSR 数据为 28 ℃左右，红外温度传感器的测量数据为 25℃左右，存在较大误差。

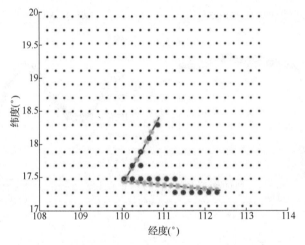

图 5-4　2012 年 10 月 12 日"实验一号"实验船航迹和 CFSR 数据格点位置的选取

在实验期间，实验人员利用抛弃式温度剖面观测设备（XBT），测量海洋温度剖面。XBT 是接触式观测设备，观测数据比较精确，海水表面温度数据可作为验证红外温度传感器测量数据可靠性的依据。图 5-6 是在 2012 年 10 月的实验中，利用 XBT 测量的海水表面温度数据。从图 5-6 可以看出，在整个实验过程中，海水表面温度在 27～28 ℃之间变化，与 CFSR 数据比较一致，再次验证本实验中使用的红外温度传感器存在一定误差。

4. 船载气象观测系统主要存在的测量误差

船载气象观测系统测量数据存在一定误差，这会对蒸发波导高度的计算及其修正折射率剖面的估计产生影响。具体情况总结如下。

（1）海水表面温度。与 XBT 测量数据和 CFSR 数据相比，红外温度传感器测量数据存在一定偏差，小 2～3 ℃左右。产生误差原因可能是，红外温度传感器自身精度问题及其安装和使用方式问题。在蒸发波导环境特性实时监测系统构建中，需要进一步明确红外温度传感器的适用范围和使用方式，选择合适的类型。

（2）风速传感器。在本实验中，风速传感器测量误差较大，原因是没有考虑航速修正，测量值为风相对于船的速度，而不是风相对于海面的速度。在蒸发波导环境特性实时监测系统构建中，还需要 GPS 数据和罗经数据，以便计算真实风速。

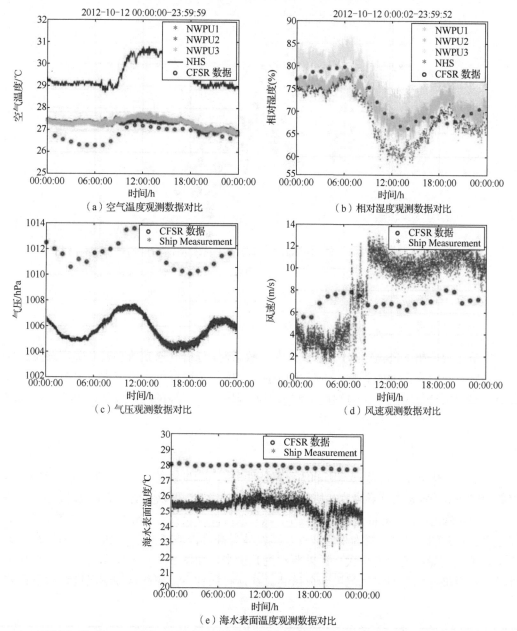

（a）空气温度观测数据对比

（b）相对湿度观测数据对比

（c）气压观测数据对比

（d）风速观测数据对比

（e）海水表面温度观测数据对比

NWPU：Northwestern Polytechnical University，西北工业大学；NHS：中科院南海海洋研究所；
Ship Measurement：船载气象观测系统测量数据

图 5-5　2012 年 10 月 12 日船载气象观测系统测量数据和 CFSR 数据对比

（3）空气温度和相对湿度。空气温度和相对湿度的观测数量受传感器观测位置的影响较大，因此，在安装时要尽量考虑避免船体的影响，贴近海面，使传感器的读数能够正确地反映近海面空气温度和相对湿度的变化。

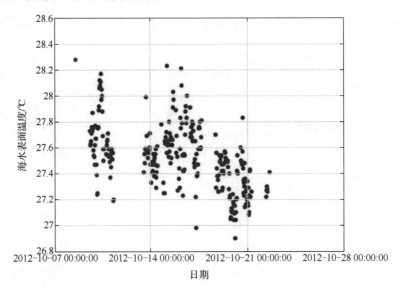

图 5-6　利用 XBT 测量的海水表面温度数据

5.1.3　蒸发波导预测模型对气象参数误差敏感性分析

本节主要分析 NPS 模型对气象参数误差敏感性，分析气象参数误差对确定蒸发波导高度及其修正折射率剖面的影响，为气象传感器精度的选取提供一定依据。本节分析的气象参数主要包括空气温度、相对湿度、海水表面温度、气压和风速，按不稳定条件、稳定条件和中性条件对这些参数进行分析。

1. 空气温度误差影响

表 5-3 是仿真空气温度误差影响的气象条件，空气温度误差标准差为 0.5 ℃。图 5-7 是空气温度误差对确定蒸发波导高度和修正折射率剖面的影响，可以看出，在不稳定条件下，空气温度误差对确定蒸发波导高度的影响较小，蒸发波导高度误差为 1 m 左右。在中性条件下，当误差大于 0.5 ℃ 时，大气变为稳定条件，蒸发波导高度误差较大，为 10 m 左右。在稳定条件下，蒸发波导高度误差很大，误差范围为几十米，如图 5-7（f）所示。因此，在稳定条件下，蒸发波导高度对空气温度十分敏感。在这种条件下，应严格控制温度传感器误差。

表 5-3　仿真空气温度误差影响的气象条件

条件	空气温度	海水表面温度	相对湿度	风速	气压
不稳定条件	18 ℃	20 ℃	60%	6 m/s	1000 hPa
中性条件	20 ℃	20 ℃	60%	6 m/s	1000 hPa
稳定条件	21 ℃	20 ℃	60%	6 m/s	1000 hPa

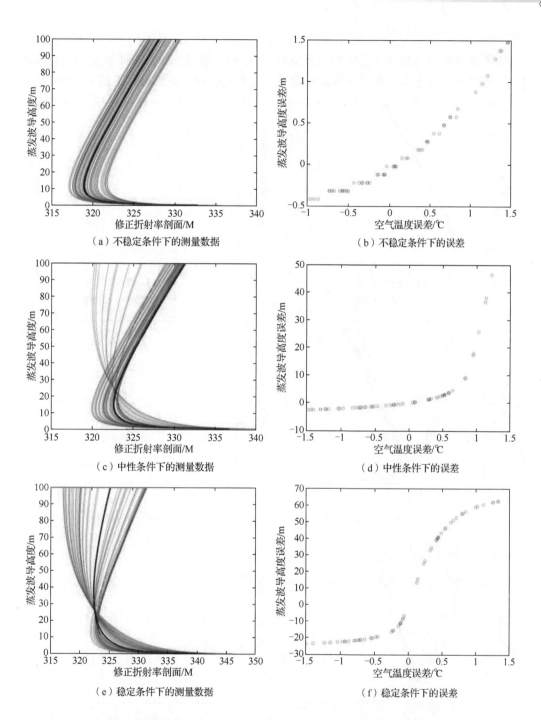

图 5-7　空气温度误差对确定蒸发波导高度和修正折射率剖面的影响

2. 海水表面温度误差影响

仿真海水表面温度误差影响的气象条件与表 5-3 相同，海水表面温度误差标准差为 0.5 ℃。图 5-8 是海水表面温度误差对确定蒸发波导高度和修正折射率剖面的影响，可以看

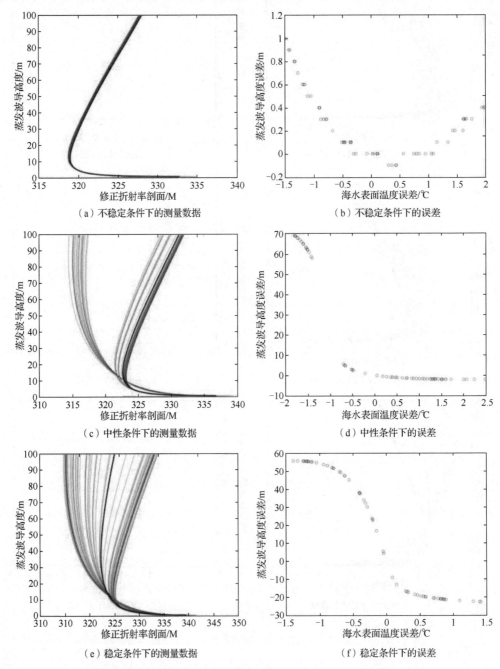

（a）不稳定条件下的测量数据　　　　　　　　（b）不稳定条件下的误差

（c）中性条件下的测量数据　　　　　　　　（d）中性条件下的误差

（e）稳定条件下的测量数据　　　　　　　　（f）稳定条件下的误差

图 5-8　海水表面温度误差对确定蒸发波导高度和修正折射率剖面的影响

出，在不稳定条件下，海水表面温度误差对确定蒸发波导高度的影响很小，在 1 m 以下，而且估算的修正折射率剖面也基本与正确的修正折射率剖面相同。在中性条件下，当海水表面温度误差大于-0.5 ℃时，大气变成稳定条件，此时误差较大。在稳定条件下，误差范围也比较大，在几十米范围变化。因此，在稳定条件下，应该严格控制海水表面温度传感器误差。

3. 相对湿度误差影响

仿真相对湿度误差影响的气象条件与表 5-3 相同，相对湿度误差标准差为 2%。图 5-9 是相对湿度误差对确定蒸发波导高度和修正折射率剖面的影响，可以看出，在稳定条件和中性条件下，相对湿度误差对确定蒸发波导高度的影响较小，误差都小于 1 m。在稳定条件下，相对湿度误差对确定蒸发波导高度的影响相对较大，最大误差约为 5 m。总体来说，相对湿度误差影响比空气温度和海水表面温度误差影响小。

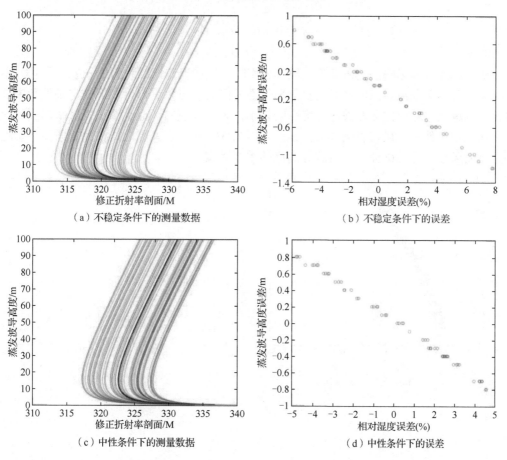

图 5-9 相对湿度误差对确定蒸发波导高度和修正折射率剖面的影响

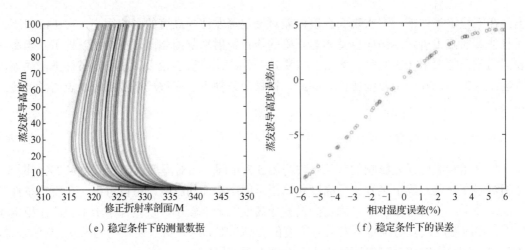

（e）稳定条件下的测量数据　　　　　　　（f）稳定条件下的误差

图 5-9　相对湿度误差对确定蒸发波导高度和修正折射率剖面的影响（续）

4. 风速误差影响

仿真风速误差影响的气象条件与表 5-3 相同，风速误差标准差为 1 m/s。图 5-10 是风速误差对确定蒸发波导高度和修正折射率剖面的影响，可以看出，在不稳定条件和中性条件下，风速误差对确定蒸发波导高度影响较小，为 1 m 左右，而且修正折射率剖面变化较小。在稳定条件下，风速影响较大，误差范围为 10 m 左右。因此，在稳定条件下，准确测量海面风速，是准确计算蒸发波导高度的重要因素。

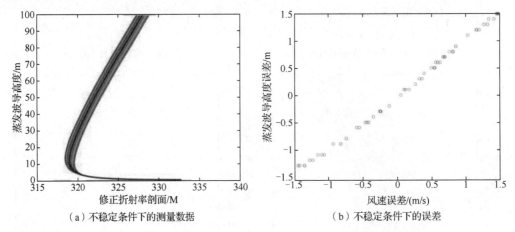

（a）不稳定条件下的测量数据　　　　　　　（b）不稳定条件下的误差

图 5-10　风速误差对确定蒸发波导高度和修正折射率剖面的影响

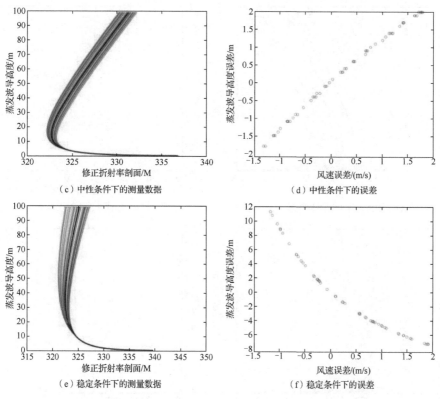

（c）中性条件下的测量数据　　　　　　　　（d）中性条件下的误差

（e）稳定条件下的测量数据　　　　　　　　（f）稳定条件下的误差

图 5-10　风速误差对确定蒸发波导高度和修正折射率剖面的影响（续）

5. 气压误差影响

仿真气压误差影响的气象条件与表 5-3 相同，气压误差标准差为 10 hPa。图 5-11 是气压误差对确定蒸发波导高度和修正折射率剖面的影响。从图中可以看出，大气压力误差对于确定蒸发波导高度影响不大，在稳定条件、不稳定条件和中性条件下的误差都不超过 2.5 m，在中性条件和稳定条件下误差更小。

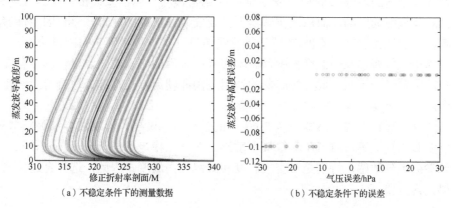

（a）不稳定条件下的测量数据　　　　　　　（b）不稳定条件下的误差

图 5-11　气压误差对确定蒸发波导高度和修正折射率剖面的影响

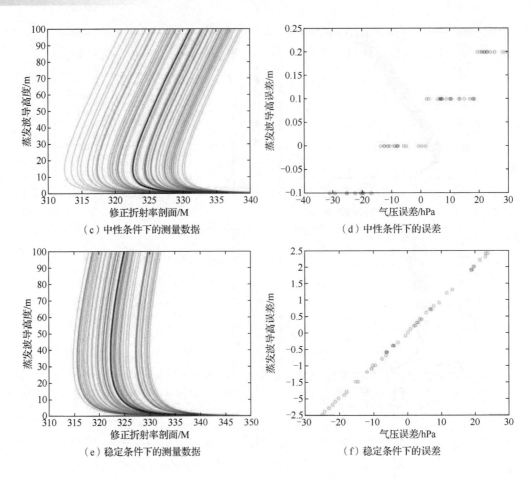

（c）中性条件下的测量数据　　　　　　（d）中性条件下的误差

（e）稳定条件下的测量数据　　　　　　（f）稳定条件下的误差

图 5-11　气压误差对确定蒸发波导高度和修正折射率剖面的影响（续）

5.1.4　传感器类型选择及其安装位置建议

（1）选择合适的温/湿度传感器安装位置。温/湿度传感器的安装位置要尽量远离船体，避免受到船体辐射的影响。而风速传感器则需要安装尽量高的地方，避免因船体遮挡而造成的影响，而且还需要辅助 GPS 或罗经等测量信息，具备真实风速的修正功能。

（2）谨慎选择海水表面温度传感器。本实验中采用的海水表面温度传感器存在很大的测量误差，需要进一步明确此类传感器的适用范围和使用方式，选择适合海上环境使用的海水表面温度传感器。

（3）选择合适精度的传感器。从 5.1.3 节的分析可以看出，蒸发波导预测模型对温度、相对湿度参数比较敏感，对气压参数最不敏感。尤其在稳定条件下，蒸发波导预测模型对各个气象参数十分敏感，特别是对空气温度和海水表面温度。因此，选择合适精度的传感器就显得尤为重要。

5.2　蒸发波导环境特性短期预报方法

本节基于美国国家环境预报中心的全球预报系统（Global Forecast System, GFS）数据，建立了大面积海域蒸发波导环境特性短期预报方法，对西太平洋蒸发波导高度进行了短期预报。然后，利用美国国家环境预报中心的 FNL 数据对预报结果进行了验证，分析了蒸发波导高度预报误差，评估了利用 GFS 数据进行海上蒸发波导环境特性短期预报的可行性。蒸发波导环境特性短期预报流程图如图 5-12 所示。

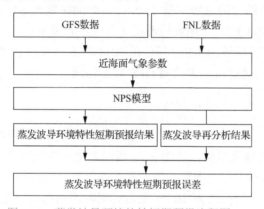

图 5-12　蒸发波导环境特性短期预报流程图

5.2.1　基于 GFS 数据的蒸发波导环境特性短期预报方法

用于蒸发波导环境特性短期预报的数据源主要包括两部分：GFS 数据和 FNL 数据。GFS 数据广泛应用于天气预报和气候模式初始场和驱动场资料中。FNL 数据较为全面同化了已有的观测资料，与其他资料相比，FNL 数据是作为长期业务模式存档资料的最佳选择。

首先，从 GFS 数据和 FNL 数据中提取近海面空气温度、海水表面温度、相对湿度、风速和气压等气象参数。其次，利用 NPS 模型计算蒸发波导高度，以 GFS 数据作为预报结果，以 FNL 数据作为基准，研究利用 GFS 数据进行蒸发波导环境特性短期预报的可行性。

1. 蒸发波导环境特性短期预报研究数据源

GFS 数据可以提供 0～192h 的预报结果，间隔时间为 3h。GFS 采用垂直方向 64 层不等间距分层，在每层提供温度、相对湿度、风速等气象参数，预报数据水平方向的空间分辨率分别为 0.5°×0.5°、1°×1° 和 2.5°×2.5°。选取 1°×1° 数据进行预报研究。GFS 数据起始时间是 2011 年 6 月 8 日 0 时（UTC），从中提取和需要计算的参数见表 5-4。

表 5-4　从 GFS 数据中提取和需要计算的参数

原始参数	再分析高度	英文简称	需要计算的参数	再分析高度	英文简称
空气温度/℃	2 m	TA	风速/（m/s）	10m	WS
海水表面温度/℃	表面	—	气海温差/℃	2m	ASTD
相对湿度（%）	2 m	SH	蒸发波导高度/m	—	EDH
风速（u 分量）/（m/s）	10 m	—	—	—	—
风速（v 分量）/（m/s）	10 m	—	—	—	—
海平面气压/hPa	表面	SLP	—	—	—

目前，FNL 数据的空间分辨率是 1°×1°，时间间隔为 6 h，该数据包含了地表 26 个标准等压层（10～1000 hPa）、地表边界层和对流层顶要素信息。选取 FNL 数据作为基准数据进行蒸发波导高度计算，起始时间也是 2011 年 6 月 8 日 0 时（UTC），时间间隔为 6 h，时间长度为 192 h，需要提取的参数与 GFS 数据相同。

2. 西太平洋蒸发波导高度预报结果

将 GFS 数据输入 NPS 模型，可计算得到蒸发波导高度预报结果。图 5-13 是西太平洋 48 小时蒸发波导高度预报结果，从图 5-13 可以看出，在预报的 48 h 内，从北向南，西太平洋蒸发波导高度逐渐增高；渤海、黄海和东海北部蒸发波导高度较小，小于 5 m，东海南部和南海北部蒸发波导高度为 10 m 左右；南海西南部蒸发波导高度较大，并且不断升高，这片海域蒸发波导高度最大值接近 20 m；在菲律宾以西海域，蒸发波导高度也比较大，为 15 m 左右。

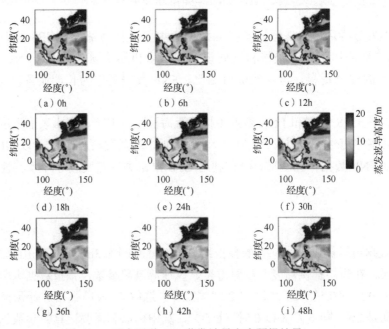

图 5-13　西太平洋 48 h 蒸发波导高度预报结果

图 5-14 是利用 FNL 数据计算的西太平洋 48 h 蒸发波导高度分布。从图 5-14 可以看出，利用 FNL 数据计算的结果与蒸发波导高度预报结果变化趋势大致相同。在西太平洋海域，从北向南，蒸发波导高度递增；渤海和黄海蒸发波导高度较小，在南海南部蒸发波导高度较大。

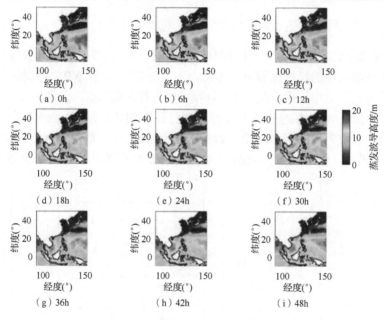

图 5-14　西太平洋 48 h 蒸发波导高度分布

西沙群岛附近海域 0～192 小时内，GFS 预报的蒸发波导高度和利用 FNL 数据计算的蒸发波导高度对比如图 5-15 所示。从图 5-15 可以看出，在 48 h 内，GFS 预报的蒸发波导

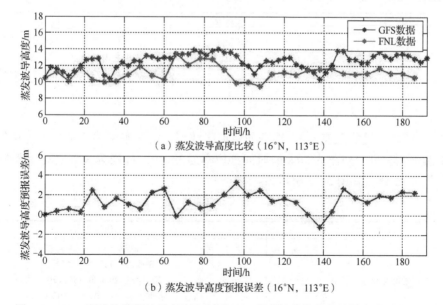

（a）蒸发波导高度比较（16°N，113°E）

（b）蒸发波导高度预报误差（16°N，113°E）

图 5-15　GFS 预报的蒸发波导高度和利用 FNL 数据计算的蒸发波导高度对比

高度和利用 FNL 数据计算的蒸发波导高度误差较小；在 48～100 h 内，GFS 预报的蒸发波导高度和利用 FNL 数据计算的蒸发波导高度变化趋势一致，但是预报误差增大；100 h 以后，预报误差较大。

5.2.2　基于 WRF 模型的蒸发波导环境特性短期预报方法

受 GFS 数据的空间分辨率和时间分辨率限制，5.2.1 节介绍的方法并不适用于局部海域蒸发波导环境特性的精细化预报。因此，本节给出了基于 WRF 模型的蒸发波导环境特性短期预报方法，对中国南海蒸发波导环境特性进行短期预报，并利用海上实验数据进行验证。图 5-16 是基于 WRF 模型的蒸发波导环境特性短期预报框架，表 5-5 是该方法的输入输出参数。输入参数为 GFS 数据或者 T213 数据（全球 T213 数值集合预报业务系统），计算模型为 NPS 模型，输出参数为大面积海域气象参数和蒸发波导环境特性短期预报结果。

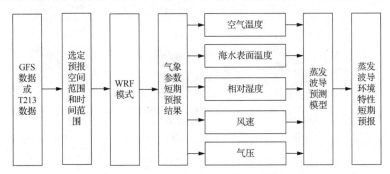

图 5-16　基于 WRF 模型的蒸发波导环境特性短期预报框架

表 5-5　蒸发波导环境特性短期预报输入输出参数

输入参数	计算模型	输出参数
（1）GFS 数据 （2）T213 数据	NPS 模型	（1）大面积海域气象参数短期预报结果 （2）大面积海域蒸发波导高度短期预报结果 （3）感兴趣格点位置修正折射率剖面预报结果

1. WRF 模型设置

WRF 模型的设置见表 5-6，选择的模拟区域为中国南海海域，采用 2 层嵌套方式，第一层嵌套区域空间分辨率为 30 km，时间分辨率为 3h；第二层嵌套区域空间分辨率为 10 km，时间分辨率为 1h，如图 5-17 所示。

表 5-6　WRF 模型的设置

区域与选项	具体设置
模拟区域与分辨率	区域：2 层嵌套 中心点：112°E，15°N 格点数：80×70，80×70 水平分辨率：30 km，10 km 垂直分辨率：44 层

区域与选项	具体设置
时间步长	180 s
边界层方案	YSU 方案
积云方案	Kairr-Fritsch 方案
云物理方案	Lin 方案
辐射方案	长波辐射：RRTM 方案；短波辐射：Dudhia 方案
陆面过程	Noah 陆面模式

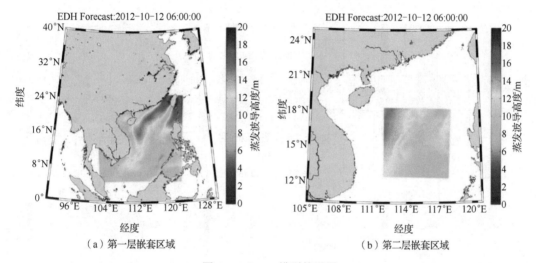

（a）第一层嵌套区域　　　　　　（b）第二层嵌套区域

图 5-17　WRF 模型的设置

2. 基于 WRF 模型的蒸发波导环境特性短期预报结果

运行 WRF 模型，可以先输出近海面气象参数，如空气温度、相对湿度、风速等预报结果，再将这些预报结果输入 NPS 模型中，可以得到大面积海域蒸发波导环境特性预报结果。本节以 2012 年 10 月 12 日 0 时为预报起点，对中国南海海域 48h 内蒸发波导高度进行预报。

图 5-18 是第一层嵌套区域蒸发波导高度预报结果。从图 5-18 可以看出，在 24 h 内，中国南海北部海域和中国台湾西侧海域的蒸发波导高度较大，平均高度为 15 m 左右。中国南海中部和南部海域蒸发波导高度较小，平均高度在 10 m 以下。在 24~48 h 内，中国南海北部海域的蒸发波导高度逐渐减小，在 48 h 内，蒸发波导高度减小到 12 m 左右。

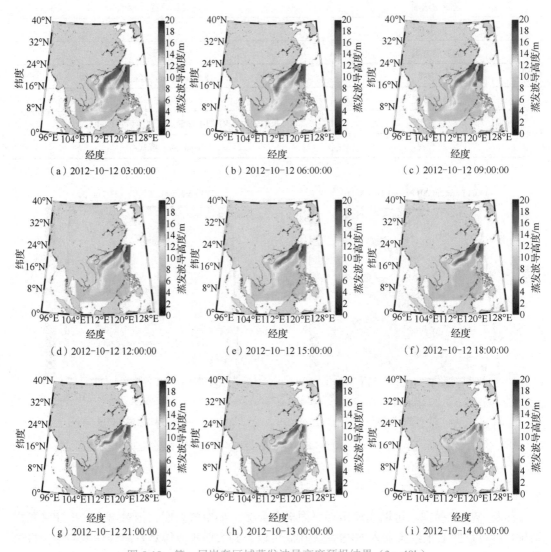

（a）2012-10-12 03:00:00   （b）2012-10-12 06:00:00   （c）2012-10-12 09:00:00

（d）2012-10-12 12:00:00   （e）2012-10-12 15:00:00   （f）2012-10-12 18:00:00

（g）2012-10-12 21:00:00   （h）2012-10-13 00:00:00   （i）2012-10-14 00:00:00

图 5-18   第一层嵌套区域蒸发波导高度预报结果（3～48h）

　　图 5-19 是第二层嵌套区域蒸发波导高度预报结果（时间间隔 1 h）。在预报时间内，西部区域蒸发波导高度较高，平均值在 15 m 左右，中部区域蒸发波导高度较低，在 8 m 以下，而且蒸发波导高度在不断降低。

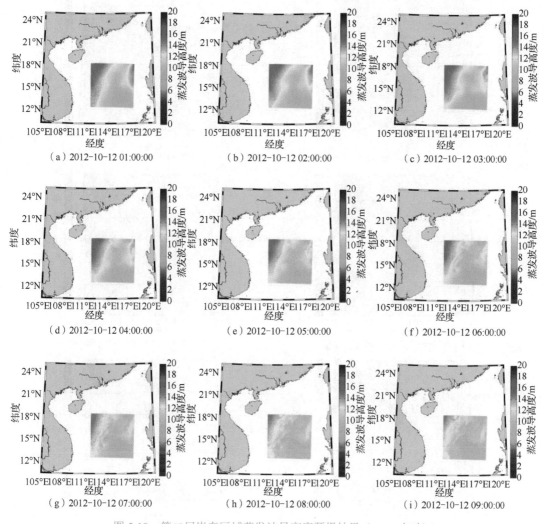

图 5-19　第二层嵌套区域蒸发波导高度预报结果（1～9 小时）

3. 基于 WRF 模型的蒸发波导环境特性短期预报方法验证

本节利用 CFSR 数据对基于 WRF 模型的蒸发波导环境特性短期预报结果进行验证，如图 5-20 所示。从图 5-20 可以看出，在 24 h 内，总体上看，蒸发波导高度预报结果与 FNL 数据比较一致，蒸发波导高度预报误差较小，说明预报方法有效。在局部区域，蒸发波导预报高度比再分析高度小，其中原因需要结合预报的气象参数进一步分析。

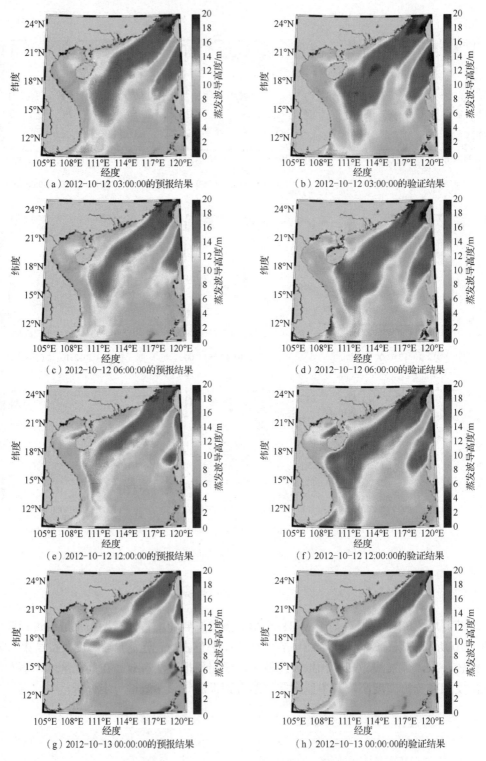

（a）2012-10-12 03:00:00的预报结果　　　（b）2012-10-12 03:00:00的验证结果

（c）2012-10-12 06:00:00的预报结果　　　（d）2012-10-12 06:00:00的验证结果

（e）2012-10-12 12:00:00的预报结果　　　（f）2012-10-12 12:00:00的验证结果

（g）2012-10-13 00:00:00的预报结果　　　（h）2012-10-13 00:00:00的验证结果

图 5-20　基于 WRF 模型的蒸发波导环境特性短期预报结果验证

本 章 小 结

　　本章分别介绍了蒸发波导环境特性实时监测方法和短期预报方法。首先，利用海上实验观测数据，不仅分析了船载气象观测系统测量数据的可靠性，还分析了蒸发波导预测模型对气象参数的敏感性。在上述基础上，给出了传感器类型选择及其安装位置的建议，为船载蒸发波导环境特性实时监测提供了有效的技术支撑。其次，本章分别给出了基于 GFS 数据和基于 WRF 模型的蒸发波导环境特性短期预报方法，利用该方法实现了西太平洋及中国南海海域蒸发波导环境特性的提前预报。最后，将预报结果与 FNL 数据对比，分析了预报方法的误差，验证了预报方法的有效性。

本章参考文献

[1] FREDERICKSON P. Improving the characterization of the environment for AREPS electromagnetic performance predictions[C]. 2012. Reno NV.

[2] FREDERICKSON P, DAVIDSON K, GOROCH A. Operational bulk evaporation duct model for MORIAH[J]. Version1, 2000, 2:93943-5114.

第 6 章　蒸发波导与海水蒸发量的关系

6.1　概　述

如果海洋大气边界层两侧的水体和气体之间存在不平衡热力结构，海水就会变成水汽而蒸发并聚集在近海面，在风的作用下近海面水汽就会向上扩散至一定高度的界面层。界面层上空是水汽含量较少的干空气，界面下方是含一定水汽量的湿空气。而近海面的水汽含量是饱和的，从近海面到界面层内，水汽含量随高度迅速减少并形成水汽通量（相对湿度）梯度结构，进而形成蒸发波导。可见，蒸发波导的形成主要与近海面的水分直减率相关[1]，而影响水分直减率的主要因素就是海洋蒸发[2]。因此，在一定意义上说，蒸发波导与海洋蒸发是密切相关的。

在全球范围内，风是主导海洋蒸发年代际变化的重要因素[3-4]。海洋作为大气的热力源，海水表面温度是海洋蒸发变化的另外一个重要驱动力[5]。蒸发-海水表面温度反馈机制及其扩展形式、风-蒸发-海水表面温度反馈机制已经被大量深入研究，可以较好地解释海洋蒸发的变化机理[6-8]。对于蒸发波导研究来说，深入理解蒸发波导与海洋蒸发之间的联系和相关过程是十分必要的，已有的大量海洋蒸发的研究可以帮助研究人员更好地理解蒸发波导的形成与分布规律。

因此，本章主要解决以下 4 个问题：

（1）蒸发波导和海洋蒸发之间是否存在一种较强的相关关系？

（2）海面风速和海水表面温度在蒸发波导变化中的作用是怎样的？

（3）海面风速和海水表面温度对蒸发波导的作用是否与它们在海洋蒸发中的作用相似？

（4）是否可以找出一种定量关系，直接通过蒸发量来计算蒸发波导高度？

蒸发波导在全球洋面上几乎是持续存在的，特别是在中国南海。2010—2012 年，在中国南海进行的海上观测实验表明，在 75.3%的观测时间内蒸发波导持续存在[9]。目前，已有部分研究工作给出了中国南海蒸发波导高度时空分布的一些基本特点。Mckeon[10]统计分析了 31 年内（1979—2009 年）的中国南海北部海域（16~20°N，112~118°E）蒸发波导高度和海面风场的时空分布情况，他发现蒸发波导高度的变化受到东亚季风距平的正影响。但是该结论是通过对中国南海北部一小块海域进行海上实验得出的，是否对整个中国南海具有普遍性还未知。史阳等[11]尝试利用最新的蒸发波导预测模型对中国南海现有的蒸发波导高度数据库进行了改进。与 Mckeon 在研究中着重关注大气水文影响不同的是，史阳等[11]主要讨论了不同蒸发波导高度数据库统计特征的差异对研究蒸发波导中电磁波传播的影响。

本章以中国南海（研究区域见图 6-1）为例，分析该海域蒸发波导高度和蒸发量的年代际变化情况，研究海面风速和海水表面温度这两个重要的气海环境因素在蒸发波导高度变化中的作用以及在季节性尺度上的区别。在获得了两者相关性的定性分析结果之后，将研究区域从南海扩展到西北太平洋及其周围边缘海（见图 6-2），定量研究蒸发波导高度与蒸发量之间的关系并提出一个利用蒸发量估计蒸发波导高度的三参数经验模型。

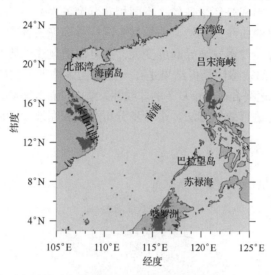

图 6-1　中国南海研究区域示意图（图中深褐色表示海拔高度大于 500m 的地形区域）

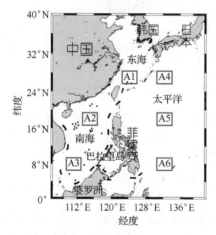

图 6-2　西北太平洋及其周围边缘海示意图（图中红框表示所研究的区域）

6.2　数据和方法

6.2.1　数据

本章中使用的蒸发波导高度数据主要利用第 2 章中改进后的 NPS 模型，结合从 CFSR 数据中提取的空气温度、海水表面温度、海面风速、海面气压和相对湿度计算得到。

　　基于第 2 章中改进后的 NPS 模型，本节首先分析了蒸发波导高度对海水表面温度和海面风速变化的局部敏感性[12]。一般来说，蒸发波导高度对海面气压的变化不敏感[13]。因此，在本章的分析中，把海面气压设定为常值 1010hPa[11]。在分析中采用南海地区气象参数的长期统计均值：气海温差为-1℃，相对湿度为 83%[10; 11]。

　　图 6-3 为在典型中国南海环境条件（不同相对湿度条件）下，蒸发波导高度随海水表面温度和海面风速变化的曲线。显然，在典型中国南海环境条件下，海水表面温度的上升或海面风速的增大同样会使蒸发波导高度变大，并且海面风速的影响更大一些。值得注意的是，上面所得到的局部敏感性分析结果是在一些简化条件下得到的。在实际海洋环境中，海水表面温度和海面风速耦合在一个复杂的非线性系统中，相互影响，关系十分复杂[14; 15]。因此，需要采用更加合适有效的方法，进一步分析海水表面温度和海面风速的相对影响。

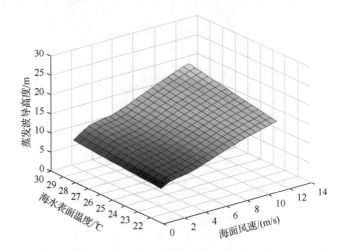

图 6-3　典型中国南海环境条件下，蒸发波导高度随海水表面温度和海面风速变化的曲线

　　目前，由于蒸发量直接测量数据的缺乏，因此，利用通量公式计算蒸发量成为海洋蒸发研究的重要手段之一。该方法主要是基于通量参数化和相似性原理，利用下面的公式，以气象参数来计算蒸发量[16-20]。

$$\text{LHF} = \rho_a L_e C_e (U_a - U_s)(q_s - q_a) \tag{6-1}$$

$$E = \text{LHF} / \rho_w L_e \tag{6-2}$$

　　式中，LHF 表示潜热通量，E 表示蒸发量，ρ_a 为海水表面空气的密度（1.2kg·m^{-3}），ρ_w 为海水的密度（1027kg·m^{-3}），C_e 为潜热交换系数，U_a 为距离海面 10m 高处的近海面风速，U_s 为海水表面流速，由于其值远小于 U_a，因此通常取其值为 0；q_s 为海水表面饱和比湿，q_a 为近海面空气比湿；L_e 为蒸发潜热，可以利用海水表面温度（SST）通过下式计算得到

$$L_e = \left[2.501 - (0.00237 \times \text{SST}) \right] \times 10^6 \tag{6-3}$$

　　本章采用 CFSR 数据作为基础数据的来源，利用给出的公式分别计算得到蒸发波导高度和蒸发量。CFSR 数据涵盖的时间范围为 32 年，即从 1979 年至 2010 年，时间分辨率为

1h，空间分辨率为 0.312°×0.312°，该数据已经被广泛地应用于蒸发波导高度和蒸发量的研究中，具有良好的可靠性与客观准确性[21;22;11;23]。

6.2.2　数据处理与分析方法

在对蒸发波导高度与蒸发量关系进行定性分析时，采用基于协方差矩阵的经验正交函数分析法[24; 25]。在使用此方法之前，需要对每个计算格点年平均值的时间序列进行距平化处理。通过补偿纬度变形，保证在相同的区域具有相同的权重系数，去掉平均值后得到的距平值的权重系数等于该点处的纬度余弦的平方根[26]。典型相关分析也被采用来计算相关主分量之间的联系。基于学生 t 检验（Student's t-test），在 95%显著性水平下，时间序列之间的最小强相关系数为 0.36。在去除了控制因素的影响后，偏相关分析可以表现两个变量之间的相关性程度[20]。在本章中，偏相关分析主要被用来分析蒸发波导高度-蒸发量和海面风速-海水表面温度之间的相关性程度。

在利用蒸发量定量预测蒸发波导高度时，以西北太平洋海域中的 6 个核心区域作为研究区域。该区域包括东海（A1: 26～28 °N, 123～125 °E）、南海北部（A2: 17～19 °N, 114～116 °E）、南海南部（A3: 7～9 °N, 110～112 °E）以及西北太平洋同经度的 3 个区域（A4: 26～28 °N, 131～133 °E; A5: 17～19 °N, 131～133 °E; A6: 7～9 °N, 131～133 °E）。每个研究区域（图 6-2 中的红框所示位置）包括 56 个网格点，对这些网格点上的数据进行区域平均后，把它们作为研究的历史数据集。

6.3　蒸发波导高度和蒸发量关系的定性分析

6.3.1　蒸发波导高度和蒸发量时空演变的基本特征

图 6-4 是中国南海蒸发波导高度和蒸发量在 30 年间的季节平均值空间分布情况，为下文基于经验正交函数分析提供必要的背景信息。

冬季，蒸发波导高度和蒸发量的空间分布总体上具有类似的、较为明显的南北梯度变化趋势。蒸发波导高度的空间分布呈现鞍形结构，从中国南海南部到中部逐渐增大，从中部到北部又逐渐减小。蒸发量的空间分布具有类似的鞍形结构，从南部到北部逐渐增加。本节计算了蒸发波导高度和蒸发量的季节平均值的时间相关系数，图 6-5（a）所示为冬季蒸发波导高度和蒸发量平均值的时间相关系数，在整个中国南海都具有较强的相关性（时间相关系数超过 0.6）。

在夏季，蒸发波导高度分布呈环形放射状［见图 6-4（b）］，以越南东部沿海为中心，向外逐渐减小。除了从越南东南沿海到北部湾的小部分区域，在中国南海大部分区域蒸发量的空间分布与蒸发波导高度的空间分布类似。两者的时间相关系数分布则在中国南海南部和东南部具有较大的中心值[见图 6-5（b）]，与两者的空间分布不一致的是，从越南东南沿海到北部湾的沿岸区域两者的相关程度较小，在部分区域两者甚至出现了负相关。

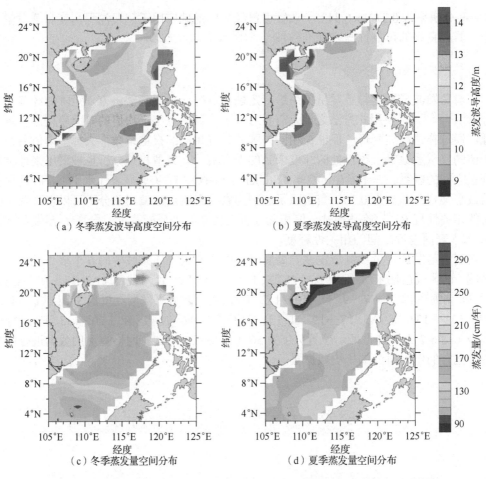

（a）冬季蒸发波导高度空间分布　　　（b）夏季蒸发波导高度空间分布

（c）冬季蒸发量空间分布　　　（d）夏季蒸发量空间分布

图 6-4　中国南海蒸发波导高度与蒸发量在 30 年间的季节平均值空间分布情况

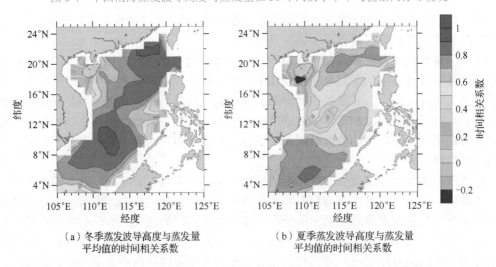

（a）冬季蒸发波导高度与蒸发量
平均值的时间相关系数

（b）夏季蒸发波导高度与蒸发量
平均值的时间相关系数

图 6-5　中国南海蒸发波导高度和蒸发量的季节平均值时间相关系数分布

从上述分析结果来看，在冬季和夏季，中国南海绝大部分海域的蒸发波导高度与蒸发量的时间相关性较为显著，两者具有较强的相关关系。蒸发波导高度的季节平均值的空间分布在春季和夏季呈现出不同的结构，在冬季，为鞍形结构，这与蒸发量的气候态分布模式密切相关；在夏季，蒸发波导高度具有与蒸发量截然不同的环形放射状分布特点。

6.3.2　蒸发波导高度和蒸发量经验正交函数分析结果

为了揭示蒸发波导高度和蒸发量之间的内在联系，本节先对 1985—2014 年中国南海 30 年间的冬季（当年 12 月—次年 2 月）和夏季（6—8 月）的蒸发波导高度和蒸发量数据进行距平化处理，再利用经验正交函数分析法，发现第一模态和第二模态可以解释总体方差 50% 以上的变化，后面几个模态对总体方差的贡献已经很小，模态分离也不理想[26]。因此，本章只对第一模态和第二模态对应的空间场和时间序列进行分析。冬季和夏季中国南海蒸发波导高度和蒸发量第一模态与第二模态的空间分布分别如图 6-6 与图 6-7 所示，相应的时间相关系数显示在图 6-8（红线代表蒸发波导高度，蓝线代表蒸发量）中。

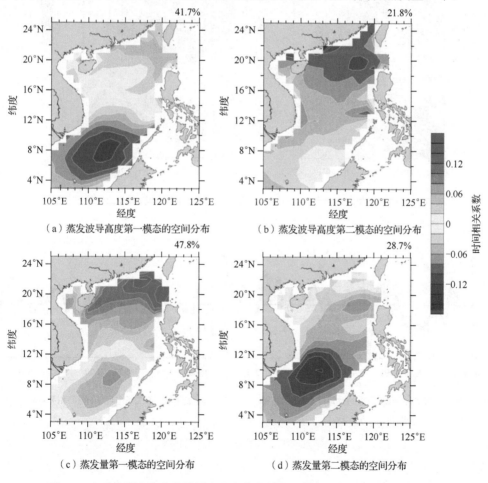

图 6-6　冬季中国南海蒸发波导高度和蒸发量第一模态与第二模态的空间分布

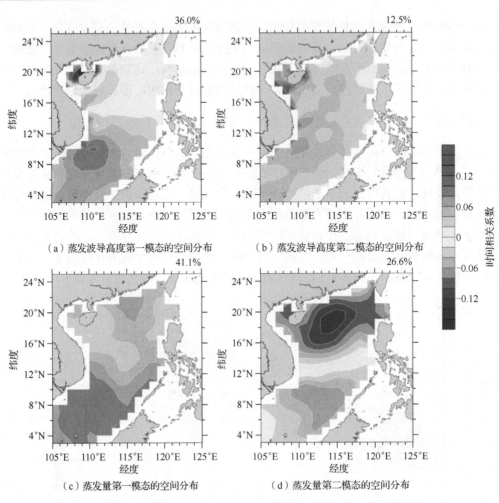

图 6-7　夏季中国南海蒸发波导高度和蒸发量第一模态与第二模态的空间分布

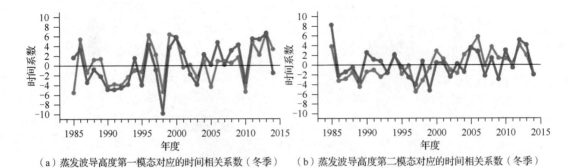

（a）蒸发波导高度第一模态对应的时间相关系数（冬季）　　（b）蒸发波导高度第二模态对应的时间相关系数（冬季）

图 6-8　中国南海蒸发波导高度（红线）和蒸发量（蓝线）
第一模态与第二模态对应的时间相关系数

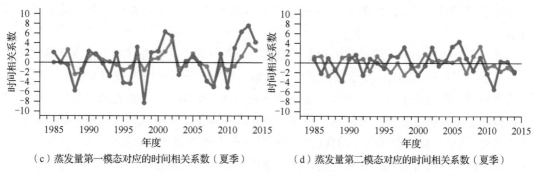

（c）蒸发量第一模态对应的时间相关系数（夏季）　　　（d）蒸发量第二模态对应的时间相关系数（夏季）

图 6-8　中国南海蒸发波导高度（红线）和蒸发量（蓝线）
第一模态与第二模态对应的时间相关系数（续）

冬季中国南海蒸发波导高度第一模态和第二模态分别贡献了总体方差的 41.7%和 21.8%。其第一模态的空间分布［见图 6-6（a）］呈现"北正南负"的偶极子趋势，中国南海中部和南部地区具有较高的负值，而北部正值区域相对较弱。值得注意的是，冬季中国南海蒸发量的第一模态（占据了总体方差的 59.8%）的空间场表现为与蒸发波导高度类似的偶极子结构，但是较强的正值区域出现在中国南海东北部地区［见图 6-6（c）］。空间场结构上的相似性表明了冬季蒸发波导高度和蒸发量主模态之间存在较为密切的联系，对两者对应的时间相关系数进行分析［见图 6-8（a）］后也得到了同样的结论。冬季蒸发波导高度和蒸发量第一模态对应的时间相关系数达到 0.67，超过了学生 t 检验准则下 95%的显著性水平。可见，两者之间存在较强的正相关关系。

冬季中国南海蒸发波导高度和蒸发量第二模态的空间分布与第一模态相比均存在明显的差异，蒸发波导高度［见图 6-6（b）］最大的负值区位于在南海东北部，而蒸发量的最大负值区则南移［见图 6-6（d）］，同时沿着中国南部海域呈现带状正值分布，两者相应的时间序列之间仍具有强相关关系（r=0.55）。

夏季中国南海蒸发波导高度第一模态和第二模态的方差分别占总体方差的 36%和 12.5%。其中，第一模态的空间分布［见图 6-7（a）］同样也呈现出"北负南正"的偶极子结构，其强正值中心位于西贡的东部沿海，负值中心则位于北部湾和海南岛附近。夏季南海海域蒸发量第一模态（其方差占总体方差的 41.1%）具有单极子结构，其主要正值中心位于南海南部，较弱的负值中心则位于南海北部，其幅值为主要正值中心幅值的 1/3。两者相应的时间系数［见图 6-8（c）］则呈现相似的变化趋势，同样具有较强的相关关系（r=0.47）。夏季南海海域蒸发波导高度第二模态［见图 6-7（b）］在北部湾具有一个较弱的正单极子，而同季节的蒸发量则具有南北结构的偶极子，其最大的负值中心位于南海北部，占总体方差的 26.6%。蒸发波导高度和蒸发量的主模态之间的空间分布结构的差异性，以及相应时间相关系数之间的弱相关性（r=0.06）表明了其各模态之间不存在显著的相关关系。为了检验上述分析结果的鲁棒性，本章还对 1 月和 7 月的蒸发波导高度和蒸发量进行了经验正交函数分析，得到的空间分布结构和时间系数具有与上述结果类似的定量分析结果。

在得到的主模态中，除了其中两个对总体方差贡献较小的模态（冬季蒸发量第二模态方差占总体方差的 17.8%，夏季蒸发波导高度第二模态方差占总体方差的 12.5%），其余模态的空间分布都表现了一种相位或幅值上的南北差异。例如，冬季蒸发波导高度、冬季蒸发量和夏季蒸发波导高度三者的第一模态与夏季蒸发量第二模态共同拥有相似的反相位偶极子结构。几乎所有这些偶极子结构的分界线都位于中国南海海域中部 12°～14°的经线附近。在以往中国南海地区夏季环流的研究中也报道过类似的偶极子结构，相关分析表明，风场变化是其形成的主要动力因素[27]。因此，可以认为，中国南海地区季风系统是蒸发波导高度和蒸发量分析结果中普遍存在偶极子结构的成因，后文将对此进行详细讨论。

丁张巍[28]同样也采用了经验正交函数分析法研究了 1958—2006 年中国南海蒸发量，他发现蒸发量主模态的空间分布和时间系数年际变化与海面风速及海水表面温度的变化密切相关。

6.3.3　海面风速和海水表面温度的相对影响分析

中国南海海域主要受到东亚季风的控制，这种季节性海面风速不仅是中国南海海水表面温度季节性变化的调制因素，而且是中国南海上层季节性环流和中尺度涡旋季节性分布的重要驱动力[29; 30; 14; 31]。本节通过探讨海面风速和海水表面温度的异常值变化如何影响中国南海蒸发波导高度和蒸发量，以提升对蒸发波导形成和变化的认识。

基于这个目的，本节采用类似 Zveryaev 提出的方法构造分析所需的距平场[32]，具体步骤如下：

（1）对海面风速和海水表面温度的月平均值年际时间序列去均值化，得到距平值时间序列。

（2）把冬季和夏季对应月份海面风速与海水表面温度的距平值相加，得到季节距平值年际变化序列。

（3）根据蒸发量/蒸发波导高度第一模态所对应的时间序列的符号的正负，将正负相位分别对应的季节距平值相加并对其求算术平均值。最后得到冬季和夏季中国南海蒸发波导高度与蒸发量第一模态时间序列正负相位所对应的海面风速和海水表面温度的合成距平场空间分布如图 6-9 和图 6-10 所示。正负时间序列对应的合成距平场的幅值相同且相位相反，为了避免重复，本章只对正时间序列对应的合成距平场进行分析。

此外，为了量化海面风速和海水表面温度对蒸发量和蒸发波导高度变化的相对影响，本节计算了海水表面温度（或海面风速）与蒸发波导高度（或蒸发量）距平值之间的偏相关系数。在忽略海水表面温度（或海面风速）的影响后，冬夏两季中国南海蒸发波导高度和蒸发量分别与海面风速、海水表面温度的偏相关系数的空间分布的偏相关系数的空间分布分别如图 6-11 与图 6-12 所示。

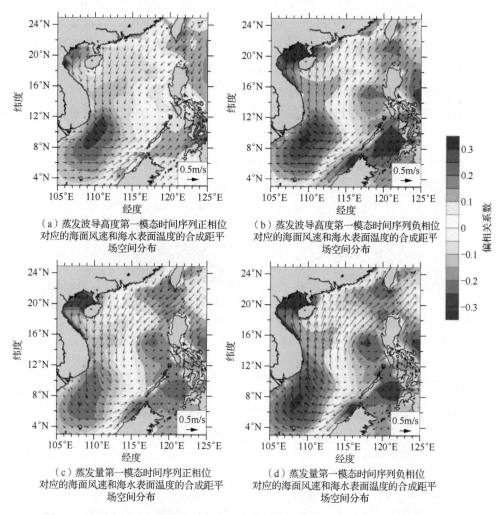

（a）蒸发波导高度第一模态时间序列正相位
对应的海面风速和海水表面温度的合成距平
场空间分布

（b）蒸发波导高度第一模态时间序列负相位
对应的海面风速和海水表面温度的合成距平
场空间分布

（c）蒸发量第一模态时间序列正相位
对应的海面风速和海水表面温度的合成距平
场空间分布

（d）蒸发量第一模态时间序列负相位
对应的海面风速和海水表面温度的合成距平
场空间分布

图 6-9　冬季中国南海蒸发波导高度与蒸发量第一模态时间序列正负相位所对应的
海面风速和海水表面温度的合成距平场空间分布

图 6-9（c）显示的是与图 6-8（c）中冬季中国南海蒸发量第一模态时间序列正相位
所对应的海面风速和海水表面温度的合成距平场。冬季中国南海盛行东北风，而中国
南海北部/南部的异常东北风/西南风分量则会加强（或减弱）该区域的海面风速。从克
拉佩龙-克劳修斯（Clausius-Clapeyron）方程的角度来看，高蒸发量通常伴随着较高的海
水表面温度[5,33-34]。冬季蒸发量第一模态在中国南海南部的空间分布负值［见图 6-6（c）］与
图 6-9（c）中海水表面温度的负异常值相对应。但是，与第一模态在中国南海北部的空间
分布正值相对应的海水表面温度的异常值为弱正相关关系甚至为负值。主要原因是海面风
速使海水蒸发加快，导致海水表面温度下降，从而减小了海水表面温度的异常值，甚至
使其降为负值[35; 32; 15]。同时，这也反映了（相比于海水表面温度）海面风速是影响蒸发量

变化的主要因素。这与 Yu[19]所得的结论是一致的,也与本节利用偏相关分析得到的结果(见图 6-11)相一致。在忽略了海面风速（或海水表面温度）的影响后,可以发现蒸发量与海水表面温度或海面风场都是呈现正相关关系的。此外,在中国南海北部,蒸发量对海水表面温度变化的敏感性较弱。这也同样可以解释前文提到的海水表面温度异常值为什么与预想不一致的问题。当考虑海面风速和海水表面温度对蒸发波导高度的影响时,基于蒸发量和蒸发波导高度之间几乎相同的合成距平场和偏相关系数分布,本章同样可以得到相似的结论。

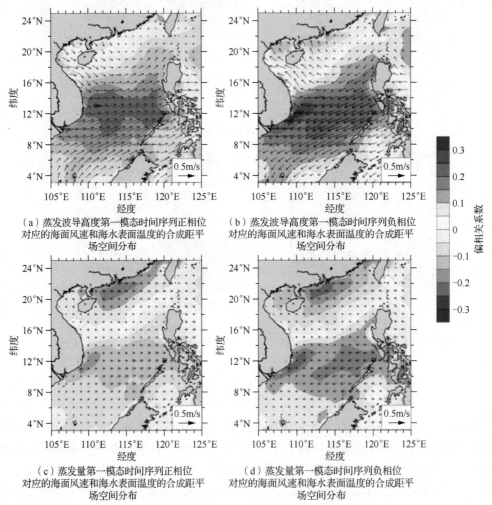

图 6-10　夏季中国南海蒸发波导高度与蒸发量第一模态时间序列正负相位对应的海面风速和海水表面温度的合成距平场空间分布

图 6-10（c）显示的是与夏季蒸发量的第一模态时间系数［见图 6-7（c）］相对应的海面风速和海水表面温度合成距平场的空间分布。夏季中国南海南部海面风速对蒸发量具有

较大影响［见图 6-12（c）］，而在中国南海北部海水表面温度则与蒸发量具有较大的偏相关关系［见图 6-12（d）］。在考虑了图 6-10（c）所示的合成距平场后，本章获得了与冬季类似的结论，即海面风速也是蒸发量变化的主要因素，冬季海水表面温度在中国南海北部的影响强于南部。从图 6-12（a）和图 6-12（b）可以看出，夏季中国南海海面风速和海水表面温度分别与蒸发波导高度及蒸发量具有不同的相关性。但是，相比于海水表面温度，海面风速对蒸发波导高度的影响更大，可以从相对于蒸发波导高度第一模态在中国南海北部的正值空间分布［见图 6-7（a）］的负海水表面温度合成距平值［见图 6-10（a）］得出这个结论。

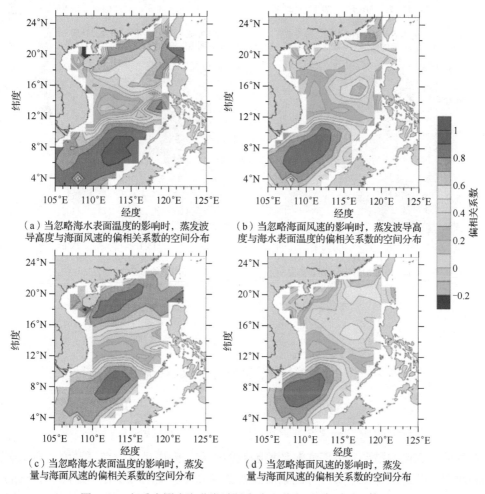

（a）当忽略海水表面温度的影响时，蒸发波导高度与海面风速的偏相关系数的空间分布

（b）当忽略海面风速的影响时，蒸发波导高度与海水表面温度的偏相关系数的空间分布

（c）当忽略海水表面温度的影响时，蒸发量与海面风速的偏相关系数的空间分布

（d）当忽略海面风速的影响时，蒸发量与海面风速的偏相关系数的空间分布

图 6-11　冬季中国南海蒸发波导高度和蒸发量分别与海面风速及海水表面温度的偏相关系数的空间分布

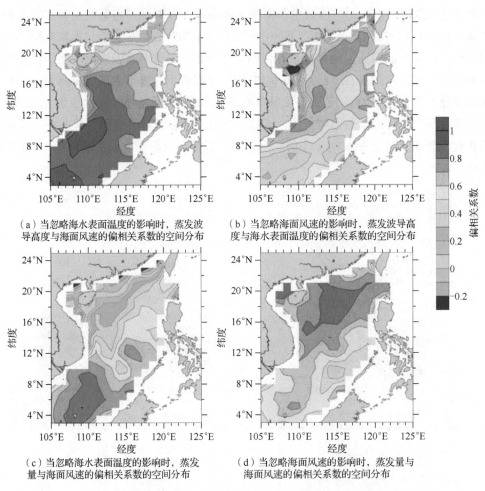

（a）当忽略海水表面温度的影响时，蒸发波   （b）当忽略海面风速的影响时，蒸发波导高
导高度与海面风速的偏相关系数的空间分布   度与海水表面温度的偏相关系数的空间分布

（c）当忽略海水表面温度的影响时，蒸发   （d）当忽略海面风速的影响时，蒸发量与
量与海面风速的偏相关系数的空间分布   海面风速的偏相关系数的空间分布

图6-12　夏季中国南海蒸发波导高度和蒸发量分别与海面风速及
海水表面温度的偏相关系数的空间分布

6.4　通过蒸发量定量估算蒸发波导高度

6.4.1　气海环境因素的敏感性分析

蒸发波导高度容易受到以下气海环境因素的影响：海面风速、空气温度、海水表面温度和相对湿度[10,21]。这些气海环境因素对蒸发波导高度影响的大小还与近海面大气的热力学状态密切相关。在蒸发波导的研究中，一般采用气海温差表征近海面大气的热力学状态，其正值（气海温差>0℃）、零值（气海温差=0℃）以及负值（气海温差<0℃）分别对应稳定条件、中性条件和不稳定条件。

从前文给出的蒸发量计算公式可以看出，蒸发量与海水表面温度和气海的比湿差直接相关。潜热交换系数主要受到由气海温差决定的大气稳定性的影响[13,36]。Zveryaev 和 Hannachi[32]分析了蒸发量随海面风速、海水表面温度和气海温差变化的敏感性，他们发现蒸发量与气海温差之间的相关性强于海水表面温度。

因此，本章首次采用气海温差作为独立的自变量，分析了在不同稳定条件下蒸发波导高度和蒸发量受主要气海环境因素的影响，并且从蒸发波导高度变化的角度，分析了相应的气海环境因素变化对蒸发波导高度和蒸发量影响的趋势。

从图 6-13 可以发现，蒸发波导高度和蒸发量在气海温差正值和气海温差负值条件下的变化差异巨大。当气海温差为负值时，两者呈现类似的随相对湿度、海水表面温度和海面

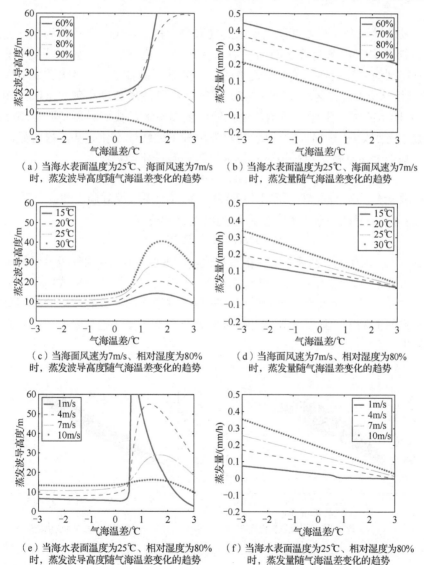

（a）当海水表面温度为25℃、海面风速为7m/s
时，蒸发波导高度随气海温差变化的趋势

（b）当海水表面温度为25℃、海面风速为7m/s
时，蒸发量随气海温差变化的趋势

（c）当海面风速为7m/s、相对湿度为80%
时，蒸发波导高度随气海温差变化的趋势

（d）当海面风速为7m/s、相对湿度为80%
时，蒸发量随气海温差变化的趋势

（e）当海水表面温度为25℃、相对湿度为80%
时，蒸发波导高度随气海温差变化的趋势

（f）当海水表面温度为25℃、相对湿度为80%
时，蒸发量随气海温差变化的趋势

图 6-13　蒸发波导高度和蒸发量随气海温差、相对湿度、海水表面温度、海面风速变化的趋势

风速变化的趋势。较大的蒸发波导高度和较大的蒸发量总是伴随着低相对湿度、高海水表面温度和强海面风，这种情况下，蒸发波导高度和蒸发量各自随气海温差变化的趋势略有差异，这也体现了两者之间可能存在一种非线性的相关关系。当气海温差为正值时，蒸发量变化的趋势与其在气海温差为负值时相同，而蒸发波导高度变化的趋势则变得较为复杂。据此，可以总结如下：在不稳定条件下（气海温差小于 0℃），蒸发波导高度和蒸发量之间存在一种明确的较强相关关系。但是在稳定条件下，两者之间的关系相当复杂和不明确。本章后面关于两者关系的讨论是基于不稳定条件的。

6.4.2 定量关系的统计分析

由于蒸发波导和海洋蒸发都涉及复杂的气海耦合相互作用，到目前为止，无法用含有多个参数的物理模型定量两者之间的关系，因此，只能采用统计分析历史数据的方法。从初步分析得到的蒸发波导高度和蒸发量的散点关系可以看出，两者大致服从指数关系。图 6-14 是采用从 A3 研究区域（见图 6-2）获得的蒸发波导高度和蒸发量散点图。为了使图 6-14（a）所示的线性坐标下的指数变化趋势更加清晰，我们对蒸发波导高度和蒸发量取自然对数，得到如图 6-14（b）所示的对数坐标下的线性变化趋势，很明显，两者的关系呈线性。基于上述分析，可采用下式体现这种指数变化趋势：

$$EDH = \alpha EVP^{\beta} \tag{6-4}$$

式中，α 和 β 是待确定的系数，EDH 和 EVP 分别代表蒸发波导高度和蒸发量。

对式（6-4）等号两边取自然对数，得到线性化的公式：

$$\ln(EDA) = a\ln(EVP) + b \tag{6-5}$$

图 6-14（a）中的红线表示原始的指数形式，图 6-14（b）中的红线表示最小二乘法的线性拟合，可分别表示为式（6-4）和式（6-5）。可以发现，这两个公式能很好地表现整体变化趋势。从统计学的角度看，蒸发波导高度和蒸发量之间还具有较强的时间聚集性，即在蒸发量一定的前提下，蒸发波导高度随机地分布在整体变化趋势附近，在研究中也需要考虑这种特性。

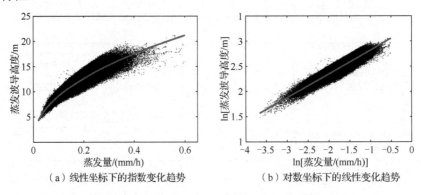

（a）线性坐标下的指数变化趋势　　　　　（b）对数坐标下的线性变化趋势

图 6-14　蒸发波导高度和蒸发量的散点图

为了更好地表现这种时间聚集性，本节在式（6-4）的基础上引入了随机项，提出了一种三参数经验模型，即

$$\text{EDH} = \alpha \text{EVP}^{\beta} e^{\varepsilon} \tag{6-6}$$

式中，e^{ε} 为随机因子，ε 服从均值为 0、方差为 σ^2 的高斯分布。

同样，对式（6-6）进行对数变化，得到

$$\ln(\text{EDH}) = \ln(\alpha) + \beta \ln(\text{EVP}) + \varepsilon \tag{6-7}$$

在式（6-7）的基础上，可以采用最小二乘法对相关参数进行估计。由于所采用的 CFSR 数据的时间范围为 32 年（1979—2010 年），因此，前 22 年的历史数据被用来拟合模型参数[式（6-6）]，得到了不同研究区域的三参数经验模型的参数（见表 6-1）；2001—2010 年的历史数据被用来检验三参数经验模型，而未被用来线性回归拟合模型参数。三参数经验模型的预测能力检验结果如图 6-15 所示，其中，图 6-15（a）、图 6-15（d）、图 6-15（g）、图 6-15（j）、图 6-15（m）和图 6-15（p）是 2001—2010 年的蒸发波导高度和蒸发量历史数据的散点图，以及利用这些散点数据进行线性回归拟合的结果（图中红线），图 6-15（b）、图 6-15（e）、图 6-15（h）、图 6-15（k）、图 6-15（n）和图 6-15（q）是利用线性回归拟合得到的三参数公式，结合 2001—2010 年的蒸发量数据，预测得到的蒸发波导高度散点图。蒸发波导高度的真实值和蒸发波导高度的预测值概率分布比较如图 6-15（c）、图 6-15（f）、图 6-15（i）、图 6-15（l）、图 6-15 图 6-15（o）和图 6-15（r）所示。显然，蒸发波导高度和蒸发量在分布上的高度重合说明本章所提出的三参数经验模型具有优良的预测能力。

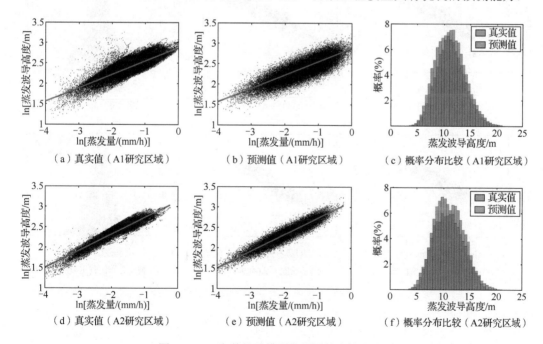

（a）真实值（A1研究区域）　　（b）预测值（A1研究区域）　　（c）概率分布比较（A1研究区域）

（d）真实值（A2研究区域）　　（e）预测值（A2研究区域）　　（f）概率分布比较（A2研究区域）

图 6-15　三参数经验模型的预测能力检验结果

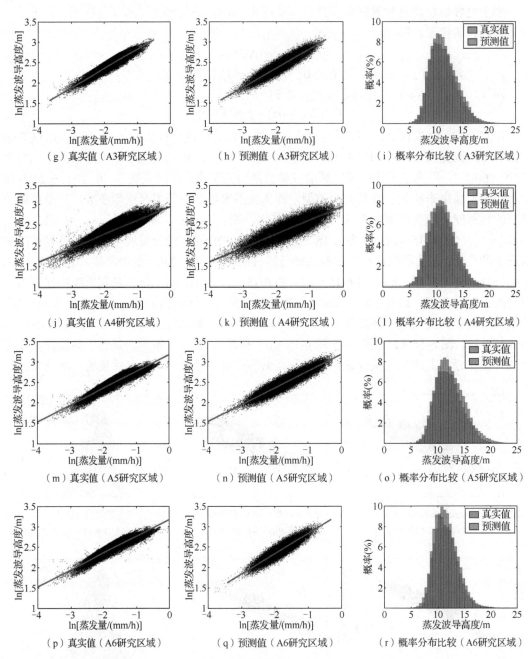

图 6-15　三参数经验模型的预测能力检验结果（续）

表 6-1　利用 1979—2010 年历史数据线性拟合得到的三参数经验模型的参数值

研究区域	α	β	σ
A1	17.2377	0.3275	0.1468
A2	23.2057	0.4074	0.0884
A3	26.9208	0.4713	0.0768
A4	18.7952	0.3338	0.1126
A5	24.1431	0.4115	0.0786
A6	27.7462	0.4961	0.0760

　　从上述研究中发现，在不稳定条件下，蒸发波导高度的大小与蒸发量的大小存在较强的相关关系。而在稳定条件下，两者的相关关系不甚明确。此外，本节还对 A1～A6 研究区域不稳定大气发生概率进行了统计，发现不稳定状态是这些区域的主要大气状态，发生概率分别为 74%、77%、86%、75%、93% 和 97%。因此，本节所提出的针对不稳定条件的三参数经验模型预测蒸发波导高度经验公式具有一定的实际意义。

　　此外，本节还初步讨论了地理位置对所得到的蒸发波导高度和蒸发量定量关系的影响，主要就是经度和纬度的变化对模型参数的空间变化影响。在上述 6 个研究区域中，A1、A2、A3 与 A4、A5、A6 分别具有相同的纬度分布，同时，A4～A6 之间还具有相同的经度分布。A1～A3、A4～A6 在纬度上等距分布，其拟合得到的斜率 β 值［式（6-6）］表现出明显的从北向南的递增趋势（见图 6-16），这意味着在相同的蒸发量增量条件下，南海南部比北部具有更大的蒸发波导高度。但是，A1 与 A4、A2 与 A5、A3 与 A6 之间的数值差异更小。因此，在地理位置方面，纬度相比经度而言，对蒸发波导高度和蒸发量具有更大的影响。

　　地理位置的影响还体现在 σ 值上，而 σ 值主要体现了时间聚集性的离散程度。从图 6-15 和表 6-1 可以看到，越往南 σ 值越小，相对应的离散程度也越小，较小的离散程度意味着蒸发波导高度和蒸发量之间关系的更小波动。对具有相同纬度的研究区域，A1～A3 相比 A4～A6 具有更大的 σ 值，这可能是 A1～A3 受到了邻近海岸的影响[37-38]。

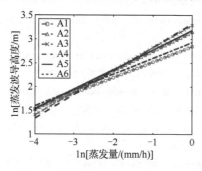

图 6-16　图 6-15 中线性回归拟合所得到的斜率比较
（相同经度所得的结果用相同的颜色表示，A1～A3 用红色，A4～A6 用蓝色）

本 章 小 结

本章分析了 30 年范围内（1985—2014 年）冬季和夏季中国南海蒸发波导高度年际变化的时空结构，探讨了中国南海蒸发波导和蒸发量的经验正交函数分析（EOF）主模态之间的相关关系，及其对于海面风速和海水表面温度场变化的敏感性。

中国南海蒸发波导高度的分布及其年际变化表现为冬季沿经向分布、夏季沿纬向分布的特点。对中国南海距平化处理后的蒸发波导高度和蒸发量场进行经验正交函数分析，结果表明，无论是在夏季还是冬季，中国南海蒸发波导高度和蒸发量的主模态都具有相似的空间分布。本章通过构造与蒸发波导高度和蒸发量的主模态空间分布相对应的合成距平场，计算了相应的偏相关系数，以量化海面风速和海水表面温度场对蒸发量与蒸发波导高度变化的相对影响的大小。结果表明，海面风速的影响比海表温度更大。

此外，本章初步统计分析了蒸发波导高度和蒸发率之间的量化关系，提出了一种三参数经验模型，并且以该模型拟合蒸发波导高度与蒸发率之间的时间聚集效应。通过历史数据检验，该模型可以较好地对上述时间聚集效应进行模拟。本章还讨论了不同经/纬度地区蒸发波导高度和蒸发率两者关系的普适性，分析结果表明，该关系是普遍存在的，地理位置的不同只是改变了时间聚集效应的程度和变化趋势的快慢。

本章参考文献

[1] TURTON J. D., BENNETTS D. A., FARMER S. F. G.. An introduction to radio ducting[J]. Meteorological Magazine, 1988, 117(1393):245-254.

[2] LENTINI N. E.. A numerical study investigating sensitivity of radar wave propagation to the marine atmospheric boundary layer environment[D]: Coastal Carolina University 2015.

[3] BENTAMY A., KATSAROS K. B., MESTAS-NUÑEZ A. M., et al. Satellite estimates of wind speed and latent heat flux over the global oceans[J]. Journal of Climate, 2003, 16(4):637-656.

[4] YU L. S.. Global variations in oceanic evaporation (1958–2005): The role of the changing wind speed[J]. Journal of Climate, 2007, 20(21):5376-5390.

[5] YU L. S., WELLER R. A.. Objectively analyzed air–sea heat fluxes for the global ice-free oceans (1981–2005)[J]. Bulletin of the American Meteorological Society, 2007, 88(4):527-539.

[6] ZHANG G. J., MCPHADEN M. J.. The relationship between sea surface temperature and latent heat flux in the equatorial Pacific[J]. Journal of Climate, 1995, 8(3):589-605.

[7] CHANG P., JI L., LI H.. A decadal climate variation in the tropical Atlantic Ocean from thermodynamic air-sea interactions[J]. Nature, 1997, 385(6616):516.

[8] XIE S. P.. A dynamic ocean–atmosphere model of the tropical Atlantic decadal variability[J]. Journal of Climate, 1999, 12(1):64-70.

[9] ZHAO X. F., WANG D. X., HUANG S. X., et al. Statistical estimations of atmospheric duct over the South China Sea and the tropical eastern Indian Ocean[J]. Chinese Science Bulletin, 2013, 58(23):2794-2797.

[10] MCKEON B. D.. Climate analysis of evaporation ducts in the South China Sea[D]: Monterey, California: Naval Postgraduate School 2013.

[11] SHI Y., YANG K. D., YANG Y. X., et al. A new evaporation duct climatology over the South China Sea[J]. Journal of Meteorological Research, 2015, 29:764-778.

[12] ZHANG, Q., YANG, K. D., AND SHI, Y., 2016. Spatial and temporal variability of the evaporation duct in the Gulf of Aden. Tellus Series A-Dynamic Meteorology and Oceanography, 68: 14.

[13] FAIRALL C. W., BRADLEY E. F., HARE J. E., et al. Bulk parameterization of air-sea fluxes: Updates and verification for the COARE algorithm[J]. Journal of Climate, 2003, 16(4):571-591.

[14] LIU, X. C., GAO, T. C., QIN, J., LIU, L., 2010, Effects analysis of rainfall on microwave transmission characteristics, Chin. Phys. Soc., 59(3), 2156-2162.

[15] HE Z. Q., WU R. G.. Seasonality of interannual atmosphere–ocean interaction in the South China Sea[J]. Journal of Oceanography, 2013, 69(6):699-712.

[16] LIU W. T., KATSAROS K. B., BUSINGER J. A.. Bulk parameterization of air-sea exchanges of heat and water vapor including the molecular constraints at the interface[J]. Journal of the Atmospheric Sciences, 1979, 36(9):1722-1735.

[17] YU L. S., WELLER R. A.. Objectively analyzed air–sea heat fluxes for the global ice-free oceans (1981–2005)[J]. Bulletin of the American Meteorological Society, 2007, 88(4):527-539.

[18] YU L. S., JIN X., WELLER R. A.. Multidecade global flux datasets from the Objectively Analyzed Air-sea Fluxes (OAFlux) Project: latent and sensible heat fluxes, ocean evaporation, and related surface meteorological variables.[R]: Woods Hole Oceanographic Institution OAFlux Project Tech. Rep; 2008.

[19] YU L. S.. Global variations in oceanic evaporation (1958–2005): The role of the changing wind speed[J]. Journal of Climate, 2007, 20(21):5376-5390.

[20] SU T., FENG T. C., FENG G. L.. Evaporation variability under climate warming in five reanalyses and its association with pan evaporation over China[J]. Journal of Geophysical Research: Atmospheres, 2015, 120(16):8080-8098.

[21] RAMSAUR D.. Climate analysis and long range forecasting of radar performance in the western North Pacific[D]: Monterey, California: Naval Postgraduate School 2009.

[22] MCKEON B. D.. Climate analysis of evaporation ducts in the South China Sea[D]: Monterey, California: Naval Postgraduate School 2013.

[23] 杨坤德, 马远良, 史阳. 西太平洋蒸发波导的时空统计规律研究[J]. 物理学报, 2009, (10):7339-7350.

[24] WILKS D. S.. Statistical Methods in the Atmospheric Sciences[M]. Academic press, 2011.

[25] STORCH H. V., Navarra A.. Analysis of Climate Variability[M]. Springer, 1999.

[26] NORTH G. R., Bell T. L., Cahalan R. F., et al. Sampling errors in the estimation of empirical orthogonal functions[J]. Monthly Weather Review, 1982, 110(7): 699-706.

[27] WANG G. H., CHEN D. K., SU J. L.. Generation and life cycle of the dipole in the South China Sea summer circulation[J]. Journal of Geophysical Research, 2006, 111:C06002.

[28] DING Z. W., LI W. B., WEN Z. P., et al. Temporal and spatial characteristics of evaporation over the South China Sea from 1958 to 2006[J]. Journal of Tropical Oceanography, 2010, 6:007.

[29] LIU Q. Y., WU S., YANG J. L., et al. A review of ocean-atmosphere interaction studies in China[J]. Advances in Atmospheric Sciences, 2006, 23(6):982-991.

[30] QU T., SONG Y. T., YAMAGATA T.. An introduction to the South China Sea throughflow: Its dynamics, variability, and application for climate[J]. Dynamics of Atmospheres and Oceans, 2009, 47(1-3):3-14.

[31] PARK Y. G., CHOI A.. Long-term changes of South China Sea surface temperatures in winter and summer[J]. Continental Shelf Research, 2017, 143:185-193.

[32] ZVERYAEV I. I., HANNACHI A. A.. Interannual variability of Mediterranean evaporation and its relation to regional climate[J]. Climate Dynamics, 2012, 38(3-4):495-512.

[33] ROMANOU A., TSELIOUDIS G., ZEREFOS C. S., et al. Evaporation–precipitation variability over the Mediterranean and the Black Seas from satellite and reanalysis estimates[J]. Journal of Climate, 2010, 23(19):5268-5287.

[34] POKHREL S., RAHAMAN H., PAREKH A., et al. Evaporation-precipitation variability over Indian Ocean and its assessment in NCEP climate forecast system (CFSv2)[J]. Climate Dynamics, 2012, 39(9-10):2585-2608.

[35] TANIMOTO Y., NAKAMURA H., KAGIMOTO T., et al. An active role of extratropical sea surface temperature anomalies in determining anomalous turbulent heat flux[J]. Journal of Geophysical Research, 2003, 108(10):3304.

[36] FAIRALL C. W., BRADLEY E. F., ROGERS D. P., et al. Bulk parameterization of air-sea fluxes for tropical ocean-global atmosphere coupled-ocean atmosphere response experiment[J]. Journal of Geophysical Research: Oceans, 1996, 101(C2):3747-3764.

[37] ZHU M., ATKINSON B.. Simulated climatology of atmospheric ducts over the Persian Gulf[J]. Boundary-layer meteorology, 2005, 115(3):433-452.

[38] ATKINSON B W., ZHU M.. Coastal effects on radar propagation in atmospheric ducting conditions[J]. Meteorological Applications, 2006, 13(1):53-62.

第 7 章　蒸发波导中的电磁波传播模型

电磁波在空间的传播遵从麦克斯韦定律。若已知电磁波源特性、传播介质特性和边界条件等，则理论上就可以求解电磁波传播。但是对麦克斯韦方程组求精确解是很困难的，在大多数情况下，只能利用数值方法求解，常用的求解方法有射线追踪模型、抛物方程模型和混合模型。

7.1　射线追踪模型

7.1.1　射线追踪模型简介

电磁波在空间的传播遵从麦克斯韦方程组准则。一旦掌握了空间传播介质的特性、源分布、边界条件等，理论上就可以确定电磁波在连续介质或不连续介质中的传播状况了。但是对麦克斯韦方程组求精确解是很困难的，大多数情况下，只能对其求数值解。传统上使用简化模型来减小计算量，在一定条件下尽可能精确地给出数值解。简化后的模型有蒸发波导模式理论、不考虑后向散射的抛物方程方法和由几何光学演化而来的射线轨迹法等。

通过射线轨迹可以给出电磁波在波导中传播的物理图景，这种方法中没有考虑频率的影响，整个计算过程中没有频率参量。但是，我们知道，蒸发波导层厚度和能够陷获的电磁波波长之间存在着某种关系，即波长越长，越难以被波导层陷获。

7.1.2　射线及几何光学的基本原理

波前是一个等相位面，在高频时，输入各向同性介质的电磁能量是伴随着它的波前沿弯曲路径传播的，而这种弯曲路径处处与波前正交。这种指向波前法线方向的、高度集中的电磁波传播路径称为射线。在均匀介质中这些射线轨迹是一些直线，通常把伴随着波前传播的射线族称为射线的法向线汇。

几何光学方法是一种高频近似方法，它利用射线源的直接入射场及其在两个不同介质的分界面上反射场、折射场或透射场。经典几何光学假设高频电磁场沿满足费马原理的射线轨迹传播，而且在各向同性介质中射线族处处与波前正交。在均匀介质中射线轨迹是直线，但是在两个不同介质的分界面上射线轨迹将按照斯涅尔（Snell）反射和折射定律改变方向，后者又可由费马原理导出。

几何光学场方法还可以麦克斯韦方程组的高频渐近解为基础，这种方法是把电磁场展开成波数为 k 的负幂次级数，该方法是由 Luneberg 和 Kline 提出的。对被射线源（天线）

所照射的理想导电面而言，几何光学方法只能计算射线源的直接入射场和曲面在镜面方向的反射场。

电磁场是矢量场，在利用射线理论求解电磁场时，可遵循高频标量场的求解方法，但必须考虑到极化，即电场方向的影响。可以对高频电磁场给出如下的射线光学表达式：

$$E(r) \sim E(r_i) \sqrt{\frac{n(r_1)\mathrm{d}A(r_2)}{n(r)\mathrm{d}A(r)}} \exp\left[\mathrm{j}k_0 \int_{r_i}^{r} n\mathrm{d}s\right] \bar{\alpha}(r)$$

$$\eta_0 H(r) \sim n(r)\bar{s}(r) \times E(r) \tag{7-1}$$

式中，$\bar{\alpha}(r)$ 表示与电场极化方向平行的单位矢量，$\bar{s}(r)$ 表示射线切向的单位矢量，它们都是空间位置的函数，η_0 是空间波阻抗。

7.1.3 射线追踪模型的推导

为了研究的方便，将大气层假设为均匀的球面分层结构，每层中的折射率 n 随高度呈线性变化，层高远小于地球半径，那么射线轨迹服从斯涅尔定律，即

$$(r_e + h_1)n_1 \cos\theta_1 = (r_e + h_2)n_2 \cos\theta_2 \tag{7-2}$$

式中，θ_1、θ_2 分别是离地球表面高度为 h_1 和 h_2 处的射线的仰角，n_1 和 n_2 是相应高度处的大气折射率，r_e 是地球半径（$r_e = 6370\mathrm{km}$）。经过单个球面分层的射线几何结构如图 7-1 所示。

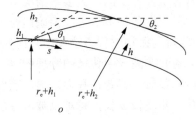

图 7-1　经过单个球面分层的射线几何结构

为了便于描绘射线轨迹，采用修正折射率 M，这样就可以使弯曲的地球模型变成地球平面模型。M 与 n 的关系由下式给出：

$$M = \left(n - 1 + \frac{h}{r_e}\right) 10^6 \tag{7-3}$$

此时，斯涅尔定律可以描述成如下公式：

$$M_1 \cos\theta_1 = M_2 \cos\theta_2 \tag{7-4}$$

那么图 7-1 就可以变为图 7-2 和图 7-3。

当射线追踪模型与距离不相关时，$\mathrm{d}M/\mathrm{d}H_j$ 是第 j 层的修正折射率梯度，表示为

$$\mathrm{d}M/\mathrm{d}H_j = \frac{M_{j+1} - M_j}{H_{j+1} - H_j} \times 10^{-3} \tag{7-5}$$

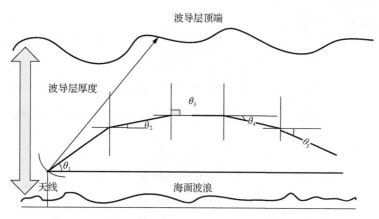

图 7-2　地球平面模型下的多个球面分层的射线几何结构

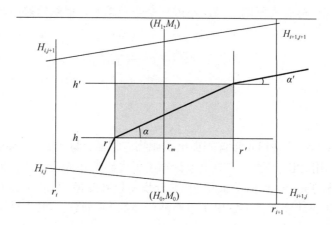

图 7-3　地球平面模型下的单个球面分层的射线几何结构

当射线追踪模型与距离相关时，$\mathrm{d}M / \mathrm{d}H_{i,j}$ 是第 j 层的修正折射率梯度，表示为

$$\mathrm{d}M / \mathrm{d}H_{i,j} = \left(M_1 - M_0\right) / \left(H_1 - H_0\right) \times 10^{-3} \tag{7-6}$$

此时，修正折射率剖面及蒸发波导高度是随着距离的变化而变化的，在步长单位的变化中，上述两者的值的变化可描述为以下方程组：

$$M_0 = M_{i,j} + K\left(M_{i+1,j} - M_{i,j}\right)$$
$$M_1 = M_{i,j+1} + K\left(M_{i+1,j+1} - M_{i,j+1}\right)$$
$$H_0 = H_{i,j} + K\left(H_{i+1,j} - H_{i,j}\right)$$
$$H_1 = H_{i,j+1} + K\left(H_{i+1,j+1} - H_{i,j+1}\right) \tag{7-7}$$

式中，K 是关于曲率半径 r 的函数，定义为 $K = \dfrac{r_m - r_i}{r_{i+1} - r_i}$，下标 i 对应水平剖面，下标 j 对应垂直剖面。在标准大气压下，$K=4/3$。

如果已知 h、h' 高度上的 M_i 和 M_{i+1} 值，以及仰角 α 值且 α 不等于 0，就可以直接计算

出 h' 高度上的仰角 α'，此时，

$$r' = r + \frac{\alpha' - \alpha}{\mathrm{d}M\mathrm{d}h_j} \qquad (7\text{-}8)$$

$$\alpha' = \sqrt{\alpha^2 + 0.002\mathrm{d}M\mathrm{d}h_j(h' - h)} \qquad (7\text{-}9)$$

如果已知步长 $r' - r$ 及仰角 α 的值且 α 不等于 0，就可以直接计算出 h' 高度上的仰角 α'，此时，

$$h' = h + \frac{\alpha'^2 - \alpha^2}{0.002\mathrm{d}M\mathrm{d}h_j} \qquad (7\text{-}10)$$

$$\alpha' = \alpha + (r' - r)\mathrm{d}M\mathrm{d}h_j \qquad (7\text{-}11)$$

在设定大气修正折射率 M 值的分布后，可以根据式（7-8）和式（7-9）对某个起始仰角的射线进行跟踪。分层大气的层高越小或单个步长越小，射线轨迹就越光滑。

7.2 抛物方程模型

7.2.1 抛物方程简介

1946 年，Leontovich 和 Fock 首先提出了抛物方程法，即 PE（Parabolic Equation）方法的思想[1]，他们用 PE 方法非常简单地计算出了电磁波在光滑地表上的绕射传播特性。1973 年，Hardin 和 Tappert 提出了求解 PE 的分步傅里叶变换（Split-step Fourier Transform, SSFT）算法[2]，并成功地用其求解出水下声波传播的 PE 问题。PE 方法真正在电磁学中得到广泛的关注和研究始于 20 世纪 80 年代。1983 年，Ko 等人基于 SSFT 算法，首次用 PE 方法计算不规则传播环境中的场强[3]。1987 年，Dockery 和 Konstanzer 将 PE 方法用于求解对流层中的电磁波传播问题[4]。随后，一大批学者致力于研究求解 PE 的高效数值方法。Dockery、Kuttler 和 Janaswamy 等人研究和发展了 SSFT 算法。Kuttler 和 Dockery 提出了连续傅里叶变换（MFT）的思想[5,6]，极大地提高了 SSFT 算法的效率。在步进求解 PE 时，SSFT 算法的稳定性比较好，求解速度也较快，不足之处是 SSFT 算法不能处理不规则地形边界，而离散匹配傅里叶变换（DMFT）[6,7]恰好能计算不规则地形边界，稳定性也非常好。

从 20 世纪 90 年代开始，Barrios 和 Patterson 领导的美国海军部研究小组就开始研究预测复杂环境下电磁波传播特性的 PE 模型。Barrios 提出了可同时在水平方向和垂直方向对大气折射率进行线性内插的方法[8]，Amalia E. Barrios 编写了地形抛物方程模型（Terrain Parabolic Equation Model, TPEM）的程序代码[9,10]。近年来，随着遥感技术的进步，为满足大规模三维虚拟战场环境电磁态势显示的需要，三维抛物方程模型也成为研究的热点[11]。

7.2.2 抛物方程模型的推导

抛物方程分为窄角抛物方程模型和宽角抛物方程模型，窄角抛物方程模型的传播仰角

在小于±15°时具有较好的精度，而宽角抛物方程的传播仰角在不超过±30°时精确度较高。由于电磁波在发生大气波导传播的过程中，陷获角通常不超过 1°。因此，本章选取窄角抛物方程模型作为电磁波在蒸发波导中的传播模型。图 7-4 为抛物方程模型下近轴方向上的电磁波传播示意[12]。

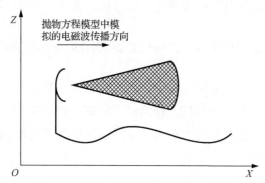

图 7-4　抛物方程模型下近轴方向上的电磁波传播示意

假设在推导过程中的时谐因子为 $e^{-i\omega t}$，在直角坐标系中，二维标量波方程在折射率为 $n(x,z)$ 的各向同性介质中的场 $\psi(x,z)$ 满足下面的亥姆霍兹方程[12]：

$$\frac{\partial^2 \psi}{\partial x^2} + \frac{\partial^2 \psi}{\partial z^2} + k_0^2 n^2 \psi = 0 \tag{7-12}$$

式中，ψ 表示电场或磁场分量，$k_0 = \omega / c$ 是电磁波自由空间波数，$n = n(x,z)$ 是介质的折射率，x 和 z 分别表示地表面的水平距离和距离地表面的高度。设式（7-12）具有下面形式的解：

$$\psi(x,z) = u(x,z)e^{-ik_0 x} \tag{7-13}$$

将式（7-13）代入式（7-12）中，经过化简可得到下面的抛物方程：

$$\frac{\partial^2 u}{\partial x^2} + \frac{\partial^2 u}{\partial z^2} + 2ik_0 \frac{\partial u}{\partial x} + k_0^2 \left(n^2 - 1\right) u = 0 \tag{7-14}$$

式（7-14）可以分解为

$$\left[\frac{\partial}{\partial x} + ik_0(1-Q)\right] \cdot \left[\frac{\partial}{\partial x} + ik_0(1+Q)\right] u = 0 \tag{7-15}$$

式中，Q 是伪微分算子，可表示为

$$Q[Q(u)] = \frac{1}{k_0^2} \frac{\partial^2 u}{\partial z^2} + n^2 u \tag{7-16}$$

形式上定义平方根函数：

$$Q = \sqrt{\frac{1}{k_0^2} \frac{\partial^2 u}{\partial z^2} + n^2 u} \tag{7-17}$$

式（7-15）代表一个前向传播的电磁波方程解和一个后向传播的电磁波方程解，因此可以把式（7-15）写成下面的两个方程：

$$\frac{\partial u}{\partial x} = -\mathrm{i}k_0(1-Q)u \tag{7-18}$$

$$\frac{\partial u}{\partial x} = -\mathrm{i}k_0(1+Q)u \tag{7-19}$$

其中，式（7-18）代表前向传播的电磁波方程，而式（7-19）代表后向传播的电磁波方程。

本章仅讨论前向传播的电磁波，即仅讨论式（7-18）对应的抛物方程的解，其解具有下面的形式：

$$u(x_0 + \Delta x, z) = \mathrm{e}^{\mathrm{i}k\Delta x(Q-1)} u(x_0, z) \tag{7-20}$$

抛物方程的建立是一个近似过程，根据式（7-20）中伪微分算子 Q 的不同近似值，可以得到不同传播仰角下的抛物方程的形式。下面根据传播仰角大小的不同，分别建立窄角抛物方程和宽角抛物方程。

1. 窄角抛物方程的建立

为方便起见，令 $A = (1/k_0^2)(\partial^2/\partial z^2)$，$B = n^2 - 1$，$Z = A + B$。窄角抛物方程[13]对应的 Q 可以写为

$$Q = \sqrt{1+Z} \tag{7-21}$$

对式（7-21）进行泰勒级数展开：

$$\sqrt{1+Z} = 1 + \frac{Z}{2} + \frac{Z^2}{8} + \cdots \tag{7-22}$$

由于窄角抛物方程只需要保留泰勒级数的前两项，因此可得

$$Q = 1 + \frac{Z}{2} = 1 + \frac{1}{2}(n^2 - 1) + \frac{1}{2k_0^2}\frac{\partial^2}{\partial z^2} \tag{7-23}$$

将 Q 代入式（7-18）中，可以得到下面的标准窄角抛物方程：

$$\frac{\partial u(x,z)}{\partial x} = \frac{\mathrm{i}k_0}{2}\left[\frac{1}{k_0^2}\frac{\partial^2}{\partial z^2} + n^2 - 1\right]u(x,z) \tag{7-24}$$

2. 宽角抛物方程的建立

宽角抛物方程中 Q 的近似方法有很多[11,14]，包括 Tappert 近似法、Pade 近似法[15]以及 Feit-Fleck 近似法等，目前使用最广泛的是 Feit-Fleck 近似法。因此，本章以 Feit-Fleck 近似法为例建立宽角抛物方程。

宽角抛物方程对应的 Q 可表示为

$$Q = \sqrt{1+Z} = \sqrt{1+A+B} \approx \sqrt{1+A} + \sqrt{1+B} - 1 \tag{7-25}$$

将式（7-25）代入式（7-18）中，可以得到 Feit-Fleck 型宽角抛物方程：

$$\frac{\partial u(x,z)}{\partial x} = \mathrm{i}k_0\left[\sqrt{1 + \frac{1}{k_0^2}\frac{\partial^2}{\partial z^2}} - 1\right]u(x,z) + \mathrm{i}k_0[n(x,z)-1]u(x,z) \tag{7-26}$$

7.2.3　抛物方程的解法

1. 抛物方程的分步傅里叶解法

在式（7-24）的基础上引入两个算子[13]：

$$A_1 = \frac{\mathrm{i}k_0}{2}\left[n^2(x,z)-1\right] \qquad B_1 = \frac{\mathrm{i}}{2k_0}\frac{\partial^2}{\partial z^2} \tag{7-27}$$

将式（7-27）代入式（7-24）中，可以得到下面的形式：

$$\frac{\partial u}{\partial x} = (A_1 + B_1)u = U(x,z)u \tag{7-28}$$

式（7-28）的解可以表示为

$$u(x,z) = \exp\left[\int_{x_0}^{x_0+\Delta x} U(x,z)\mathrm{d}x\right] u(x_0,z) \approx \exp(\bar{U}\Delta x)u(x_0,z) \tag{7-29}$$

上式中的 $U(x,z)$ 在积分区域 Δx 上的积分用 $\bar{U}$ 代替。

把指数算子 $\exp\left[(A_1+B_1)\Delta x\right]$ 展开成下面的形式：

$$\mathrm{e}^{(A_1+B_1)\Delta x} = \mathrm{e}^{A_1\Delta x}\mathrm{e}^{B_1\Delta x} \tag{7-30}$$

式（7-30）只有在 $A_1B_1 = B_1A_1$ 的情况下才成立，将式（7-27）和式（7-30）代入式（7-29）中可以得到

$$u(x,z) = \exp\left[\mathrm{i}\frac{k_0}{2}\left(n^2-1\right)\Delta x\right]V(x_0,z) \tag{7-31}$$

式中，

$$V(x_0,z) = \mathrm{e}^{B_1\Delta x}u(x_0,z) \tag{7-32}$$

对指数算子 $\exp(B_1\Delta x)$ 进行幂级数展开：

$$
\begin{aligned}
V(x_0,z) &= \left[1 + \Delta x B_1 + \frac{(\Delta x)^2}{2}B_1B_1 + \cdots\right]u(x_0,z) \\
&= \left\{1 + \frac{\mathrm{i}\Delta x}{2k_0}\frac{\partial^2}{\partial z^2} + \frac{1}{2}\left[\frac{\mathrm{i}\Delta x}{2k_0}\right]^2\frac{\partial^4}{\partial z^4} + \cdots\right\}u(x_0,z)
\end{aligned} \tag{7-33}
$$

对式（7-33）等号两边进行傅里叶变换可以得到：

$$
\begin{aligned}
F\left[V(x_0,z)\right] &= \left[1 - \frac{\mathrm{i}\Delta x}{2k_0}p^2 + \frac{1}{2}\left(\frac{\mathrm{i}\Delta x}{2k_0}\right)^2 p^4 + \cdots\right]F\left[u(x_0,z)\right] \\
&= \mathrm{e}^{-\frac{\mathrm{i}\Delta x}{2k_0}p^2}F\left[u(x_0,z)\right]
\end{aligned} \tag{7-34}
$$

式中，p 是傅里叶变换的变量。

对式（7-34）进行逆傅里叶变换，得到 $V(x_0,z)$ 的解：

$$V(x_0,z) = F^{-1}\left\{ e^{-\frac{i\Delta x}{2k_0}p^2} F[u(x_0,z)] \right\} \qquad (7\text{-}35)$$

将式（7-35）代入式（7-31）中，得到抛物方程的分步傅里叶解，即

$$u(x_0+\Delta x,z) = e^{\left(\frac{ik_0}{2}\right)\left[n^2(x,z)-1\right]\Delta x} F^{-1}\left\{ e^{-\frac{i\Delta x}{2k_0}p^2} F[u(x_0,z)] \right\} \qquad (7\text{-}36)$$

根据折射率与修正折射率之间的关系，窄角抛物方程的分步傅里叶解又可表示为

$$u(x_0+\Delta x,z) = e^{\left[ik_0\Delta x M(x,z)10^{-6}\right]} F^{-1}\left\{ e^{-\frac{i\Delta x}{2k_0}p^2} F[u(x_0,z)] \right\} \qquad (7\text{-}37)$$

相应的宽角抛物方程的解可以表示为

$$u(x_0+\Delta x,z) = e^{\left[ik_0\Delta x M(x,z)10^{-6}\right]} F^{-1}\left\{ e^{\left[-i\Delta x\left(\sqrt{k_0^2-p^2}-k_0\right)\right]} F[u(x_0,z)] \right\} \qquad (7\text{-}38)$$

式中，F 和 F^{-1} 分别代表傅里叶变换和逆傅里叶变换，$p=k_0\sin\theta$，θ 是传播方向和水平面之间的夹角。k_0 为电磁波自由空间波数，Δx 为水平方向的步长，$u(x_0,z)$ 为初始场分布。

定义傅里叶变换为

$$U(x,p) = F[u(x,z)] = \int_{-z_{\max}}^{z_{\max}} u(x,z)e^{-ipz}dz \qquad (7\text{-}39)$$

$$u(x,z) = F^{-1}[U(x,p)] = \frac{1}{2\pi}\int_{-p_{\max}}^{p_{\max}} U(x,p)e^{-ipz}dp \qquad (7\text{-}40)$$

由于傅里叶变换是一个连续的变换，在计算过程中需要采用快速傅里叶变换计算一定区域内的场分布，因此，定义了式（7-39）和式（7-40）的带宽限制下傅里叶变换，在计算过程中 $p_{\max}$ 和 $z_{\max}$ 满足下面的关系[9]：

$$p_{\max}z_{\max} = N\pi \qquad (7\text{-}41)$$

式中，N 是离散傅里叶变换的点数。

在计算过程中，可以根据不同边界条件，使用上半空间的正弦变换或余弦变换代替傅里叶变换。

2. 阻抗边界的离散匹配傅里叶解法

上面介绍的分步傅里叶解法虽然在理想导体情况下可以得到令人满意的结果，但是其难以处理阻抗边界条件下的场分布，而且计算速度慢，严重影响反演速度。下面详细介绍可以用于处理复杂阻抗边界条件的离散匹配傅里叶解法（Discrete Match Fourier Transform, DMFT）[11]，海面的阻抗边界条件可以表示为

$$\frac{\partial u(x,z)}{\partial z}\bigg|_{z=0} + \alpha u(x,z)\big|_{z=0} = 0 \qquad (7\text{-}42)$$

其中 α 反映了海面的阻抗特性，可表示为

$$\alpha = \mathrm{i}k_0 \sin\theta_i \left(\frac{1-\varGamma}{1+\varGamma}\right) \tag{7-43}$$

式中，$\varGamma$ 是菲涅尔反射率，k_0 是电磁波自由空间波数，θ_i 是第 i 个步长上的掠射角。菲涅尔反射率的公式为

$$\varGamma_\mathrm{H} = \frac{\sin\theta - \sqrt{\varepsilon_r - \cos^2\theta}}{\sin\theta + \sqrt{\varepsilon_r - \cos^2\theta}} \qquad \varGamma_\mathrm{V} = \frac{\varepsilon_r \sin\theta - \sqrt{\varepsilon_r - \cos^2\theta}}{\varepsilon_r \sin\theta + \sqrt{\varepsilon_r - \cos^2\theta}} \tag{7-44}$$

下标 H 和 V 分别代表水平极化和垂直极化；ε_r 为海面的相对复介电常数，由下式计算：

$$\varepsilon_\mathrm{r} = \frac{\varepsilon_\mathrm{s}}{\varepsilon_0} + \mathrm{i}\frac{\sigma}{\omega\varepsilon_0} \tag{7-45}$$

式中，ε_s 和 σ 分别为海面的介电常数和电导率，ε_0 为真空中的介电常数。

当研究光滑海面时，式（7-43）可简化为

$$\alpha = \begin{cases} \mathrm{i}k_0\sqrt{\varepsilon_\mathrm{r} - \sin^2\theta_i}\,/\,\varepsilon_\mathrm{r} & \text{垂直极化} \\ \mathrm{i}k_0\sqrt{\varepsilon_\mathrm{r} - \sin^2\theta_i} & \text{水平极化} \end{cases} \tag{7-46}$$

本节中最大传播仰角约为 $0.8°$，因此 $\theta_i \approx 90°$，$\sin\theta_i \approx 1$。式（7-46）变为

$$\alpha = \begin{cases} \mathrm{i}k_0\sqrt{\varepsilon_\mathrm{r} - 1}\,/\,\varepsilon_\mathrm{r} & \text{垂直极化} \\ \mathrm{i}k_0\sqrt{\varepsilon_\mathrm{r} - 1} & \text{水平极化} \end{cases} \tag{7-47}$$

在研究粗糙海面上的电磁波传波播问题时，掠射角是随距离而变化的，确定每个步长的掠射角成为关键。掠射角的计算一般采用几何光学法或谱估计法，而几何光学只能计算大的掠射角或简单的大气分布，本章进行数值模拟时采用谱估计法[17]计算掠射角。

考虑粗糙海面的反射，这里采用 Miller-Brown 模型计算菲涅尔反射系数。Miller-Brown 模型实际上是基尔霍夫近似的一种特例。对粗糙海面，Miller-Brown 模型定义的有效反射系数为

$$\varGamma_\mathrm{e} = \rho\varGamma \tag{7-48}$$

式中，$\varGamma$ 是菲涅尔反射系数。ρ 是粗糙度修正因子，定义为

$$\rho = \exp\left(-0.5\left(2k_0 h_\mathrm{e} \sin\theta\right)^2\right) I_0\left(0.5\left(2k_0 h_\mathrm{e} \sin\theta\right)^2\right) \tag{7-49}$$

式中，I_0 是零阶第一类修正贝塞尔方程。h_e 是表面的均方根（rms）高度偏差。本质上是瑞利粗糙度参量。Ament 模型的粗糙度修正因子为 $2k_0 h_\mathrm{e} \sin\theta$，Miller-Brown 模型是对 Ament 模型的修正。对于菲利普分布，h_e 被定义为

$$h_\mathrm{e} = 0.0051 U_{10}^{\,2} \tag{7-50}$$

式中，U_{10} 是距离海面 10 m 高处的风速。

引入如下辅助函数：

$$w(z) = \frac{\partial u(x,z)}{\partial z} + \alpha u(x,z), \qquad 0 \leqslant z \leqslant \infty \tag{7-51}$$

根据式（7-42），$z = 0$ 时，$w(z) = 0$（狄里赫利边界条件），场分量为 $u(x,z)$ 的电磁波

在阻抗边界上的传播就等效于场分量为 $w(z)$ 的水平极化波在光滑良导体（PEC）平面上的传播。因此，对 $w(z)$ 进行正弦变换就等效于对阻抗边界上的场 $u(x,z)$ 进行傅里叶变换，对 $w(z)$ 进行离散正弦变换，可以得到

$$F_s[w(z)] = U(p) = \int_0^\infty w(z)\sin pz\,dz \qquad (7\text{-}52)$$

将（7-51）代入（7-52）式中并利用分部积分法得到 $u(z)$ 的匹配傅里叶变换（MFT），考虑到 $\lim_{z\to\infty}[u\sin pz] = 0$，则有

$$U(p) = \int_0^\infty u(z)[\alpha\sin pz - p\cos pz]\,dz \qquad (7\text{-}53)$$

其逆变换（IMFT）可表示为

$$u(z) = Ke^{-i\alpha z} + \frac{2}{\pi}\int_0^\infty U(p)\frac{\alpha\sin pz - p\cos pz}{\alpha^2 + p^2}\,dp \qquad (7\text{-}54)$$

其中，

$$K = \begin{cases} 2\alpha\int_0^\infty u(z)e^{-i\alpha z}, & \text{Re}(\alpha) > 0 \\ 0, & \text{Re}(\alpha) \leqslant 0 \end{cases} \qquad (7\text{-}55)$$

式（7-55）中，当 $\text{Re}(\alpha) \leqslant 0$ 时，表示水平极化；当 $\text{Re}(\alpha) > 0$ 时，表示垂直极化。将式（7-53）应用到式（7-37）中，并将其中的折射率看成常数，利用分步积分法，可以得到下面的窄角抛物方程的匹配傅里叶变换形式：

$$u(x+x_0,z) = e^{ik_0\Delta x(n^2-1)/2}\left\{ e^{i\alpha^2\Delta x/2k_0}e^{-i\alpha z}K(x_0) + \frac{2}{\pi}\int_0^\infty \frac{\alpha\sin(pz) - p\cos(pz)}{\alpha^2 + p^2} \cdot \right.$$
$$\left. e^{\frac{ip^2\Delta x}{2k_0}} \cdot \int_0^\infty u(x_0,z')\left[\alpha\sin(pz') - p\cos(pz')\right]dz'dp \right\} \qquad (7\text{-}56)$$

式（7-56）可通过离散正余弦变换表示为

$$u(x+x_0,z) = e^{ik_0\Delta x(n^2-1)/2}\left\{ e^{i\alpha^2\Delta x/2k_0}e^{-i\alpha z}K(x_0) \right.$$
$$\left. + \frac{2}{\pi}F_s\left[\frac{\alpha}{\alpha^2+p^2}\cdot e^{ip^2\Delta x/2k_0}U(x,p)\right] - \frac{2}{\pi}F_c\left[\frac{p}{\alpha^2+p^2}e^{ip^2\Delta x/2k_0}U(x,p)\right] \right\} \qquad (7\text{-}57)$$

其中，

$$U(x,p) = \alpha F_s\left[e^{ik_0\Delta x(n^2-1)/2}u(x,z)\right] - pF_c\left[e^{ik_0\Delta x(n^2-1)/2}u(x,z)\right] \qquad (7\text{-}58)$$

式（7-57）中，F_s 和 F_c 分别为正弦变换和余弦变换，它们分别被定义为

$$F_s[u(x,z)] = \int_0^\infty u(x,z)\sin pz\,dz \qquad (7\text{-}59)$$

$$F_c[u(x,z)] = \int_0^\infty u(x,z)\cos pz\,dz \qquad (7\text{-}60)$$

在计算机仿真过程中，必须采用数值方法进行求解。为方便求解以及保证求解过程数

值结果的稳定性，采用离散正余弦变换对式（7-54）进行离散，得到下面的离散匹配傅里叶变换对，即

$$U(x, j\Delta p) = \sum_{m=0}^{N} u(x, m\Delta z) \left[\alpha \sin\left(\frac{jm\pi}{N}\right) - \frac{\sin(\pi j / N)}{dz} \cos\left(\frac{jm\pi}{N}\right) \right], \qquad j = 0:N \qquad (7\text{-}61)$$

$$u(x, m\text{dz}) = \frac{2}{N} \sum_{j=0}^{N} u(x, j\text{dz}) \frac{\alpha \sin\left(\frac{\pi jm}{N}\right) - \left(\frac{1}{dz}\right)\sin\left(\frac{\pi j}{N}\right)\cos\left(\frac{\pi jm}{N}\right)}{\alpha^2 + \left[\left(\frac{1}{dz}\right)\sin\left(\frac{\pi j}{N}\right)\right]^2} + C_1 r^m + C_2 r^{N-m}, \quad m = 0:N$$

$$(7\text{-}62)$$

对上式中的系数 $C_1(x)$ 和 $C_2(x)$，可通过每个步长的场分布，把它们表示为下面的形式：

$$C_1(x) = a \sum_{m=0}^{N} u(m\Delta z) r^m \tag{7-63}$$

$$C_2(x) = a \sum_{m=0}^{N} u\big[(N-m)\cdot\Delta z\big](-r)^{N-m} \tag{7-64}$$

其中，

$$a = \frac{2\left(1-r^2\right)}{\left(1+r^2\right)\left(1-r^{2N}\right)} \tag{7-65}$$

r 是和极化特性及高度间隔 Δz 有关的一个量，它是二次方程的根：

$$r^2 + 2r\alpha\Delta z - 1 = 0 \tag{7-66}$$

在水平极化和垂直极化时，r 可以分别表示为

$$r_{\text{H}} = -\sqrt{1+(\alpha\Delta z)^2} - \alpha\Delta z \tag{7-67}$$

$$r_{\text{V}} = \sqrt{1+(\alpha\Delta z)^2} - \alpha\Delta z \tag{7-68}$$

由于式（7-61）和式（7-62）在求解的过程中，需要进行离散正弦变换和离散余弦变换，因此运算量比较大，可以引入阻抗边界条件的差分形式。1996 年，Dockery 和 Kutter 给出了中心差分格式；2002 年，Kutter 从理论上说明了中心差分格式在 $\alpha \to 0$ 时会引起解的不稳定。因此，选择后向差分格式对阻抗边界条件进行离散：

$$w(m\text{dz}) = \frac{u(m\text{dz}) - u[(m-1)\text{dz}]}{dz} + \alpha u(m\text{dz}), \quad m = 1:(N-1) \tag{7-69}$$

式中，$w(0) = w(N\text{dz}) = 0$，N 表示高度方向上场离散点数，dz 是高度方向上的步长。令 $r = (1+\alpha\text{dz})^{-1}$，则式（7-69）可以写成

$$r\text{dz}w(m\text{dz}) = u(m\text{dz}) - ru[(m-1)\text{dz}], \quad m = 1:(N-1) \tag{7-70}$$

选择后向差分格式的优点是，它仅仅是一阶差分方程，在最后求解场分布的过程中，只需要一个齐次方程的通解，而中心差分格式需要求解两个齐次方程的通解。因此，相比较而言，后向差分格式在求解过程中的运算量小一些。

首先对式（7-69）进行离散正弦变换（Discrete Sine Transform, DST）：

$$W(j\mathrm{d}p) = \sum_{m=1}^{N-1} w(m\mathrm{d}z)\sin\left(\frac{jm\pi}{N}\right), \qquad j = 0:N \tag{7-71}$$

为了能够根据式（7-71）求得每个步长的场分布 u，必须根据逆离散正弦变换（Inverse Discrete Sine Transform, IDST）算法得到 w，即

$$w(j\mathrm{d}p) = \frac{2}{N}\sum_{j=0}^{N-1} W(j\mathrm{d}p)\sin\left(\frac{jm\pi}{N}\right), \qquad m = 0:N \tag{7-72}$$

为了得到场分布的表达式，必须得到微分方程式（7-69）的解。由于它是一个非齐次方程，根据微分方程理论，场分布的表达式可以表示成非齐次方程的一个特解和齐次方程的通解的线性组合，即

$$u(m\mathrm{d}z) = u_{\mathrm{p}}(m\mathrm{d}z) + C_{\mathrm{b}}r^m \tag{7-73}$$

令 $u(0)=0$，则可以通过下面的迭代公式求得 $m = 1, 2, \cdots N-1$ 的场分布特解：

$$u_{\mathrm{p}}(m\mathrm{d}z) = r\mathrm{d}zw(m\mathrm{d}z) - ru[(m-1)\mathrm{d}z] \tag{7-74}$$

系数 C_{b} 可以通过下面的关系得到

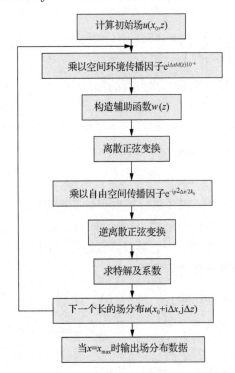

$$C_{\mathrm{b}} = A - \sum_{m=0}^{N} u_{\mathrm{p}}(m\mathrm{d}z)r^m \tag{7-75}$$

$$A(x+\mathrm{d}x) = A(x)\exp\left[\frac{\mathrm{i}\mathrm{d}x}{2k_0}\left(\frac{\lg r}{\mathrm{d}z}\right)^2\right] \tag{7-76}$$

$$A = \sum_{m=0}^{N} u(m\mathrm{d}z)r^m \tag{7-77}$$

图 7-5 为利用离散匹配傅里叶解法求解抛物方程的流程图，从图中可以看出，抛物方程的逆离散匹配傅里叶解法（Inverse Discrete Match Fourier Transform, IDMFT）求解过程主要包括以下 5 个重要步骤：

（1）计算初始场分布 $u(x_0, z)$。

（2）将初始场 $u(x_0, z)$ 乘以环境传播因子 $\mathrm{e}^{\mathrm{i}k_0\Delta xM(x,z)10^{-6}}$，根据阻抗边界构造离散辅助函数 $w(x, m\Delta z)$ 并计算系数 $A(x)$。

（3）对离散辅助函数 $w(x, m\Delta z)$ 进行

图 7-5　利用离散匹配傅里叶解法求解抛物方程的流程图

离散正弦变换并把它乘以自由空间传播因子 $\mathrm{e}^{\mathrm{i}p^2\Delta x/2k_0}$，得到下一步的 $W(x+\Delta x, j\Delta p)$，对其进行逆离散正弦变换得到 $w(x+\Delta x, m\Delta z)$。

第 7 章　蒸发波导中的电磁波传播模型

（4）利用式（7-74）和式（7-75）分别计算特解 $u_{\mathrm{p}}(x+\Delta x, m\Delta z)$ 和 C_{b}，可得到场分布 $u(x_0+\Delta x)$。

（5）重复上述过程，可得到 $u(x_0+2\Delta x)$，$u(x_0+3\Delta x)$，$u(x_0+4\Delta x)$，…。

7.2.4　边界条件、初始场及电磁波传播路径损失

1. 截断边界条件

对基于 PE 方法的传播模型来说，传播区域的下边界为物理界面，即地面和空气的分界面，该分界面常用阻抗边界条件来表示。传播区域的上边界在无穷高处，场在上边界满足索末菲（Sommerfeld）辐射条件。计算机内存总是有限的，为模拟开放性电磁辐射问题必须对计算空间进行截断。因此，上边界是一个虚拟的计算分界面，它一定是透明的，使来自下边界的能量溢出到无穷高处。截断边界人为地增加了电磁波的反射，为减小或消除这种非物理性反射，一个简单的方法是给截断边界处的场附加一种条件，使得入射到该边界上的电磁波好像被吸收了一样，不产生明显的反射，这种附加的条件被称为吸收边界条件。

在本章的 PE 方法传播模拟中，以截断高度作为最大计算高度 $z_{\max}$，然后在该高度下方附加一个薄的吸收层，一个滤波器放在该层中，用于吸收从传播区域顶部向下反射的能量，从而使场在吸收层中能平稳衰减，这等同于给折射指数增加了一个虚部，因此使吸收层的传播介质为有损介质。虽然这个方法并没有完全消除反射，但很容易使场强幅度减小到进入吸收层之前的 10^{-5}。本章采用文献[9]中的设置方法，在吸收层中使用一个余弦锥度（Cosine-taper）Tukey 窗函数，该函数的表达式为

$$W(z)=\begin{cases}1, & 0\leqslant z\leqslant \dfrac{3}{4}z_{\max}\\[2mm]\dfrac{1}{2}+\dfrac{1}{2}\cos\left[4\pi\left(z-\dfrac{3}{4}z_{\max}\right)/z_{\max}\right], & \dfrac{3}{4}z_{\max}\leqslant z\leqslant z_{\max}\end{cases} \tag{7-78}$$

从初始距离开始，在每个步长的 z 空间和 p 空间中，计算出的场强分布都要乘以 $W(z)$。其物理意义如下：在 $0\sim 3z_{\max}/4$ 的高度范围内，场强幅度保持原来的大小；在 $3z_{\max}/4\sim z_{\max}$ 的高度范围内，场强幅度按 $W(z)$ 所限制的规律平滑地衰减到零，即在最大高度处场被完全吸收。在 SSFT 算法中，z 是离散化处理的，$z_{\max}=N_{\mathrm{FFT}}\Delta z$，$\Delta z$ 为高度上离散点的间距，N_{FFT} 为分步傅里叶变换（Fractional Fourier Transform, FFT）的尺度。

2. 初始场

抛物方程的求解是一个初始值问题，由 7.2.3 节介绍的抛物方程的求解过程可以看出，无论是利用分步傅里叶解法还是离散匹配傅里叶解法求解抛物方程，必须给一个准确的初始值，才能准确地计算在不同传播区域的场分布。因此，初始场的求解对抛物方程的求解至关重要。本节就抛物方程的初始场的求解进行简要的分析。目前，求解初始场的方法主要有两种：一种是利用天线方向图和场分布之间满足的傅里叶变换关系以及镜像原理来求

解初始场[8,9]，另一种是利用格林函数求解抛物方程的初始场[12,18]。下面介绍第一种方法。

设 $U(p)$ 为天线方向图，$u(z)$ 为初始场分布，它们之间满足傅里叶变换的关系[9]：

$$u(z) \xleftrightarrow{\quad F \quad} U(p) \tag{7-79}$$

初始场分布可以通过天线方向图 $U(p)$ 的逆傅里叶变换得到，即

$$u(z) = \frac{1}{2\pi} \int_{-\infty}^{\infty} U(p) \mathrm{e}^{ipz} \mathrm{d}p \tag{7-80}$$

考虑天线仰角对初始场分布的影响，利用傅里叶变换的位移性质，则天线方向图变为

$$U_1(p) = U_1(p - p_\theta) = \int_{-\infty}^{\infty} u(z) \mathrm{e}^{ip_\theta z} \mathrm{e}^{-ipz} \mathrm{d}z \tag{7-81}$$

式中，$p_\theta = k_0 \sin \theta_0$，$\theta_0$ 为天线仰角。

同样，利用傅里叶变换的位移性质，可以考虑不同天线高度 z_a 对初始场分布的影响。

为满足不同边界条件，根据镜像原理，第一类边界条件（狄里赫利边界条件）满足奇对称条件。此时，天线方向图可以表示为

$$U_H = U_1(p) \mathrm{e}^{-ipz_\mathrm{a}} - U_1(-p) \mathrm{e}^{ipz_\mathrm{a}} \tag{7-82}$$

同理，第二类边界条件，即诺伊曼边界条件，满足偶对称条件。此时，天线方向图可以表示为

$$U_V = U_1(p) \mathrm{e}^{-ipz_\mathrm{a}} + U_1(-p) \mathrm{e}^{ipz_\mathrm{a}} \tag{7-83}$$

式（7-82）和式（7-83）分别表示傅里叶变换空间的初始场分布，根据不同的边界条件通过正弦变换和余弦变换即可求得初始场。其中，下标 H 和 V 分别代表水平极化和垂直极化。

利用格林函数以及近远场变换求得的初始场分布如下：

$$U(p) = \frac{\sqrt{\cos \theta}}{\sqrt{2\pi}} \mathrm{e}^{-i\pi/4} \int_{-\infty}^{\infty} u(0, z) \mathrm{d}z \tag{7-84}$$

初始场分布可以通过傅里叶变换表示，即

$$u(0, z) = \sqrt{2\pi} \mathrm{e}^{i\pi/4} \int_{-\infty}^{\infty} \frac{U(p)}{\sqrt{\cos \theta}} \mathrm{e}^{ipz} \mathrm{d}z \tag{7-85}$$

对窄角抛物方程而言，$\theta < 15°$，则有

$$\frac{U(p)}{\sqrt{\cos \theta}} \sim U(p) \tag{7-86}$$

因此，式（7-85）又可以写为

$$u(0, z) = \sqrt{2\pi} \mathrm{e}^{i\pi/4} \int_{-\infty}^{\infty} U(p) \mathrm{e}^{ipz} \mathrm{d}z \tag{7-87}$$

结合镜像原理和傅里叶变换的位移性质，初始场的表达式可以写成

$$u_H(0, z) = 2i\sqrt{2\pi} \mathrm{e}^{i\pi/4} \int_0^{\infty} \left[U(p) \mathrm{e}^{-ipz_\mathrm{a}} - U(-p) \mathrm{e}^{ipz_\mathrm{a}} \right] \sin(pz) \mathrm{d}p \tag{7-88}$$

$$u_V(0, z) = 2\sqrt{2\pi} \mathrm{e}^{i\pi/4} \int_0^{\infty} \left[U(p) \mathrm{e}^{-ipz_\mathrm{a}} + U(-p) \mathrm{e}^{ipz_\mathrm{a}} \right] \cos(pz) \mathrm{d}p \tag{7-89}$$

常见的天线类型主要有高斯天线、全向天线。由于高斯天线具有很好的方向性，因此本章选取高斯天线作为发射源。天线方向图的表达式为

$$U(p) = e^{-p^2\omega^2/4} \tag{7-90}$$

$$\omega = \frac{\sqrt{2\ln 2}}{k_0 \sin\dfrac{\theta_{bw}}{2}} \tag{7-91}$$

其中，θ_{bw} 是 3dB 波束宽度，在此设为 $10°$。发射天线的仰角为 $0°$。图 7-6 是高斯天线垂直极化且安装在 10m 高度时产生的初始场。

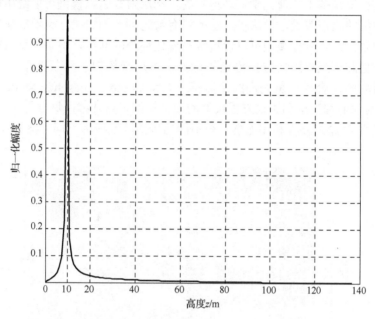

图 7-6　高斯天线在垂直极化且安装 10 m 高度时产生的初始场

3. 波导中的电磁波传播损失

在空间直角坐标系中需确定衰减因子 A，衰减因子反映了海表反射、大气折射、大气散射等因素的影响。由电磁波传播基本理论可知，衰减因子表示实际环境导致的电磁波单程传播衰减程度。利用相对于自由空间的传播损失，衰减因子 A 表示如下：

$$A = 20\log\frac{|E|}{|E_0|} \tag{7-92}$$

式中，E、E_0 分别为接收点场强和自由空间接收点的场强。

基于抛物方程，蒸发波导中电磁波衰减因子可用下式确定：

$$A = \sqrt{x}\,|u(x,z)| \tag{7-93}$$

式中，x 是发射天线和接收点之间的距离，z 是接收点距离水平面之间的距离。

设传播损失为 L、自由空间的传播损失为 L_{fs}，则有

$$L = L_{fs} + A \tag{7-94}$$

根据电磁波工程理论可知，

$$L_{fs} = 32.45 + 20\log f + 20\log r \tag{7-95}$$

式中，f 为频率，单位是 MHz，r 为发射天线和接收天线之间的距离，单位是 km。

7.3 混合模型

射线追踪模型是基于几何光学原理得到的，利用射线追踪模型可以给出电磁波在蒸发波导中前向传播的物理图景，但这种方法既没有考虑频率的影响，也不能解决辐射源在波导外的传播问题。抛物方程模型可以模拟水平变化环境的问题，但是计算量较大。混合模型集合了射线追踪模型和抛物方程模型的优点，可用于模拟各种复杂条件下电磁波传播的问题。最常用的混合模型就是高级传播模型（Advanced Propagation Model, APM）[19-21]。APM 模型是射线追踪模型和抛物方程模型的混合模型，将传播区域分为 4 个部分：平坦地球、射线光学、抛物方程和超光学，在不同的传播区域使用不同的模型求解，如图 7-7 所示。

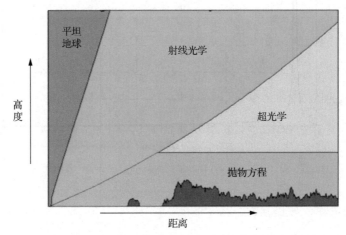

图 7-7　APM 区域划分示意图

本 章 小 结

本章主要介绍电磁波传播理论的射线追踪模型、抛物方程模型和混合模型。首先，对射线追踪模型进行了介绍和推导，其次，着重介绍了抛物方程法，先从二维抛物方程的建立过程推导了窄角抛物方程和宽角抛物方程，推导了抛物方程的分步傅里叶解法和离散匹配傅里叶解法，抛物方程法是一初始边界问题。描述了抛物方程的初始场和边界条件，并给出了利用场分布计算传播损失的计算公式。最后，介绍了混合模型的理论和方法。

本章参考文献

[1] LEONTOVICH M A, AND FOCK V A. Solution of propagation of electromagnetic waves along the Earths' surface by the method of parabolic equations. J. Phys. USSR. 1946, 10 (2). pp. 13-23.

[2] HARDIN R H, TAPPERT F D. Application of the split-step Fourier method to the numerical solution of nonlinear and variable coefficient wave equations. SIAM Rev. 1973, 15. pp. 429-435.

[3] KO H W, SARI J W, SKURA J P. Anomalous wave propagation through atmospheric ducts. John Hopkins APL Tech. Dig. 1983, 4(2). pp. 12-26.

[4] DOCKERY G D, and KONSTANZER G C. Recent advance in prediction of tropospheric propagation using the parabolic equation. John Hopkins APL Tech. Dig. 1987, 8(4). pp. 404-412.

[5] KUTTLER R, and DOCKEY G. Theoretical description of parabolic approximation / Fourier split-step method of representing electromagnetic propagation in the troposphere. Radio Science. 1991, 26(2). pp. 381-393.

[6] DOCKEY G D, and KUTTLER J R. An improved impedance boundary algorithm for Fourier split-step solutions of the parabolic wave equation. IEEE Trans. on AP. 1996, 44 (12). pp. 1592-1599.

[7] KUTTLER J R. Improved Fourier transform methods for solving the parabolic wave equation. Radio Science. 2002, 37(2). pp. 5-1-5-11.

[8] BARRIOS A E. Parabolic equation modeling in horizontally inhomogeneous environments. IEEE Trans. Antennas Propagat. 1992, 40(7). pp. 791-797.

[9] BARRIOS A E. A terrain parabolic equation model for propagation in the troposphere. IEEE Trans. Antennas Propagat. 1994, 42(1). pp. 90-98.

[10] BARRIOS A E. Terrain parabolic equation model(TPEM)version 1. 5. Proc. Naval Command Control and Ocean Surveillance Center, RDT&E Divison, td. 2898, 1996.

[11] 胡绘斌. 预测复杂环境下电波传播特性的算法研究. 国防科技技术大学博士论文, 2006.

[12] LEVY M F. Parabolic equation methods for electromagnetic wave propagation. London: IEEE Press, 2000.

[13] AKBARPOUR R, and WEBSTER A R. Ray-tracing and parabolic equation methods in the modeling of a tropospheric microwave link. IEEE Transactions on Antennas and Propagation, 2005, 53(11): 3785-3791.

[14] LEVY M F. Horizontal parabolic equation solution of radiowave propagation problems on large domains. IEEE Transactions on Antennas and Propagation, 1995, 43(2): 137-144.

[15] HYARIC A Z L. Wide-angle nonlocal boundary conditions for the parabolic wave equation. IEEE Transactions on Antennas and Propagation, 2001, 49(6): 916-922.

[16] JENSEN F B, KUPERMAN W A, PORTER M B, et al. Computational Ocean Acoustics. New York: American Institute of Physics, 1994.

[17] GUILLET N, FABBRO V, BOURLIER C, COMBES P F. Low grazing angle propagation above rough surface by the parabolic wave equation. Geoscience and Remote Sensing Symposium, 2003, 7: 4186-4188.

[18] 胡绘斌, 毛钧杰，柴舜连. 宽角抛物方程的格林函数及其应用. 电子学报, 2006, 34(3): 517-520.

[19] PATTERSON W L. Advanced refractive effects prediction system (AREPS)[C]. 2007. IEEE. p 891-895.

[20] BARRIOS A E. Considerations in the development of the advanced propagation model (APM) for US Navy applications[C]. 2003/01/01. IEEE. p 77-82.

[21] BARRIOS A E, ANDERSON K, LINDEM G. Low Altitude Propagation Effects —— A Validation Study of the Advanced Propagation Model (APM) for Mobile Radio Applications[J]. Antennas and Propagation, IEEE Transactions on, 2006, 54(10): 2869-2877.

第8章 海洋蒸发波导中的电磁波传播特性

受蒸发波导环境特性、障碍物、电磁波频率、粗糙海面及传播距离等的影响，海洋蒸发波导中的电磁波传播特性变化很大，规律十分复杂。本章主要介绍海洋蒸发波导中的电磁波传播特性。

8.1 水平均匀蒸发波导中的电磁波传播仿真结果

8.1.1 射线追踪模型下水平均匀蒸发波导中的电磁波传播仿真结果

本节使用射线追踪模型进行仿真，图 8-1 是射线追踪模型下水平均匀蒸发波导中的电磁波传播仿真结果。其中，蒸发波导高度：16m，波导强度：25M，发射天线高度：5m，发射角：$-0.4°\sim0.4°$。可以看出，在近距离处，有一部分射线穿出蒸发波导层，向上空传播，而在一定距离之外，由于蒸发波导层对电磁波信号的陷获作用，使得大部分能量在离海面很近的高度内传播。

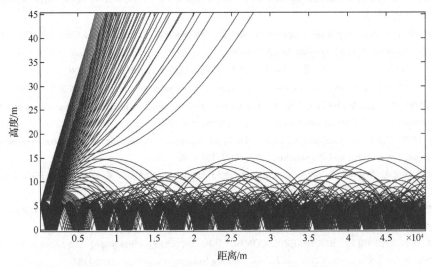

蒸发波导层厚度为 16m，波导强度为 25M，天线高度为 5m，发射角为$-0.4°\sim0.4°$

图 8-1 射线追踪模型下水平均匀蒸发波导中的电磁波传播仿真结果

8.1.2 抛物方程模型下水平均匀蒸发波导中的电磁波传播仿真结果

本节使用抛物方程模型进行仿真。仿真时，假设在中性条件（气海温差为零）下，并且假定蒸发波导高度分别为 7m 和 15m，蒸发波导修正折射率剖面可根据经验公式计算。此外，没有计入海面波浪散射、水汽吸收和氧气吸收，并且假设海面为光滑镜面反射，天线为水平极化方式。图 8-2～图 8-3 是当蒸发波导高度分别为 7m 和 15m、发射天线高度为 3m 时，不同频率的电磁波传播路径损失。其中，距离网格点为 400m:200m:120200m，高度网格点为 0.5m:0.5m:25m。

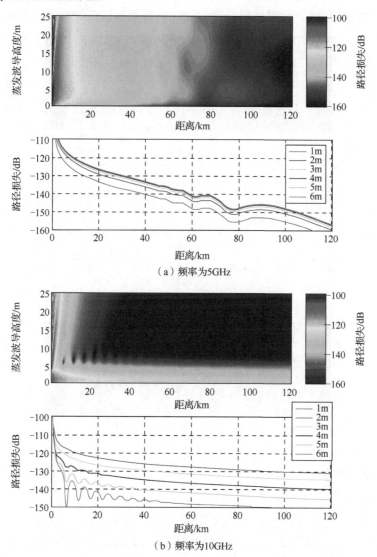

图 8-2 当蒸发波导高度为 7m、发射天线高度为 3 m 时，不同频率的电磁波传播路径损失

从图 8-2～图 8-3 可以看出，不同蒸发波导高度、不同频率，电磁波传播特性差异很大；当蒸发波导高度较小时，蒸发波导层对较高频率的电磁波具有较强的陷获能力；当蒸发波导高度大时，则具有较强陷获能力的频率会下降。

在图 8-2（a）中，对频率为 5GHz 的电磁波，在高度为 3m 的 100km 距离的电磁波传播路径损失约为 150dB，而在图 8-2（b）中，对频率为 10GHz 的电磁波，相同位置处的路径损失却只有 133dB。

在图 8-3（a）中，蒸发波导高度变大，此时对频率为 5GHz 的电磁波，相同位置处的路径损失却只有 123dB，而在图 8-3（b）中，对频率为 10GHz 的电磁波，相同位置处的路径损失约为 132dB。因此，蒸发波导高度的变化，对频率较低的电磁波传播影响较大。

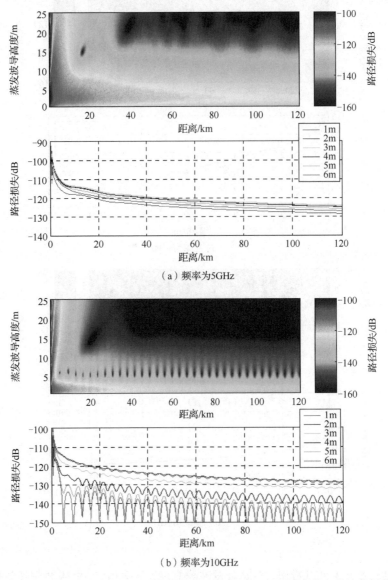

（a）频率为5GHz

（b）频率为10GHz

图 8-3　当蒸发波导高度为 15m、天线发射高度为 3 m 时，不同频率的电磁波传播路径损失

8.2　水平不均匀蒸发波导对电磁波传播的影响

传统的蒸发波导测量方法，如直接法[1-2]、反演法[3-7]和模型预测法[8-9]等，不能够提供在传播路径上水平变化的蒸发波导环境特性，因而也不便于分析水平非均匀蒸发波导对电磁波传播的影响。数据同化技术和中尺度数值天气预报技术的发展，使获取水平变化的蒸发波导环境特性成为可能。利用数据同化技术得到的再分析数据，可以提供长时间、高时空分辨率的近海面气象数据，再将这些数据输入蒸发波导预测模型中，就可以计算得到蒸发波导修正折射率剖面和蒸发波导高度等。

CFSR 数据[10]的空间分辨率为 0.312°×0.313°，时间分辨率为 1h。数值天气预报模式，如 WRF 模型[11]、MM5（第五代中尺度大气预报模式）[12]或 COAMPS（中尺度大气预报模式）[13]等，也可以提供高时空分辨率的近海面气象预报数据。例如，典型的双层嵌套 WRF 模型，空间分辨率可达 3 km，时间分辨率为 1h。根据再分析数据或预报模式提供的高分辨气象数据，可以较为精细地分辨出一定面积的海域蒸发波导的水平分布不均匀特性，为水平不均匀蒸发波导的研究提供环境信息。本节首先分析水平不均匀蒸发波导特性，然后通过仿真计算和海上实验验证分析水平不均匀蒸发波导对电磁波传播的影响。

8.2.1　水平不均匀蒸发波导特性分析

蒸发波导高度受近海面气象参数影响，如空气温度、相对湿度、海面风速和海水表面温度等[8-10,14]。水平不均匀蒸发波导是由近海面气象参数分布不均匀导致的。水平不均匀蒸发波导特点总结如下。

（1）蒸发波导高度分布是随纬度变化的。在赤道附近区域，蒸发波导高度为 11 m 左右；在纬度 15°～50°的海域，蒸发波导高度随着纬度的增加不断减小。因此，在分析电磁波沿纬度方向传播问题时，尤其需要考虑蒸发水平不均匀性的影响。

（2）在沿岸地区，水平不均匀蒸发波导特点也比较显著。图 8-4 是西太平洋蒸发波导高度再分析结果（2008 年 7 月 1 日，1 时，UTC 时间），该结果是利用 CFSR 数据和 NPS 模型计算得到的。从图 8-4 可以看出，在台湾海峡、东海和黄海海域，蒸发波导高度的分布是不均匀的。例如，在黄海和东海北部，蒸发波导高度低于 4 m。但是，在东海南部海域，蒸发波导高度为 15 m 左右。在南海和西太平洋部分海域，蒸发波导高度也很大。因此，当电磁波传播路径位于上述区域时，需要考虑水平不均匀蒸发波导对电磁波传播的影响。

（3）在几十千米的空间尺度上，蒸发波导高度有显著变化。图 8-5 是中国南海蒸发波导高度预报结果（2014 年 1 月 3 日，15 时，UTC 时间），该预报结果是由 WRF 模型和 NPS 模型计算得到的，详细计算过程可参考第 6 章。作者所在课题组多次在南海北部开展蒸发波导信道特性测量实验，发射端位于广东省湛江市东海岛，接收端位于广东省阳江市海陵岛，实验链路长度为 149 km，如图 8-6（a）中的红色实线所示。以该链路为例分析水平不均匀蒸发波导的特点。选取与实验链路最近的网格格点（图 8-6（a）和图 8-6（b）分别是从第一层嵌套网格和第二层嵌套网格中选择的格点），利用 NPS 模型计算得到实验链路上随距离变化的蒸发波导修正折射率剖面如图 8-6（c）和图 8-6（d）所示。第一层嵌套网格的空间分辨率是 30 km，第二层嵌套网格的空间分辨率是 10 km。从图 8-6（c）和图 8-6（d）可以明显看出，在几十千米的空间尺度上，蒸发波导高度有比较显著的变化。因此，在研究电磁波在蒸发波导中的传播特性时，需要考虑水平不均匀蒸发波导带来的影响。

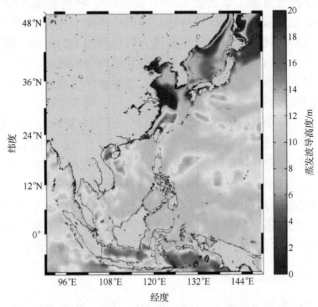

图 8-4　西太平洋蒸发波导高度再分析结果（2008 年 7 月 1 日，1 时，UTC 时间）

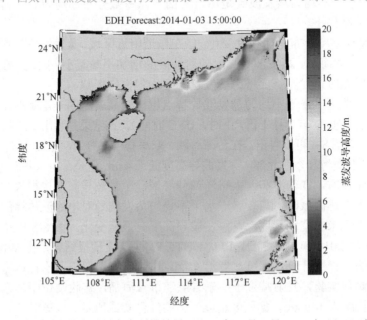

图 8-5　中国南海蒸发波导高度预报结果（2014 年 1 月 3 日，15 时，UTC 时间）

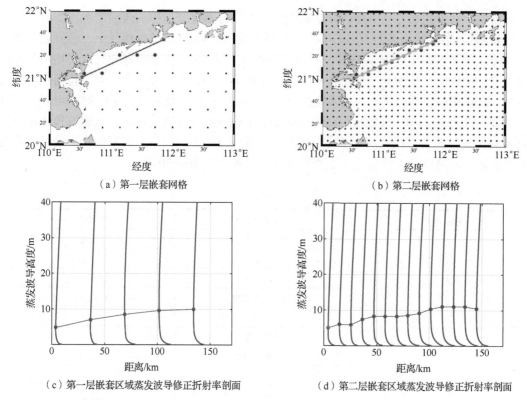

（a）第一层嵌套网格　　　　　　　　　（b）第二层嵌套网格

（c）第一层嵌套区域蒸发波导修正折射率剖面　　　（d）第二层嵌套区域蒸发波导修正折射率剖面

图 8-6　水平变化的蒸发波导修正折射率剖面

8.2.2　仿真计算

抛物方程模型[15]被广泛应用于对流层电磁波传播的计算，该方法的优点是可以模拟随距离变化环境中的电磁波传播问题。因此，本节使用抛物方程模型模拟电磁波在蒸发波导中的传播。

标准抛物方程可以在一定假设条件下从亥姆霍兹方程得出：

$$\frac{\partial^2 u(x,z)}{\partial z^2} + 2\mathrm{i}k_0 \frac{\partial u(x,z)}{\partial x} + k_0^2 \left[M^2(x,z) - 1 \right] u(x,z) = 0 \tag{8-1}$$

式中，u 是水平极化的电场分量或垂直极化的磁场分量，z 是高度，k_0 是电磁波自由空间波数，M 是修正折射率。$u(x_k,z)$ 是距离 x_k 和高度 z 处的电场分量或磁场分量，$u(x_{k+1},z)$ 是距离 x_{k+1} 和高度 z 处的电场分量或磁场分量。$u(x_{k+1},z)$ 和 $u(x_k,z)$ 的迭代关系可以由下式表示：

$$u(x_{k+1},z) = \exp\left[\mathrm{i}\frac{k_0}{2}(M^2-1)\partial x \right] \times F^{-1}\left\{ \exp\left(-\mathrm{i}\frac{p^2 \partial x}{2k_0} \right) F\left[u(x_k,z) \right] \right\} \tag{8-2}$$

式中，$F[\cdot]$ 表示傅里叶变换，$F^{-1}[\cdot]$ 表示傅里叶逆变换，p 表示变换变量，∂x 是距离增量，定义为 $\partial x = x_{k+1} - x_k$。

首先，利用抛物方程模型计算电磁波在水平均匀蒸发波导中的传播情况。仿真计算条件见表 8-1。电磁波频率为 10.5 GHz，传播距离为 200 km。在传播路径上，蒸发波导高度为 15 m，利用 NPS 模型计算蒸发波导修正折射率剖面。图 8-7 是电磁波在水平均匀蒸发波导中的传播情况。从图 8-7 可以看出，电磁波被陷获在蒸发波导层中，可以传播到很远的距离，路径损失很小。例如，当接收距离为 50 km、接收天线高度为 3 m 时，电磁波传播路径损失约为 140 dB；当接收距离为 200 km、接收天线高度为 3 m 时，电磁波传播路径损失为 150 dB，只比接收距离为 50 km 的路径损失多 10 dB。但是，如果接收天线位于蒸发波导层之外，路径损失就会比位于蒸发波导层之内增加 20~30 dB。

表 8-1 仿真计算条件

信息类型	仿真参数	数值
发射信息	发射天线高度	6 m
	频率	10.5 GHz
	极化方式	水平极化
	计算距离/高度	0~200 km/0~100m
	仰角	0°
环境信息	空气温度	20 ℃
	海水表面温度	20 ℃
	相对湿度	67.8%
	气压	1022.2 hPa
	海面风速	8 m/s
	蒸发波导高度	15.0 m

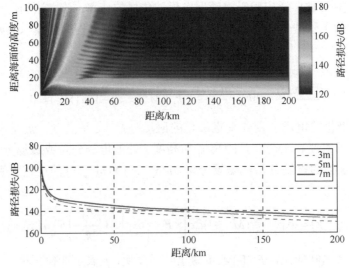

图 8-7 电磁波在水平均匀蒸发波导中的传播情况

然后，仿真两种水平不均匀蒸发波导中的电磁波传播情况。第一种是蒸发波导高度沿着传播路径减小的情况（蒸发波导高度从 15 m 减小到 10 m），第二种是蒸发波导高度沿传播路径增加的情况（蒸发波导高度从 15 m 增加到 20 m）。两种情况下的水平不均匀蒸发波导修正折射率剖面如图 8-8 所示，两种情况下的发射端的蒸发波导高度都为 15 m，但接收端的蒸发波导高度分别是 10 m 和 20 m。

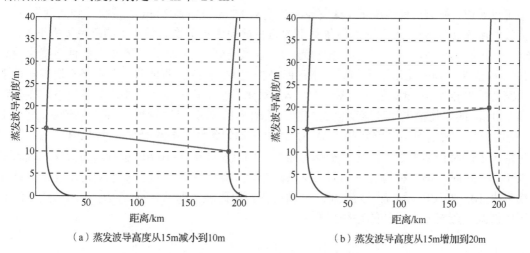

（a）蒸发波导高度从15m减小到10m　　　　　　（b）蒸发波导高度从15m增加到20m

图 8-8　两种情况下的水平不均匀蒸发波导修正折射率剖面

　　图 8-9 为两种情况下的水平不均匀蒸发波导中的电磁波传播情况。从图 8-9 可以看出，在这两种情况下，电磁波都能被陷获在蒸发波导层中传播。但是，这两种情况对电磁波传播的影响不同。当接收端的蒸发波导高度大于发射端的蒸发波导高度时［见图 8-9（a）］，蒸发波导层陷获电磁波的能力更强。在这种情况下，电磁波传播路径损失更小。具体原因如下：在第一种情况下（蒸发波导高度从 15 m 增加到 20 m），蒸发波导高度沿着传播路径增大，蒸发波导层陷获电磁波的能力不断增强，在传播过程中，不断离开蒸发波导层的电

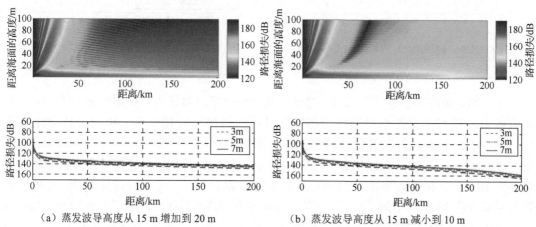

（a）蒸发波导高度从 15 m 增加到 20 m　　　　　　（b）蒸发波导高度从 15 m 减小到 10 m

图 8-9　两种情况下的水平不均匀蒸发波导中的电磁波传播情况

磁波再次被蒸发波导层陷获，因此路径损失减小。然而，在第二种情况下（蒸发波导高度从 15 m 减小到 10 m），蒸发波导高度随着传播路径不断减小，蒸发波导层陷获电磁波的能力减弱。因此，原本被陷获在蒸发波导层中的电磁波不断离开蒸发波导层，路径损失增大。

图 8-10 为水平不均匀蒸发波导中的电磁波传播路径损失。图 8-10（a）对比了水平均匀和水平不均匀条件下，路径损失随距离的变化规律（接收天线高度为 3 m）。从图 8-10（a）中可以看出，在第一种情况下（蒸发波导高度从 15 m 增加到 20 m），接收天线高度为 3 m，接收距离为 200 km，水平不均匀条件下的路径损失比水平均匀条件下的路径损失小 1 dB。但是，在第二种情况下（蒸发波导高度从 15 m 减小到 10 m），水平不均匀条件下接收距离 200 km 的路径损失比水平均匀条件下的路径损失大 13 dB，两种情况在水平不均匀条件下的路径损失相差 14 dB 左右。图 8-10（b）对比了水平均匀和水平不均匀条件下，接收距离 200 km 的路径损失随高度变化的规律。从图 8-10（b）可以看出，当接收天线高度小于 5 m 时，第一种情况下的路径损失最小，比水平均匀条件下的路径损失小 1 dB 左右；第二种情况下的路径损失最大，比水平均匀条件下的路径损失大 10 dB 左右。当接收天线高度大于 20 m 时，第二种情况下的路径损失最小，比第一种情况以及水平均匀条件下的路径损失少 10～20 dB。这是因为在第二种情况下，电磁波在向前传播过程中不断从蒸发波导层中泄漏，蒸发波导层外的路径损失减小。

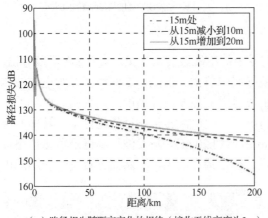
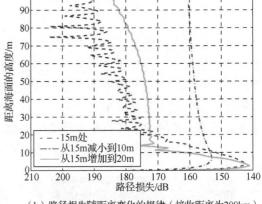

（a）路径损失随距离变化的规律（接收天线高度为3m）　　（b）路径损失随距离变化的规律（接收距离为200km）

图 8-10　水平不均匀蒸发波导中的电磁波传播路径损失

水平不均匀蒸发波导对电磁波传播的影响也可以通过射线追踪模型解释。图 8-11 是利用射线追踪模型模拟的水平不均匀蒸发波导中的电磁波传播结果。电磁波传播距离为 125 km，每 25 km 蒸发波导高度发生变化，发射端的蒸发波导高度为 14 m，在 25 km 处蒸发波导高度减小到 10 m，在 50 km 处进一步减小到 7 m。然后，蒸发波导高度在 75 km 处增加到 10 m，在接收端增加到 14 m。从图 8-11 可以看出，在电磁波传播前 50 km 处，蒸发波导高度从 14 m 减小到 7 m，一些在蒸发波导中传播的射线泄漏到了蒸发波导层外，这使得电磁波传播路径损失变大。在电磁波传播后 50 km 处，蒸发波导高度从 7 m 增加到 14 m，射线始终保持在蒸发波导中传播，路径损失变化很小。

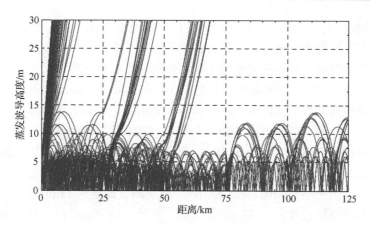

图 8-11　利用射线追踪模型模拟的水平不均匀蒸发波导对电磁波传播的影响

保持发射端的蒸发波导高度（15 m）不变，接收端的蒸发波导高度从 6 m 增加到 19 m。水平不均匀蒸发波导中的电磁波传播路径损失如图 8-12 所示，图 8-12（a）是不同蒸发波导高度下的路径损失。从图 8-12（a）可以看出，当接收端的蒸发波导高度比发射端的蒸发波导高度小时，路径损失比水平均匀条件下的路径损失大。当接收端的蒸发波导高度小于 10 m 时，路径损失增加很快。例如，当接收端的蒸发波导高度是 7 m 时，路径损失是 175 dB，比水平均匀条件下的路径损失大 30 dB 左右；当接收端的蒸发波导高度比发射端的蒸发波导高度大时，路径损失比水平均匀条件下的路径损失小 1～2 dB。因此，蒸发波导高度沿传播路径减小对电磁波传播的影响更大。

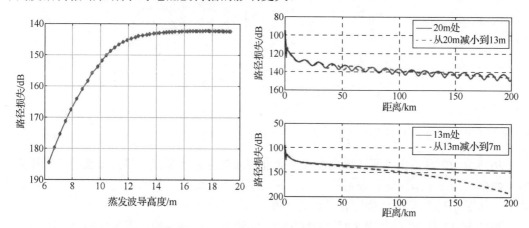

（a）不同蒸发波导高度下的路径损失（接收天线高度　　　（b）不同蒸发波导高度下路径损失随距离变化的规
　　　为3m，接收距离为200km）　　　　　　　　　　　　　律（接收天线高度为3m）

图 8-12　水平不均匀蒸发波导中的电磁波传播路径损失

不同的蒸发波导高度对电磁波传播的影响也不相同。图 8-12（b）是不同蒸发波导高度下路径损失随距离变化的规律，发射信息与表 8-1 中的相同。当蒸发波导高度为 13 m 时，接收距离 200 km 处的路径损失比水平均匀条件下的路径损失大 47.5 dB；当蒸发波导高度为 20 m 时，路径损失只比水平均匀条件下的路径损失小 2 dB 左右。因此，在蒸发波导高度较小时，水平不均匀蒸发波导对电磁波传播的影响更大。

水平不均匀蒸发波导对不同频率的电磁波传播的影响也不同。假设电磁波的频率变化范围为 3～15 GHz，环境信息和发射信息与表 8-1 中的相同。图 8-13 是水平不均匀蒸发波导对不同频率的电磁波传播的影响。从图 8-13 可以看出，水平不均匀蒸发波导对低频电磁波传播的影响更大。例如，当电磁波频率大于 13 GHz 时，两种情况下水平不均匀蒸发波导对电磁波传播的影响较小（小于 5 dB），而且，随着电磁波频率增加，影响更小。当电磁波频率是 5 GHz 时，第一种情况（蒸发波导高度从 15 m 增加到 20 m）的路径损失比水平均匀条件下路径损失小 32 dB；第二种情况（蒸发波导高度从 15 m 减小到 10 m）路径损失比水平均匀条件下路径损失大 39 dB。因此，水平不均匀蒸发波导对低频电磁波传播的影响更大。

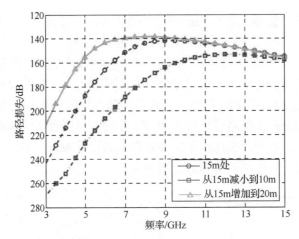

图 8-13　水平不均匀蒸发波导对不同频率的电磁波传播的影响
（接收距离为 200 km，接收天线高度为 3 m）

8.2.3　海上实验结果及分析

2013 年 12 月，作者所在课题组在南海北部海域进行了蒸发波导海上实验，利用海上实验数据，验证本节结论。发射端位于广东省湛江市东海岛，接收端位于广东省阳江市海陵岛，如图 8-14 所示，传播路径长度为 149 km。

2013 年 12 月 30 日上午 8 时（UTC+8），实验人员开始实验，下午 5 时（UTC+8）结束实验。实验人员在东海岛发射电磁波信号，在海陵岛接收电磁波信号。电磁波信号频率是 8 GHz，接收端利用频谱分析仪接收信号，接收电平保存在计算机中，采样频率为 1 Hz，实验配置见表 8-2。表 8-3 是从 CFSR 数据中提取的气象水文参数 [距离传播路径最近的格点如图 8-15（a）所示]，把这些参数输入蒸发波导预测模型中，可以计算出传播路径上的蒸发波导修正折射率剖面，如图 8-15（b）所示。

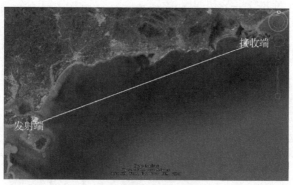

（a）实验位置示意图

（b）发射端

（c）接收端

图 8-14　2013 年蒸发波导海上实验中的发射端和接收端位置

表 8-2　实验配置（2013 年 12 月 30 日）

实验参数	数值
发射天线类型	喇叭型天线
发射天线增益	20 dB
发射天线高度	4 m
发射功率	25 dBm
极化方式	水平极化
接收天线类型	喇叭型天线
接收天线增益	25 dB
接收天线高度	5 m

　　图 8-15（b）是 2013 年 12 月 30 日 13 时（UTC+8）随距离变化的蒸发波导修正折射率剖面，发射端的蒸发波导高度为 13 m 左右，比接收端的蒸发波导高度大 3 m。同 8.4.2 节中的结论一样，当蒸发波导高度沿传播路径减小时，利用水平不均匀条件计算得到的结果小于利用水平均匀条件计算得到的结果。仿真结果和实验测量结果对比如图 8-16 所示，

从图 8-16 可以看出，利用水平均匀条件计算得到的结果比实验结果高 30 dB 左右。但是，与实验测量结果相比，利用水平不均匀条件计算得到的结果的误差只有 10 dB 左右。因此，当计算电磁波在蒸发波导中的传播路径损失时，要考虑水平不均匀蒸发波导的影响。

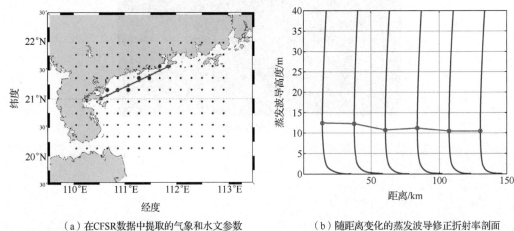

（a）在CFSR数据中提取的气象和水文参数　　　　（b）随距离变化的蒸发波导修正折射率剖面

图 8-15　2013 年蒸发波导海上观测实验测量结果

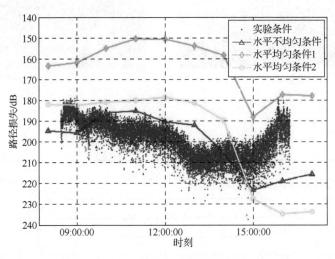

图 8-16　仿真结果和实验测量结果对比

从图 8-16 还可以看出，从 13 时到 15 时，路径损失测量值保持在 200 dB 左右，比理论计算值（水平不均匀条件下）小 30 dB 左右。在这段时间内，仿真结果和实验测量结果出现了明显的偏差。抛物方程模型被广泛用于对流层电磁波传播的模拟，它的准确性在很多实验中都得到了验证。由于在 CFSR 数据中缺少中国近海海域原位实时观测数据（如气象浮标观测数据等），因此从 CFSR 数据中提取的气象参数可能存在一定误差。气象参数误差可能是导致实验测量结果与仿真结果存在偏差的主要原因。

表 8-3　从 CFSR 数据中提取的气象水文参数

提取参数	再分析高度	简称	计算参数	再分析高度	简称
空气温度/℃	2 m	TA	风速/（m/s）	10 m	WS
表面温度/℃	表面	—	气海温差/℃	2 m	ASTD
比湿/（g/kg）	2 m	SH	相对湿度（%）	2 m	RH
风速（u 分量）/（m/s）	10 m	—	蒸发波导高度/m	—	EDH
风速（v 分量）/（m/s）	10 m	—	—	—	—
海平面气压/hPa	表面	SLP	—	—	—

　　图 8-17 是海上实验期间蒸发波导高度和气象参数随时间变化的曲线（发射端）。从图 8-17 可以看出，从 13 时到 15 时，蒸发波导高度从 13 m 降低到 10 m。蒸发波导高度的降低导致了电磁波传播路径损失增大。在海上实验期间，近海面大气处于不稳定条件下（气海温差<0℃），相对湿度为 30%～40%，海面风速从 3 m/s 降低到 1 m/s 左右。在不稳定条件下，低相对湿度有利于蒸发波导的形成，因此在 15 时，低风速是导致蒸发波导高度降低的主要原因。图 8-18 是在海上实验期间的气象条件下，海面风速误差对路径损失的影响。从图 8-18 可以看出，如果海面风速增加 1 m/s，路径损失会减小 30 dB 左右。仿真结果表明，路径损失对海面风速误差比较敏感，海面风速误差可能是导致仿真结果和实验测量结果出现偏差的主要原因。

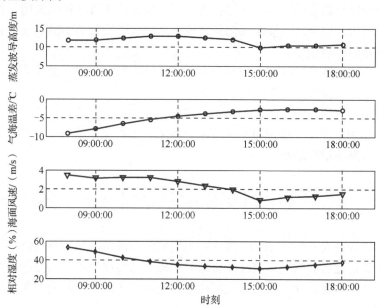

图 8-17　海上实验期间蒸发波导高度和气象参数随时间变化的曲线

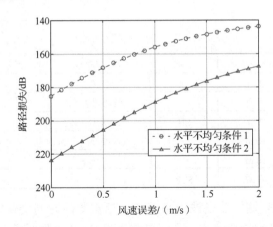

图 8-18　在海上实验期间的气象条件下，海面风速误差对路径损失的影响

本节利用仿真和实验手段介绍了水平不均匀蒸发波导对近海面电磁波传播的影响。首先，讨论了水平不均匀蒸发波导的特点。其次，利用抛物方程模型给出了电磁波在水平均匀条件下和水平不均匀条件下的传播特性。最后，利用 2013 年南海海上实验数据验证了本节结论。仿真和实验分析均表明，水平不均匀蒸发波导对近海面电磁波传播有重要的影响，具体结论如下：

（1）当接收端的蒸发波导高度小于发射端的蒸发波导高度时，水平不均匀蒸发波导对近海面电磁波传播有显著的影响。在这种情况下，电磁波传播路径损失明显高于水平均匀条件下的路径损失。但是，当接收端的蒸发波导高度大于发射端的蒸发波导高度时，水平不均匀蒸发波导的影响较小。

（2）水平不均匀蒸发波导对不同频率电磁波传播的影响不同。总体来说，水平不均匀蒸发波导对低频电磁波传播的影响更加显著。

（3）当蒸发波导高度较低时，水平不均匀蒸发波导对电磁波传播的影响更加显著。

（4）2013 年南海海上实验测量结果表明，利用水平变化环境仿真计算得到的路径损失值与实验测量结果的误差最小。

8.3　海上障碍物对蒸发波导中的电磁波传播的影响

海上蒸发波导高度一般在 20 m 以内，当电磁波在蒸发波导中传播时，经常会遇到岛屿和舰船等障碍物遮挡的情况，这会严重影响电磁波在传播过程中的折射和绕射。本节利用抛物方程模型，从仿真计算和实验观测两个方面给出了海上障碍物对蒸发波导中的电磁波传播的影响。

8.3.1　障碍物模型

需要根据海上障碍物的形状（如岛屿、舰船等），对其进行建模。障碍物的形状一般分为楔形障碍物及类抛物形障碍物，本章主要分析楔形障碍物对蒸发波导中的电磁波传播的影响，类抛物形障碍物和多个障碍物的情形，可以利用与本节类似的方法计算得到。

设楔形障碍物的函数为

$$h(x)=\begin{cases} h(x-x_1)/w, & x_1<x<x_1+w \\ h(x_1+2w-x)/w, & x_1+w<x<x_1+2w \\ 0, & \text{其他} \end{cases} \quad (8\text{-}3)$$

式中，h 为峰顶高度；x_1 为剖面起始点；w 为楔形障碍物的半宽度。图 8-19 是高度为 20 m、半宽度为 2 km、中心位置在 50 km 处的楔形障碍物模型。在实际应用中，可以根据障碍物的尺寸对其进行建模。

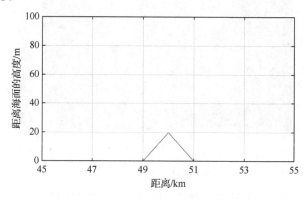

图 8-19　楔形障碍物模型

8.3.2　仿真计算

本节选取典型中性条件下的蒸发波导环境，给出海上障碍物对电磁波传播的影响。设近海面空气温度为 20℃，海水表面温度为 20℃，海面风速为 8 m/s，相对湿度为 65%，气压为 1022.2 hPa，利用 NPS 模型，可以计算得到上述条件下的蒸发波导高度为 15.8 m，该条件下的蒸发波导修正折射率剖面如图 8-20 所示。

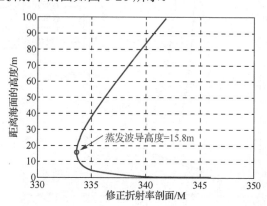

图 8-20　蒸发波导修正折射率剖面

设定发射天线高度为 3 m，电磁波频率为 8 GHz（水平极化），传播距离为 100 km。把蒸发波导修正折射率剖面信息和地形信息输入抛物方程模型中，可以计算得到海上障碍物情况下近海面电磁场分布情况。海上障碍物对蒸发波导中的电磁波传播的影响如图 8-21 所示。

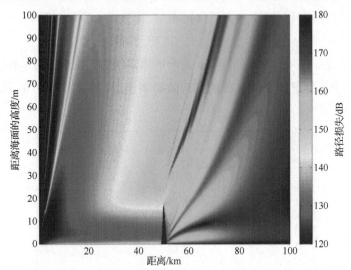

图 8-21　海上障碍物对蒸发波导中电磁波（频率为 8 GHz）传播的影响

从图 8-21 可以看出，在楔形障碍物后面存在一个明显能量影区，障碍物后方的电磁波传播路径损失比前方的路径损失大 30～40 dB，障碍物对电磁波在蒸发波导中的传播影响较大。图 8-22 是不同接收距离上，路径损失随高度变化的曲线。在障碍物前方（接收距离 20～40 km），当接收天线高度为 5 m 时，路径损失为 130 dB 左右。在障碍物后方（接收距离 60～80 km），接收天线高度同样为 5 m 时，路径损失为 160～170 dB。在障碍物的前后，路径损失减少了 30～40 dB。

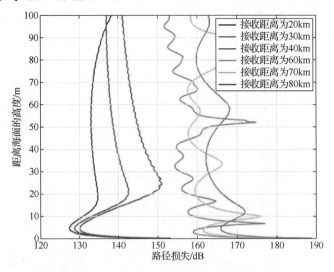

图 8-22　在不同接收距离上，路径损失随高度变化的曲线

图 8-23 比较了有障碍物和无障碍物条件下，蒸发波导中的电磁波传播情况。总的来说，有障碍物时的路径损失比无障碍物时的路径损失大。图 8-24 比较了有障碍物和无障碍物条件下，接收距离为 100 km 处的路径损失。无障碍物时，接收天线高度 5 m 处的路径损失是 135 dB；有障碍物时，同样接收高度的路径损失为 181 dB。可见，障碍物的存在使路径损失增加了 46 dB。但是，当接收天线高度较大时（如大于 50 m），有障碍物时比无障碍物时路径损失只增加了 5～10 dB。

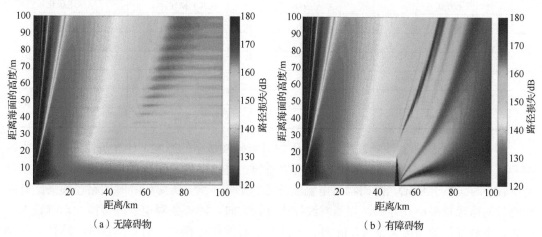

（a）无障碍物　　　　　　　　　　　　（b）有障碍物

图 8-23　有障碍物和无障碍物条件下，蒸发波导中的电磁波（频率为 8 GHz）传播情况

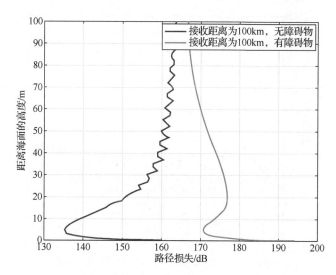

图 8-24　在接收距离为 100 km 情况下，路径损失随高度变化的规律

在上述分析的基础上，本节继续给出以下内容：

（1）不同蒸发波导高度下，障碍物对电磁波传播的影响（见表 8-4 中的例 8-1）。

（2）障碍物对不同频率电磁波传播的影响（见表 8-4 中的例 8-2）。

（3）不同高度的障碍物对电磁波传播的影响（见表 8-4 中的例 8-3）。

抛物方程模型的输入参数，即蒸发波导障碍物影响仿真参数见表 8-4。

表 8-4 蒸发波导障碍物影响仿真参数

参数	例 8-1	例 8-2	例 8-3
发射天线高度	3 m	3 m	3 m
频率	8 GHz	1~20 GHz	8 GHz
极化方式	水平极化	水平极化	水平极化
距离范围	100 km	100 km	100 km
高度范围	100 m	100 m	100 m
障碍物高度	20 m	20 m	0.1~30 m
障碍物宽度	4 km	4 km	4 km
障碍物中心位置	50 km	50 km	50 km
蒸发波导高度	6.5~20.7 m	15.8 m	15.8 m

图 8-25 是不同蒸发波导高度下，障碍物对电磁波传播的影响，计算条件见表 8-4 中的例 8-1，接收距离为 100 km。从图 8-25 可以看出，对频率为 8 GHz 的电磁波，当蒸发波导高度较小时（小于 8 m），障碍物对电磁波传播的影响不大，无障碍物时的路径损失比有障碍物时的路径损失小几分贝。当蒸发波导高度较大时，障碍物对电磁波传播的影响较大。例如，当蒸发波导高度大于 14 m 时，无障碍物时的路径损失比有障碍物时的路径损失小30~40 dB。在这种情况下，应该充分考虑障碍物对电磁波传播的影响。

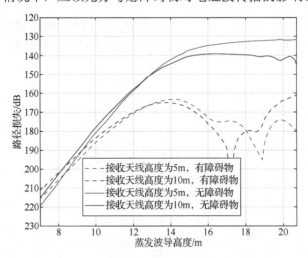

图 8-25 不同蒸发波导高度下，障碍物对电磁波传播的影响

图 8-26 是障碍物对不同频率的电磁波传播的影响，计算条件见表 8-4 中的例 8-2，接收距离为 100 km。从图 8-26 可以看出，障碍物对低频电磁波传播的影响较小，而对高频电磁波传播的影响较大。当电磁波频率小于 4 GHz 时，障碍物对电磁波传播的影响不大，无障碍物时的路径损失比有障碍时的路径损失大 3 dB 左右。当电磁波频率大于 6 GHz 时，障碍物对电磁波传播的影响比较明显，无障碍物时的路径损失比有障碍物时的路径损失小

30～60 dB。当电磁波频率为 11 GHz 时，无障碍物时的路径损失比有障碍物时的路径损失小 90 dB 左右。障碍物对不同频率的电磁波传播的影响不尽相同，上述分析也可以作为选择舰载雷达系统、通信系统工作频率的一个依据。

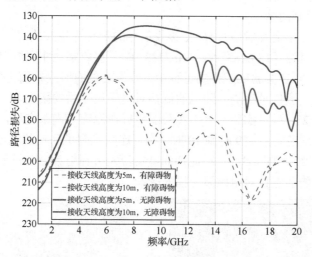

图 8-26　障碍物对不同频率的电磁波传播的影响

图 8-27 是不同高度的障碍物对电磁波传播的影响，计算条件见表 8-4 中的例 8-3，接收距离为 100 km。从图 8-27 可以看出，障碍物的高度越大，对电磁波传播的影响越大。当障碍物的高度为 5 m，接收天线高度为 3 m 时，路径损失为 135 dB 左右；当障碍物的高度增加到 30 m 时，同样接收天线高度下的路径损失增加到 190 dB 左右。从图 8-27 还可以看出，当障碍物的高度相同时，接收天线高度受到障碍物的影响较小。

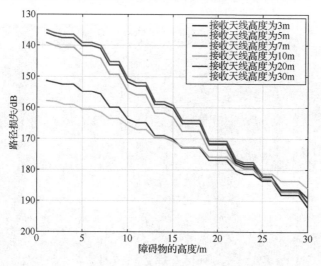

图 8-27　不同高度的障碍物对电磁波传播的影响

8.3.3　海上实验结果及分析

2012 年 10 月，作者所在课题组在南海组织了蒸发波导海上实验，本节利用海上实验数据验证 8.3.2 节得到的结论。

海上实验采取在岸上发射信号、船上接收信号的走行测量方式。发射端［见图 8-28（a）］在海南省万宁市日月湾（18.6283°N，110.2133°E），接收端在中科院"实验一号"实验船上［见图 8-28（b）］。在实验船航行的过程中，收发连线有时会被海上的岛屿或船舶遮挡。在海上实验中，多次测量了岛屿、陆地的遮挡对电磁波传播的影响。

2012 年 10 月 23 日，"实验一号"实验船航行在海南岛南部海域，接收从日月湾发射出的电磁波信号。在当天上午 9 时到 10 时，收发连线受到了岛屿的遮挡，岛屿距离日月湾 5 km 左右（见图 8-29 和图 8-30）。在此期间，实验人员利用频谱分析仪连续记录了电磁波信号电平，观察岛屿的遮挡对电磁波传播的影响。

（a）发射端

（b）接收端

图 8-28　日月湾发射端和海上接收端

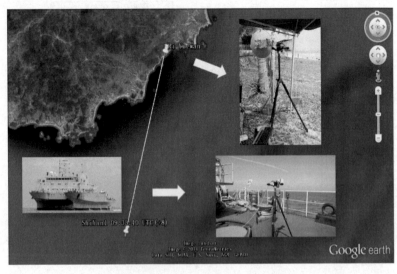

图 8-29　障碍物影响海上观测实验

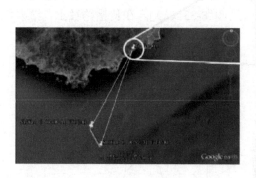

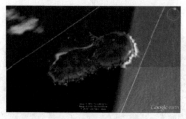

图 8-30　电磁波信号收发连线被岛屿遮挡

图 8-31 是电磁波信号被岛屿遮挡时路径损失的测量结果，从图 8-31 可以看出，没有岛屿遮挡时的路径损失为 170~180 dB。在上午 9 时左右，收发连线开始被岛屿遮挡，此时路径损失降低到 200 dB 左右，在穿过岛屿过程中，路径损失保持在 200~215 dB。上午 10 时左右，收发连线不再被岛屿遮挡，此时路径损失上升到 175 dB 左右。综上所述，岛屿的遮挡使得路径损失降低了 30~40 dB，与 8.2.2 节计算的结果比较一致。下面利用抛物方程模型和从 CFSR 数据[10,14]中提取的环境信息和岛屿地形信息，计算有岛屿遮挡时的路径损失，与实验测量数据进行比对，进一步验证计算模型的有效性。

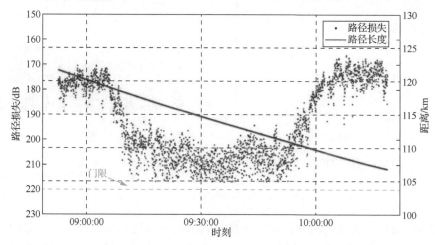

图 8-31　电磁波信号被岛屿遮挡时路径损失的测量结果

利用 2012 年 10 月 23 日 9 时 35 分的海上实验测量结果，验证所用模型的有效性。在 9 时 35 分，实验船位于 17°38′10.80″N，109°53′0.24″N，距离发射端 125 km。图 8-32（a）是此时的传播路径的三维地形图，图 8-32（b）是从谷歌地球（Google Earth）中提取的地形剖面信息。岛屿高度为 55 m 左右，宽度为 1 km 左右，距离发射端 5 km 左右。

利用 CFSR 数据（2012 年 10 月 23 日 9 时）提取上述传播路径上的气象参数，之后用 NPS 模型计算蒸发波导修正折射率剖面［见图 8-33（a）］。在传播路径上，蒸发波导高度为 12 m 左右［见图 8-33（b）］。

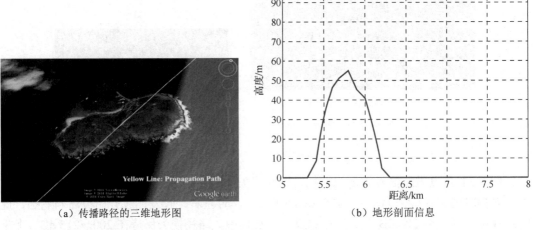

（a）传播路径的三维地形图   （b）地形剖面信息

图 8-32 传播路径上的岛屿遮挡（黄线代表传播路径）

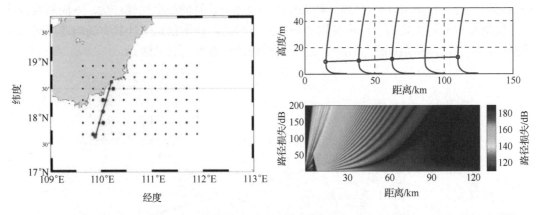

（a）从CFSR数据中选择的格点（气象参数）   （b）蒸发波导修正折射率剖面（上图）和抛物方程模型计算得到的电磁波传播路径损失（下图）

图 8-33 岛屿的遮挡对电磁波传播的影响

图 8-33（b）是利用抛物方程模型计算得到的电磁波传播路径损失，在接收位置处的路径损失为 190 dB 左右，比实验测量值高 15 dB 左右。模型计算值和实验测量值的偏差可能是由气象参数误差或天线参数误差引起的。通过仿真计算可知，引起偏差的最主要的原因可能是相对湿度误差和发射天线高度误差。

利用 CFSR 数据，可以得到水平变化的气象环境，但是，由于缺少现场实时观测数据，数据同化系统的输出可能存在一定误差，其中，气象参数误差可能会造成模型计算值和实验测量值的偏差。图 8-34（a）是相对湿度误差对路径损失计算的影响。如果相对湿度增加 5%，与不存在误差情况相比，路径损失将增加 15 dB，主要原因是传播路径上蒸发波导高度随相对湿度的减小而增加。从图 8-34（b）和图 8-34（c）中可以看出，其他气象参数误差对路径损失计算的影响较小。

进行海上实验时，接收天线高度大约为 4.5 m，发射天线高度大约为 5 m，但是，由于海浪和潮汐的影响，天线高度很难被精确测量。图 8-34（d）是发射天线高度误差对路径损失计算的影响。从图 8-34（d）可以看出，如果把发射天线高度降低到 3.5 m，路径损失计算值将减小 5～6 dB，而接收天线高度误差对路径损失计算的影响较小。当接收天线高度从 4 m 增加到 6 m 时，路径损失计算值只减小 1～2 dB。

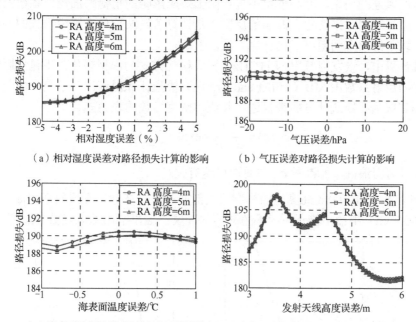

（a）相对湿度误差对路径损失计算的影响 （b）气压误差对路径损失计算的影响

（c）海表面温度误差对路径损失计算的影响 （d）发射天线高度误差对路径损失计算的影响

RA—接收天线

图 8-34　气象参数误差和发射天线高度误差对路径损失计算的影响

本节给出了障碍物对蒸发波导中的电磁波传播的影响。首先，比较了蒸发波导中有障碍物和无障碍物时电磁波传播的情况，结果表明，障碍物对蒸发波导中的电磁波传播存在显著影响。当电磁波频率较高和蒸发波导高度较大时，障碍物的影响更大。其次，介绍了 2012 年 10 月的海上实验，实验结果表明，与无障碍物相比，岛屿会使电磁波传播路径损失增加 30～40 dB。最后，分析了实验测量值和模型计算值的误差，结果表明，发射天线高度误差和相对湿度误差是造成模型计算误差的主要原因。

8.4 海面粗糙度对蒸发波导中的电磁波超视距传播的影响

8.4.1 海面粗糙度的计算方法

蒸发波导是形成海上电磁波超视距传播的主要因素，但海面粗糙度会影响蒸发波导中的电磁波超视距传播。在模拟粗糙海面上的电磁波传播情况时，作者所在课题组先使用一个能包含阴影效应影响的粗糙海面反射系数，再利用抛物方程法和射线光学法计算路径损失。仿真分析了电磁波在海面浪高服从高斯统计分布的海面上传播时，路径损失与蒸发波导高度及海面风速的关系，并与使用不包含阴影效应影响的粗糙海面反射系数的计算结果进行比较。结果表明，来自粗糙海面的反射，是计算蒸发波导传播路径损失的不可忽视的重要因素。以下给出海面粗糙度的计算方法。

在仿真计算中，设发射频率为11GHz，天线极化方式为水平极化，不包含阴影效应影响的粗糙海面反射系数由MB（Miller and Brown）模型计算得到。对于充分成长的风浪，海面浪高按其服从高斯统计分布来描述，其概率密度函数的表达式为

$$p_\xi(\xi) = \frac{1}{\sigma_\xi \sqrt{2\pi}} \exp(-\frac{\xi^2}{2\sigma_\xi^2}) \tag{8-4}$$

式中，ξ 表示海面浪高，标准差 σ_ξ 与海面风速有关。

图 8-35 给出了在 100m 高度内的标准大气剖面和蒸发波导修正折射率剖面。蒸发波导高度是图 8-35（b）中最小修正折射率值对应的高度，这里给出的蒸发波导高度为 24m。

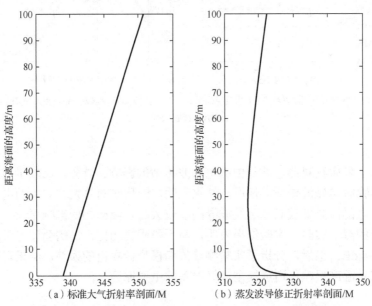

（a）标准大气折射率剖面/M   （b）蒸发波导修正折射率剖面/M

图 8-35　100m 高度内的标准大气剖面和蒸发波导修正折射率剖面

8.4.2　仿真计算结果及分析

　　课题组模拟了发射天线高度为 8m 时不同环境下蒸发波导中的电磁波传播情况，传播情况按照路径损失在高度上的分布来描述，传输距离为 200km。在无浪或微浪时，海面可视为光滑的，可以不考虑海面粗糙度对电磁波传播的影响。图 8-36 为不同环境下蒸发波导中的电磁波超视距传播路径损失。通过比较图 8-36（a）和图 8-36（b），可以发现，蒸发波导所带来的超视距传播的优势很明显。当海面风速为 10m/s 时，从图 8-36（c）和图 8-36（d）可以看出，在蒸发波导高度范围内，粗糙海面削弱了蒸发波导传播，若考虑海面阴影效应影响，则蒸发波导传播受到进一步削弱。当接收天线高度为 5m 时，把图 8-36（b）～图 8-36（d）中相应高度处的路径损失随距离变化的曲线绘制在同一坐标系内，如图 8-37（a）所示；当接收距离为 200km 时，把图 8-36（b）～图 8-36（d）中相应距离处的路径损失随高度变化的曲线绘制在同一坐标系内，如图 8-37（b）所示。在图 8-37 中，也绘制了相应自由空间中的路径损失曲线。

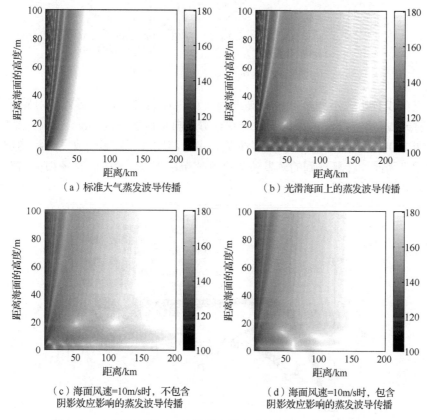

（a）标准大气蒸发波导传播　　　　　　　（b）光滑海面上的蒸发波导传播

（c）海面风速=10m/s时，不包含　　　　　（d）海面风速=10m/s时，包含
　阴影效应影响的蒸发波导传播　　　　　　　阴影效应影响的蒸发波导传播

图 8-36　在不同环境下蒸发波导中的电磁波超视距传播路径损失

　　由图 8-37 可知，在光滑海面上，蒸发波导所带来的超视距传播的优势是因为电磁波在其内能以低于自由空间的路径损失进行传播。但由于粗糙海面的影响，在远距离处路径损

失增大很多，若包含粗糙海面的阴影效应影响，则路径损失不但有所增加，而且还改变了路径损失在垂直方向上的最大/最小值点的位置。

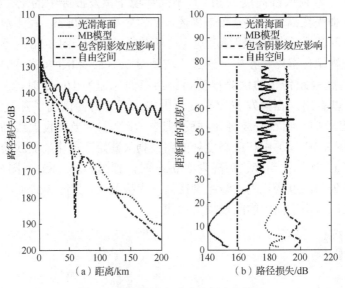

图 8-37　阴影效应对路径损失的影响

下面进一步分析在不同蒸发波导高度和海面风速条件下，阴影效应对路径损失的影响。在发射天线高度为 5m 的条件下，分别计算了典型风速值为 2m/s、5m/s 和 10m/s 时，距离发射端 100km 处 6m 高度上的路径损失，由于蒸发波导只影响收发天线均位于其内的电磁波传播，因此，计算得到的蒸发波导高度值范围为 6～40m。路径损失与蒸发波导高度及风速之间的关系如图 8-38 所示。

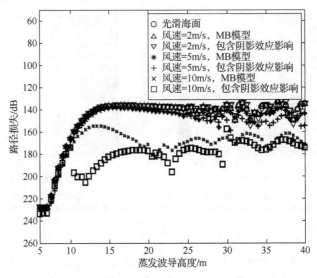

图 8-38　路径损失与蒸发波导高度及风速之间的关系

由图 8-38 可知，当风速低于 2m/s 时，海面粗糙度对电磁波传播几乎没有影响。此时 $\sigma_\xi / \lambda < 0.9$；当风速为 5m/s 时，若蒸发波导高度在 15m 以上，则路径损失有所增加，在波导高度超过 25m 时，包含阴影效应影响的路径损失略大于以 MB 模型做海面粗糙度修正的路径损失，此时 $\sigma_\xi / \lambda = 5.9$；当风速为 10m/s 时，海面更加粗糙，相比低风速时的传播情况，路径损失增大很多。当蒸发波导高度为 10～20m 时，使用两个不同粗糙海面反射率计算的结果差异最大，此时 $\sigma_\xi / \lambda = 24.1$。通过大量仿真计算，得到以下两点结论（当 $\sigma_\xi / \lambda > 1$ 时）：

（1）若风速低于 10m/s 且蒸发波导高度超过 15m，则路径损失随蒸发波导高度及风速的增大而增大，粗糙海面的阴影效应对电磁波传播的影响在更大的蒸发波导高度下比较明显。

（2）若风速高于 10m/s，则蒸发波导高度为 10～20m 时阴影效应对电磁波传播的影响最显著。

在无浪或微浪的海面上，被蒸发波导层陷获的电磁波以可以忽略不计的路径损失，在波导层上下反跳传播，以至于能以相当于自由空间的路径损失传播至视距以外，从而实现超视距探测或超视距通信。当发射频率在 10GHz 以上时，蒸发波导传播对海面粗糙度的影响很敏感，波导高度越大、风速越大，则有更多的陷获能量被散射，沿着蒸发波导传播的相干反射能量会越来越少，从而增加了路径损失。用包含阴影效应影响的粗糙海面反射系数代替现有蒸发波导预测模型中所使用的 MB 模型，获得了完全不一样的模拟结论：现有模型所预测出的路径损失低于实验测量结果的原因，极有可能是由于没有考虑阴影效应对电磁波传播的影响。这个结论得到了实验数据的验证，同时也发现更加粗糙的海面将使蒸发波导中的电磁波传播路径损失增大。

8.5　海洋蒸发波导信道的多径效应分析及实验

目前，国内外的相关研究主要集中在蒸发波导的雷达探测应用[16]、路径损失[17]、波导的形成机制和统计规律[18-20]、蒸发波导高度预测[21]以及海面粗糙度对电磁波传播的影响[22]等方面，但对蒸发波导信道的多径时延结构的研究较少。

研究电磁波在蒸发波导中传播时，常用的建模方法有射线追踪模型、抛物方程（PE）模型、波导模式理论和混合法。对比以上几种模型，射线追踪模型虽然不能较精确地计算不同频率（射线追踪模型中不包含频率参数）、不同距离上的路径损失，但它能够给出特征射线到达接收天线时的相对时延差。

若多径相对时延差越大，则会使两个相邻的传输零点频率差 $\Delta f_{\text{NOTCH}} = 1/\Delta\tau$ 越小，当两个接收波形之间的幅度接近时，会导致严重的相消干涉。对高速数据通信来说，由信号的多径效应产生的码间干扰（ISI）是影响数据通信系统整体性能的一个重要因素。得到蒸发波导信道的多径时延量级，也就可以得到高速数据通信系统的设计容限量级。

本节使用射线追踪模型仿真并用实验验证了蒸发波导信道的多径时延量级，得出的结

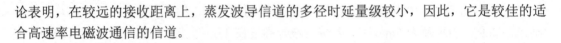

论表明，在较远的接收距离上，蒸发波导信道的多径时延量级较小，因此，它是较佳的适合高速率电磁波通信的信道。

8.5.1 模型的理论和方法

对本书所用的射线追踪模型，不需要保证蒸发波导修正折射率剖面的水平一致性。因此，还可以用该模型计算蒸发波导修正折射率剖面随距离而改变的情况。

在射线传播过程中，射线会在海面发生反射。为了更加精确地给出因海面反射而造成的射线幅度的变化，引入了海面粗糙度的概念。

Ament 给出了海面粗糙度引起的镜面反射系数衰减因子公式[23]，即

$$R = \exp[-2(2\pi H \sin\psi/\lambda)^2] \tag{8-5}$$

上式和 Beand 等人关于粗糙海面反射实验的报告结论相当一致。在 $H\sin\psi/\lambda$ 的值大于 0.1 时，实验测量的 R 值比式（8-5）的预测值略大。

式（8-5）中，H 是浪高分布的标准偏差，以英尺为单位，它近似等于 0.25 倍的所谓有效浪高 $H_{1/3}$，H 和 $H_{1/3}$ 的单位必须与 λ 的单位相同；ψ 是掠射角，也称为入射余角。

Miller 等人提出了基于式（8-5）的修正式[24]，表示为 $R = \mathrm{e}^{-z}\mathrm{I}_0(z)$。$\mathrm{I}_0(z)$ 是修正后的零阶贝塞尔函数 $\mathrm{I}_0(z) = \mathrm{J}_0(iz)$，$z = 2[2\pi H \sin\psi/\lambda]^2$。当参数 $H\sin\psi/\lambda$ 值为 0～0.3 时，使用公式的计算结果是很精确的。

当粗糙海面的反射，以数值方式展开计算时，可表示如下[25]：

$$R_{\mathrm{MB}} = R_0 \bigg/ \sqrt{3.2x - 2 + \sqrt{(3.2x)^2 - 7x + 9}} \tag{8-6}$$

$$x = 0.5g^2; \quad g = 4\pi\sigma_\xi \sin(\psi)/\lambda; \quad \sigma_\xi = 0.0051w_s^2$$

w_s 是风速；ψ 是掠射角；R_0 是水平海面的镜面反射系数，在掠射角极低、电磁波频段较高的情况下，R_0 值可取-1。

8.5.2 仿真条件计算结果及分析

1. 仿真条件

仿真条件如下：发射天线水平仰角为 0°，波束宽度为-0.25°～0.25°，距离范围为 0～125km，计算步长为 1m，射线条数为 5000 条，以 5m/s 风速所产生的海面粗糙度作为射线修正条件。

射线追踪模型中不包含海面粗糙度对射线幅度的影响，但为了更加精确地给出接收若干条接收射线的幅度以及相对时延，本章在程序中添加了海面粗糙度的修正模型。在仿真中，为了将粗糙海面模型与射线追踪模型相结合，设定初始发射的射线幅度为 1。射线每次与海面发生反射时，射线幅度乘以反射系数，便可得到被海面反射后的射线幅度。依次累计，直到得出接收点的射线幅度。

2. 仿真结果及分析

根据上述条件设置对电磁波在蒸发波导中的传播进行数值模拟，蒸发波导高度为 14m，

波导强度为 25M，发射天线高度分别为 1m、3m、5m、7m、10m、13m。

仿真过程把距离发射天线 125km 处作为接收点。由于蒸发波导层的陷获效应，射线能量大部分集中在蒸发波导高度以下的范围内。因此，在分析接收射线的相对时延及幅度时，分析的高度范围不超过蒸发波导高度。

图 8-39 为不同发射天线高度下的射线追踪模型仿真结果。从图 8-39 可以看出，当发射天线高度较小时，射线能量的大部分被蒸发波导层陷获，但射线与海面的反射次数较多；当发射天线高度较大时，部分射线将溢出蒸发波导层，但接收射线与海面的反射次数较少。

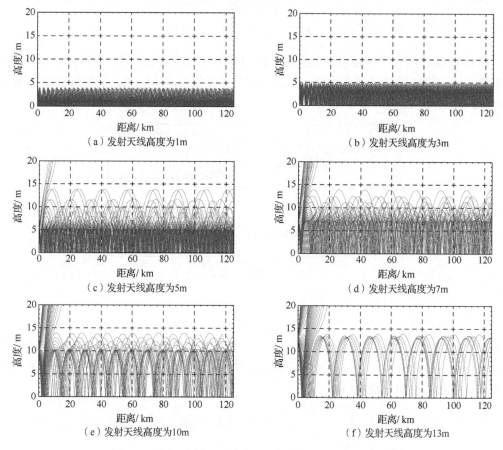

图 8-39　不同发射天线高度下的射线追踪模型仿真结果

图 8-40 为接收端蒸发波导高度范围内的接收射线幅度与相对时延的关系。从图 8-40 可以看出，在相对时延时间点 0.2ns、0.6ns、1.6ns 及 2.3ns 附近，接收射线条数较多。接收射线之间的相对时延较小，最大时延差 Δt 只有 2.5ns 左右。这说明接收信号眼图的上升/下降沿的宽度较小，应在 3ns 左右。各条接收射线之间的幅度差较大，那么信号眼图中的接收电平应有一定程度的幅度畸变。

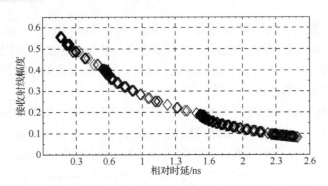

图 8-40 接收端蒸发波导高度范围内的接收射线幅度与相对时延的关系

图 8-41 是接收端不同接收区域高度范围内的接收射线幅度与相对时延的关系。仿真计算结果显示，接收区域高度不同时，两者的相对时延结构基本一致，但接收射线的条数和分布时间略有不同。

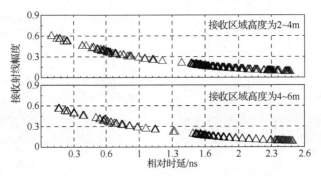

图 8-41 接收端不同接收区域高度范围内的接收射线幅度与相对时延的关系

把波导强度改为 40M，蒸发波导高度和发射天线高度均保持不变，仿真得到的接收射线幅度与相对时延的关系如图 8-42 所示。通过对比图 8-40 与图 8-42 后可知，波导强度的增加将导致接收射线相对时延的增加，并且由于射线在蒸发波导层内和海面上的反射次数增多，使得接收射线幅度有所减小。

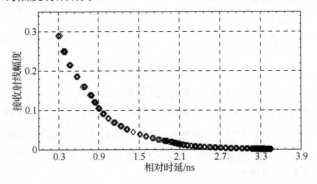

图 8-42 波导强度为 40M 时的接收射线幅度与相对时延的关系

当波导强度为40M、蒸发波导高度为20m时，在不同的发射天线高度下，接收射线幅度与相对时延会产生一定的改变。发射天线高度的不同对接收射线幅度与相对时延的影响如图8-43所示。分析图8-43，可以得出以下结论：

（1）当蒸发波导高度和波导强度一定时，存在最佳发射天线高度，使得接收射线条数较多、接收射线幅度较大且相对时延较小。

（2）发射天线高度不宜太大。发射天线高度较大时，虽然接收射线幅度较大，但接收到的射线条数较少，使接收的总能量低，不利于信号的解调，这与图8-39给出的仿真计算结果是相同的。

通过对比图8-43（d）与图8-42可知，两者的发射天线高度不同，但两者的接收射线幅度与相对时延结构相似。参考图8-39给出的不同发射天线高度下的仿真计算结果，可以说明蒸发波导高度较大时，可以使发射天线高度稍大些，以减轻海面粗糙度对射线的影响。

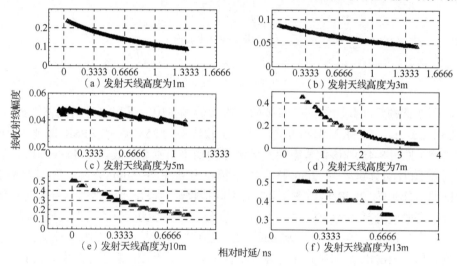

图8-43 发射天线高度的不同对接收射线幅度与相对时延造成的影响

上述分析表明，在较远的接收距离上，蒸发波导信道的特性较为优良，多径效应较小。

这可以从物理上进行解释：当传播距离较远时，发射角大于最大陷获角的射线将散逸至离海面较高的空中，不被蒸发波导层陷获；发射时被蒸发波导层陷获的射线在传播过程中与海面发生多次反射，导致射线不停地溢出蒸发波导层。因此，最后接收到的射线束是由一个极小的发射角所发射的。

按照仿真得出的相对时延差 $\Delta t = 4\text{ns}$ 计算，那么多径传播介质的相关带宽[26] $B = 1/\Delta t = 250\text{MHz}$；若工程上采用角度调制，按公式 $B_c = 1/2\pi\Delta$ [27]（其中 Δ 为时延扩展）可计算得到无码间干扰的等效传输信号带宽 B_c 值：39.7887MHz。

8.5.3 实验数据及解释

抖动和误码率是信号眼图最重要的测量指标。图8-44是定时抖动的示意图，抖动指的是脉冲前沿和后沿的时序变化,它的正式定义是信号有效部分偏离当时理想位置的差值。"有效部分"是指数据波形的前沿和后沿。抖动有两种类型,即随机抖动和确定性抖动,与数据有关的是确定性抖动,这种抖动来源于码间干扰、占空比失真和伪随机比特序列的周期性。测量仪器的时间不精准度、仪器噪声以及信号多径效应所造成的码元前沿和后沿的时间抖动,称为定时抖动。因为信号定时抖动中包含了相对时延,所以在工程中以定时抖动替代信号相对时延。

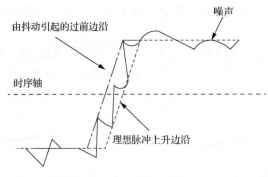

图 8-44   定时抖动的示意图

作者所在课题组在我国东部某海域的一次实验测量中,采用二进制相移键控(Binary Phase Shift Keying,BPSK)调制方式,测量了波特率为 25Mb/s 的 BPSK 调制信号眼图及频谱包络线(见图 8-45)。该信号眼图及频谱截图均来自泰克示波器(TDS3000C)。图 8-45 中的信号眼图时间分辨率为 20ns/格,电平幅度分辨率为 500mV/格。频谱的谱宽度为 12.5MHz/格,幅度为 20dB/格。图 8-46 为不同接收天线高度下测得的信号眼图,图 8-46 中的信号眼图时间分辨率为 10ns/格,电平幅度分辨率为 200mV/格。测试时,根据当时的气象条件(空气温度:29.1℃,海水表面温度:20℃,相对湿度:58%,风速:5m/s)、路径损失测量值(-162dB)和接收端与发射端的距离,采用 PJ 模型可以推导得到当时的蒸发波导高度(19.34m)和波导强度(47M 左右)。发射天线高度为 3m 左右。

从图 8-45 的信号眼图可以发现,定时抖动的时间宽度为 3ns 左右,这与仿真时得出的 4ns 左右的相对时延是一致的。同时可以观察到,信号波形电平的抖动范围为 250mV 左右。这也与仿真得到的结论(如果各条接收射线之间的幅度差较大,那么信号眼图中的接收电平应有一定程度的幅度畸变)是一致的。从信号频谱包络线可以看出,在 25MHz 带宽内,频谱很平稳,没有发现频率选择性衰落。

在同一天的不同时间点,课题组再次测试并得到了信号眼图。由于当时海水涨落潮的影响,使天线相对于海面的高度发生了变化。图 8-46 中的信号眼图与图 8-45 的信号眼图基本相同:定时抖动在 4ns 左右,电平抖动范围为 240mV 左右。这说明在相同的波导条件下,接收天线高度略有不同对接收射线的相对时延结构与接收射线幅度的影响不大,这个结论与图 8-41 的仿真结果一致。

值得注意的是,两次测量时虽然接收天线高度不同,但测量得到的信号的噪声容限是接近的。

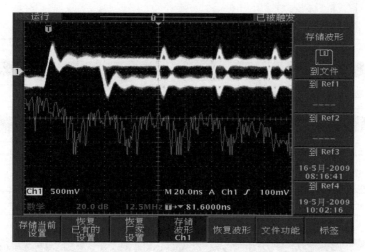

图 8-45　波特率为 25Mb/s 的 BPSK 调制信号眼图及频谱包络线

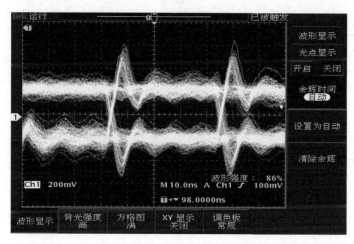

图 8-46　不同接收天线高度下测得的信号眼图

　　作者所在课题组在我国南部某海域的另一次实验测量中，采用 BPSK 调制方式，测量了波特率为 50Mb/s 的信号眼图（见图 8-47）及星座图（见图 8-48）。此次实验采用罗德与施瓦茨公司生产的矢量信号分析仪，安捷伦公司生产的矢量信号发生器，发射天线波束极窄，角度为 1～2°，发射天线离海面的高度为 4～5m。此次实验的测试距离与我国东部某海域实验中的测试距离相近。接收信号的矢量误差幅度为 30%，信噪比为 10dB，噪声容限约为 40%。图 8-47 中，横坐标是 0.2 个码元宽度/格，纵坐标是 300mV/格，信号波形的电平抖动范围为−300～300mV，相对时延为 4ns 左右。这个测试结果与图 8-45 和图 8-46 中的测试结果是一致的。

　　不同海域的两次测量结果表明，虽然传播距离、海域地理位置、气象条件不尽相同，但是在较远的距离上，蒸发波导的信道相对时延量级是较小的。在波特率较高时，信道的相对时延对码元的解调不会造成影响。

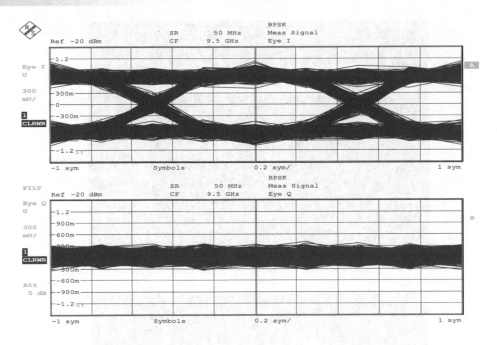

图 8-47　波特率为 50Mb/s 的 BPSK 调制信号眼图

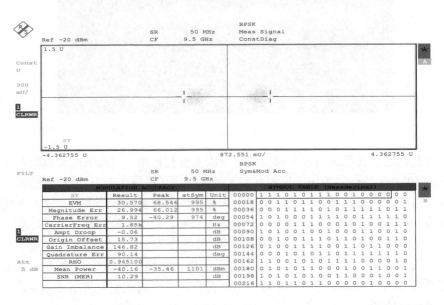

图 8-48　波特率为 50Mb/s 的 BPSK 调制信号星座图

本节通过射线追踪模型仿真计算结果，分析了蒸发波导中的电磁波传播特性，并与海上实验得到的测量结果做了对比，得到以下基本结论：

（1）蒸发波导信道是较为优良的通信信道。模型仿真与海上实验皆表明，在较远距离上信号的相对时延很小，通信带宽可达上百兆比特·秒。对蒸发波导中的电磁波高速数据通信来说，影响其工作的最关键因素是接收信号的强度，而非信号的多径效应。

（2）发射天线高度不宜太大，否则，会使射线能量大量溢出蒸发波导层，从而影响接收射线的总接收能量。但发射天线高度也不宜过小，否则，会使接收射线受海面粗糙度的影响较大。总体来说，当蒸发波导高度和波导强度已知时，存在最佳发射天线高度。这个结果在海上实验中得到了验证。

8.6　蒸发波导信道的频率响应

蒸发波导信道对不同频率电磁波的陷获能力并不相同，海上实验证明，频率较高的电磁波更容易被陷获在蒸发波导中传播。许多舰载雷达和通信系统都工作在电磁波频段，会受到蒸发波导的影响。因此，研究蒸发波导对不同频率电磁波传播的影响十分重要。本节利用抛物方程模型计算了蒸发波导信道的频率响应，详细分析了不同频率电磁波在蒸发波导中的传播特性，并利用蒸发波导海上实验数据进行了验证。

8.6.1　频率响应的计算方法

本节利用 NPS 模型计算不同环境下蒸发波导修正折射率剖面，并把计算得到的修正折射率剖面输入抛物方程模型中，计算不同频率电磁波的传播特性，进而得到蒸发波导信道的频率响应。下面分别介绍蒸发波导环境信息和抛物方程模型的计算参数设置等内容。

近海面蒸发波导高度一般为 10～20 m，本节利用 NPS 模型计算蒸发波导修正折射率剖面，气象参数信息见表 8-5，蒸发波导高度分别是 10.8 m、12.7 m、15.8 m、18.1 m 和 20.7 m，如图 8-49 所示。

表 8-5　气象参数信息

序号	空气温度/℃	海水表面温度/℃	相对湿度（%）	海面风速/（m/s）	气压/hPa	蒸发波导高度/m
1	20	20	40	8	1022.2	20.7
2	20	20	55	8	1022.2	18.1
3	20	20	65	8	1022.2	15.8
4	20	20	75	8	1022.2	12.7
5	20	20	80	8	1022.2	10.8

抛物方程模型设置如下：

（1）发射天线。考虑到实际舰船电磁系统的工作参数，将发射天线设置为全向型天线，水平极化，发射天线高度设为 3 m，发射信号频率为 1～20 GHz。

（2）接收天线。接收天线为垂直天线阵列，高度为 1～11 m，间隔为 2 m。

（3）传播环境。传播环境参考图 8-49，为了简化问题，不考虑蒸发波导水平变化情况。

（4）输出参数。输出水平距离为 200 km，输出点数为 600；输出高度为 100 m，输出点数为 400。

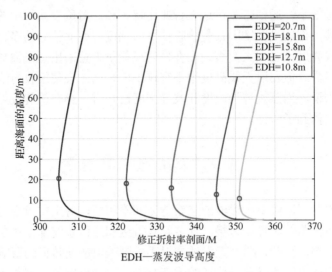

EDH—蒸发波导高度

图 8-49　发波导修正折射率剖面

抛物方程模型计算参数见表 8-6。

表 8-6　抛物方程模型计算参数

参数类型	参数数值
发射天线高度	3 m
发射频率	1～20 GHz
天线类型	全向型天线
极化方式	水平极化
高度范围	0～200 m
水平范围	0～200 km
修正折射率剖面	NPS 模型的计算结果
输出参数	路径损失

8.6.2　仿真计算

针对不同蒸发波导高度情况，利用抛物方程模型，可以计算出不同频率电磁波传播的路径损失。由于路径损失在空间的分布具有很大的不均匀性，因此，需要结合实际应用需求，选取某些高度和水平距离，绘制出蒸发波导信道的频率响应曲线。

蒸发波导信道的频率响应曲线在固定接收天线高度和水平距离下，蒸发波导信道的表现为路径损失随频率变化的曲线。本节主要绘制两类蒸发波导信道的频率响应曲线。第一类频率响应曲线对应的固定接收天线高度为 3 m，选取的水平距离为 50 km、70 km、90 km、

110 km、130 km 和 150 km。第二类频率响应曲线对应的固定接收天线水平距离为 100 km，选取的接收天线高度为 1 m、3 m、5 m、7 m、9 m 和 11 m。然后，给出当接收天线高度为 3 m、水平距离为 100 km 时，不同蒸发波导高度下的频率响应曲线比较图。

图 8-50 是第一类蒸发波导信道的频率响应曲线，接收天线高度为 3 m，接收天线水平

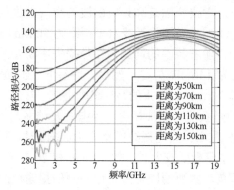
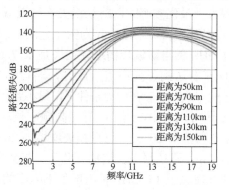

（a）EDH=10.8m时，蒸发波导信道的频率响应曲线　　（b）EDH=12.7m时，蒸发波导信道的频率响应曲线

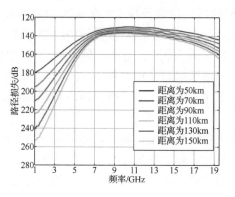
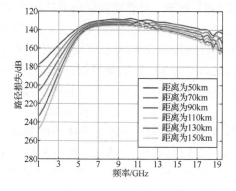

（c）EDH=15.8m时，蒸发波导信道的频率响应曲线　　（d）EDH=18.1m时，蒸发波导信道的频率响应曲线

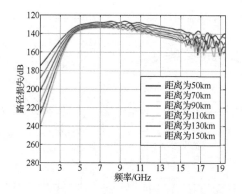

（e）EDH=20.7m时，蒸发波导信道的频率响应曲线

图 8-50　第一类蒸发波导信道的频率响应曲线

距离为 50 km、70 km、90 km、110 km、130 km 和 150 km。从图 8-50 可以看出，蒸发波导信道的频率响应具有类似带通滤波器特性，即当电磁波频率较低时，它不能在蒸发波导中传播，路径损失较大。随着电磁波频率的增加，更多能量被陷获在蒸发波导层中，路径损失不断减小。在蒸发波导信道频率响应曲线上，存在一个路径损失值最小的最优频率，当频率大于最优频率时，路径损失将缓慢减小，主要原因是高频电磁波的空气吸收损失较大。以蒸发波导高度 12.7 m 为例 [见图 8-50（b）]，当接收天线水平距离为 90 km 时，频率为 1 GHz 的电磁波传播路径损失是 217 dB，随着频率的增加，路径损失不断减小，在 11 GHz 左右达到了最小值。此时，路径损失为 140 dB 左右。然后，路径损失以每兆赫几分贝的方式减小。在这种条件下，最小路径损失比 1 GHz 下的路径损失小 77 dB 左右。从图 8-50 还可以看出，蒸发波导对高频电磁波的陷获能力更加显著。当电磁波频率为 1 GHz 时，距离每增加 20 km，路径损失就增加 20 dB 左右；当电磁波频率为 10 GHz 时，距离每增加 20 km，路径损失仅增加几分贝。当蒸发波导高度较大时，如 18.1 m 和 20.7 m，频率响应曲线在大于 15 GHz 时出现了小幅度的振荡，主要原因可能是由不同传播途径的电磁波干涉作用引起的。

图 8-51 是第二类蒸发波导信道的频率响应曲线，接收天线水平距离为 100 km，接收天线高度为 1～11 m，间隔 2 m。从图 8-51 可以看出，在不同蒸发波导中，都存在路径损失最小的最优接收天线高度。以蒸发波导高度 10.8 m 为例，当电磁波频率大于 10 GHz 时，接收天线高度为 3 m 时的路径损失比其他接收高度下的路径损失都小，在其他蒸发波导中，也有类似结论。当接收天线高度和电磁波频率都比较大时，频率响应曲线存在明显的小幅度振荡，可能是由信号多径传播引起的。

图 8-52 是不同蒸发波导高度下的频率响应曲线对比图。其中，接收天线水平距离是 100 km，接收天线高度是 3 m。从图 8-52 可以看出，随着蒸发波导高度的增加，最优接收频率不断减小，频率响应曲线的上升沿变得比较陡峭。由此可知，蒸发波导高度越大，蒸发波导能够陷获的电磁波频率就越低。

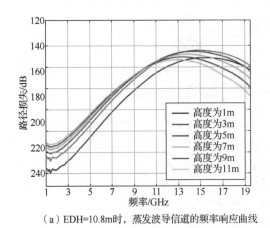

（a）EDH=10.8m时，蒸发波导信道的频率响应曲线　（b）EDH=12.7m时，蒸发波导信道的频率响应曲线

图 8-51　第二类蒸发波导信道的频率响应曲线

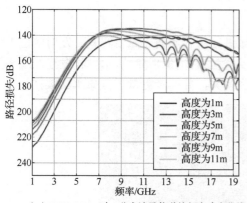

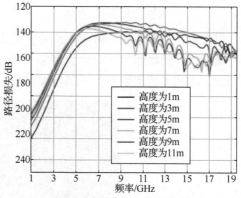

（c）EDH=15.8m时，蒸发波导信道的频率响应曲线　　　　（d）EDH=18.1m时，蒸发波导信道的频率响应曲线

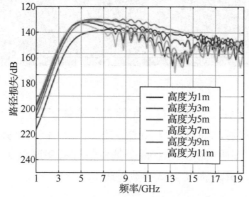

（e）EDH=20.7m时，蒸发波导信道的频率响应曲线

图 8-51　第二类蒸发波导信道的频率响应曲线（续）

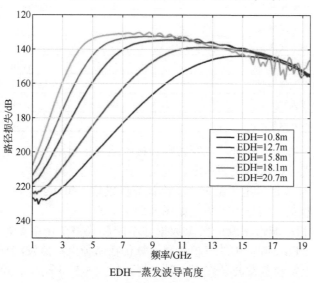

EDH—蒸发波导高度

图 8-52　不同蒸发波导高度下的频率响应曲线

209

8.6.3　海上实验及结果分析

作者所在课题组于 2009 年 5 月在黄海海域进行了蒸发波导海上实验，发射端位于江苏省盐城市，接收端位于山东省海阳市，海上实验位置如图 8-53 所示，收发连线距离为 277 km。本次实验主要测量了蒸发波导信道路径损失，并同步测量了气象水文数据。

图 8-53　海上实验位置

在 2009 年 5 月 29 日上午 12 时左右，实验人员测量了蒸发波导信道的频率响应。电磁波信号在江苏省盐城市发射，经过 277 km 传播后，在山东省海阳市被接收。电磁波信号频率为 8.5～12.5 GHz，间隔 500 MHz。每个频率信号采集时间为 5 min 左右，接收信号电平记录在工作计算机上。黄海海上实验参数见表 8-7。

表 8-7　黄海海上实验参数（2009 年 5 月 29 日）

参数类型	参数数值
发射天线类型	角锥喇叭型天线
发射天线增益	20 dB
发射天线高度	4.5 m
发射功率	25 dBm
接收天线类型	角锥喇叭型天线
接收天线增益	25 dB
接收天线高度	5 m

在进行蒸发波导海上实验时，在发射端和接收端利用自动气象站记录气象数据，所记录的参数包括空气温度、海水表面温度、气压、海面风速、风向和相对湿度等，气象数据每 10 s 保存一次。接收信号电平数据由工作计算机采集，每 1 s 保存一次。黄海海上实验采集到的气象数据和接收信号电平数据如图 8-54 所示。

由于在海阳市和盐城市记录的气象数据并不能反映整个传播路径上的气象参数的变化，因此本节利用 CFSR 数据中的气象参数计算传播路径上的蒸发波导修正折射率剖面信息，得到的黄海海上实验蒸发波导修正折射率剖面如图 8-55 所示。之后，将这些信息输入抛物方程模型中，计算出不同频率信号的路径损失。

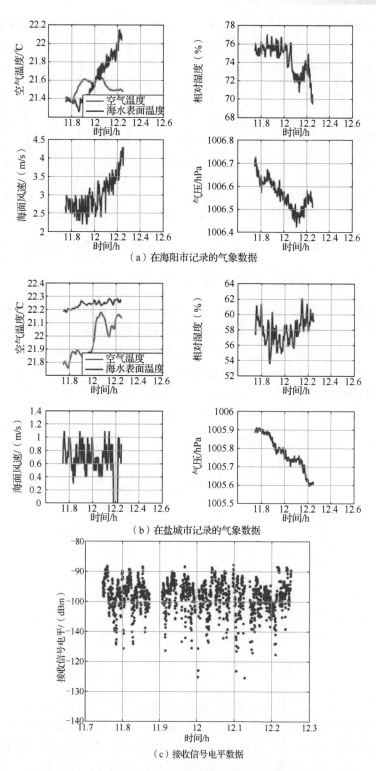

（a）在海阳市记录的气象数据

（b）在盐城市记录的气象数据

（c）接收信号电平数据

图 8-54　黄海海上实验采集到的气象数据和接收信号电平数据

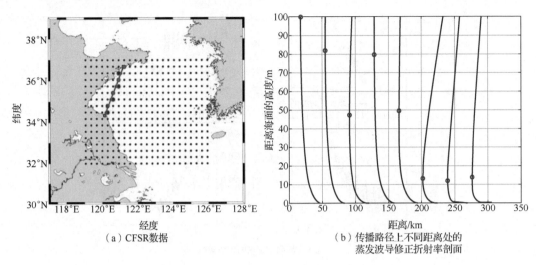

（a）CFSR数据

（b）传播路径上不同距离处的
蒸发波导修正折射率剖面

图 8-55　黄海海上实验蒸发波导修正折射率剖面

图 8-56 是蒸发波导信道的频率响应实验测量结果，蓝色点表示路径损失测量值，红色点表示每个频点路径损失平均测量值。从图 8-56 可以看出，路径损失平均测量值在频率为 8.5 GHz 时最小，为 160 dB 左右。随着频率的增大，路径损失平均测量值缓慢地减小。在每个频点，路径损失测量值在 10～20 dB 之间起伏，可能是由信号多径效应、发射天线高度和接收天线高度变化引起的。

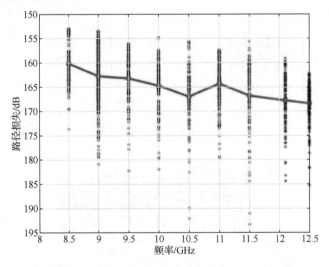

图 8-56　蒸发波导信道的频率响应实验测量结果

将水平变化的蒸发波导修正折射率剖面信息输入抛物方程模型中，可以计算得到路径损失。图 8-57 是蒸发波导信道的频率响应实验测量结果和模型计算结果的对比。从图 8-57 可以看出，实验测量结果和模型计算结果在 8.5～10.5 GHz 和 11.5～12.5 GHz 频段存在 3～5 dB 的差异。可见，实验测量结果与模型计算结果比较吻合，说明本节中计算蒸发波导信号的频率响应方法是有效的。但是在 11 GHz 频点处，实验测量结果比模型计算结果大 15 dB 左右，造成这个误差的原因可能是 CFSR 数据中的气象数据误差、发射天线高度误差和接收天线高度误差。

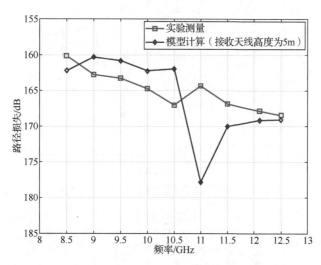

图 8-57　蒸发波导信道的频率响应实验测量结果与模型计算结果的对比

　　本节利用抛物方程模型模拟上述情况，结果表明，发射天线高度和接收天线高度的不确定性是产生误差的主要原因。在海上实验中，虽然测量了发射天线高度和接收天线高度，但是潮汐和海浪的变化引起了发射天线高度和接收天线高度不断变化，这些变化会对路径损失计算带来影响。图 8-58 是发射天线高度和接收天线高度的不确定性对路径损失计算的影响。接收天线高度的测量值是 5 m，在仿真中，设定接收天线高度为 4～6 m。从图 8-58 可以看出，接收天线高度的不确定性会使路径损失计算结果产生几分贝以内的误差，其中高频部分的影响比低频部分的影响大。在 8.5～9 GHz 频段，由接收天线高度的不确定性产生的误差只有 1 dB，但是在 12 GHz 频点处，由接收天线高度的不确定性产生的误差达到 6 dB。实验中测量的发射天线高度为 4.5 m，在模拟中将发射天线高度设为 4～5 m。从图 8-58 可以看出，由发射天线高度的不确定性产生的误差比接收天线高度的不确定性产生的误差大，在 10～20 dB 之间。图 8-58 中的黑色菱形表示不同发射天线高度对应路径损失的平均值，可以看出，在 11 GHz 频点处，平均误差降低到了 5 dB 左右。由上述分析可知，发射天线高度的不确定性是产生误差的主要原因。

　　本节还利用抛物方程模型，分析了不同蒸发波导高度下蒸发波导信道的频率响应，并利用 2009 年的黄海海上实验数据对本节给出的方法进行了验证。但是，受到当时实验条件限制，只对 8.5～12.5 GHz 频段进行了验证，更低频段的频率响应还有待进一步测量和验证，为舰载雷达通信系统的频率选择提供可靠依据。

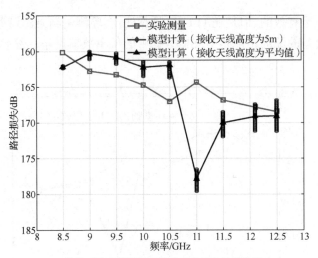

（a）接收天线高度的不确定性对路径损失计算的影响

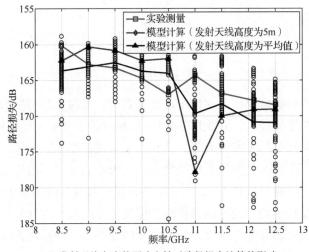

（b）发射天线高度的不确定性对路径损失计算的影响

图 8-58　接收天线高度和发射天线高度的不确定性对路径损失计算的影响

本 章 小 结

　　本章首先基于射线追踪模型和抛物方程模型，对水平均匀蒸发波导中的电磁波传播进行了仿真计算，利用抛物方程模型分析了水平不均匀蒸发波导对电磁波传播的影响，并利用海上实验数据对结论进行了验证。结果表明，当发射端蒸发波导高度大于接收端蒸发波导高度时，水平不均匀蒸发波导对电磁波传播的影响十分显著。其次，通过数值仿真和实验观测的方法，给出了海上障碍物对电磁波传播的影响。仿真结果表明，障碍物的存在显著地增加了电磁波传播的路径损失。南海海上实验结果表明，岛屿的存在使电磁波传播路径损失增加了 30～40 dB。同时介绍海面粗糙度对蒸发波导中的电磁波超视距传播的影响，结果表明，来自粗糙海面的反射，是计算蒸发波导传播路径损失的不可忽视的重要因素；分析了海洋蒸发波导信道的多径效应，结果表明，对蒸发波导中的高速数据通信来说，影响其工作的最关键因素是接收信号的强度，而非信号的多径效应。最后，介绍了蒸发波导信道的频率响应，分析了不同频率的电磁波在蒸发波导信道中的传播特性，给出了蒸发波导信道具有类似带通滤波器的特性，并利用黄海海上实验数据对计算方法进行了验证。

本章参考文献

[1]　BABIN S M, YOUNG G S, Carton J A. A new model of the oceanic evaporation duct[J]. Journal of Applied Meteorology, 1997, 36(3): 193-204.

[2]　BABIN S M, DOCKERY G D. LKB-Based Evaporation Duct Model Comparison with Buoy Data[J]. Journal of Applied Meteorology, 2002, 41(4): 434-446.

[3]　盛峥, 黄思训. 雷达回波资料反演海洋波导的算法和抗噪能力研究[J]. 物理学报, 2009, (6): 4328-4334.

[4]　YARDIM C, GERSTOFT P, HODGKISS W S. Tracking refractivity from clutter using Kalman and particle filters[J]. Antennas and Propagation, IEEE Transactions on, 2008, 56(4): 1058-1070.

[5]　GERSTOFT P, ROGERS L T, KROLIK J L, et al. Inversion for refractivity parameters from radar sea clutter[J]. Radio science, 2003, 38(3).

[6]　YARDIM C, GERSTOFT P, HODGKISS W S. Estimation of radio refractivity from radar clutter using Bayesian Monte Carlo analysis[J]. Antennas and Propagation, IEEE Transactions on, 2006, 54(4): 1318-1327.

[7]　SI-XUN H, ZHAO X, ZHENG S. Refractivity estimation from radar sea clutter[J]. Chinese Physics B, 2009, 18(11): 5084.

[8]　Paulus R A. Practical application of an evaporation duct model[J]. Radio Science, 1985, 20(4): 887-896.

[9]　MUSSON‐GENON L, GAUTHIER S, BRUTH E. A simple method to determine evaporation duct height in the sea surface boundary layer[J]. Radio science, 1992, 27(5): 635-644.

[10]　SAHA S, MOORTHI S, PAN H-L, et al. The NCEP climate forecast system reanalysis[J]. Bulletin of the American Meteorological Society, 2010, 91(8): 1015-1057.

[11]　MICHALAKES J, CHEN S, DUDHIA J, et al. Development of a next generation regional weather research and forecast model[C]. 2001. World Scientific. pp. 269-276.

[12]　GRELL G, DUDHIA J, STAUFFER D. The Penn State/NCAR Mesoscale Model (MM5). NCAR Tech[R]: Note NCAR/TN-398STR, 1994.

[13]　HODUR R M. The Naval Research Laboratory's coupled ocean/atmosphere mesoscale prediction system (COAMPS)[J]. Monthly Weather Review, 1997, 125(7): 1414-1430.

[14]　KALNAY E, KANAMITSU M, KISTLER R, et al. The NCEP/NCAR 40-year reanalysis project[J]. Bulletin of the American meteorological Society, 1996, 77(3): 437-471.

[15]　LEVY M. Parabolic equation methods for electromagnetic wave propagation: IET, 2000.

[16]　黄小毛, 张永刚, 王华, 等. 大气波导对雷达异常探测影响的评估与试验分析[J]. 电子学报, 2006, Vol. 34, No. 4, pp. 722-725.

[17]　姚展予, 大气波导特征分析及其对电磁波传播的影响[J]. 气象学报, 2000, 58(5): 605-616.

[18]　蔺发军, 刘成国, 成思, 等. 海上大气波导的统计分析[J]. 电波科学学报, Vol. 20, No. 1, 2005.

[19] 戴福山, 海洋大气近地层折射指数模式及其在蒸发波导分析上的应用[J]. 电波科学学报, 1998, 13(3): 280-286.

[20] 刘成国, 黄际英, 江长荫, 等. 我国对流层波导环境特性研究[J]. 西安电子科技大学学报(自然科学版), 2002, 29(1): 119-122.

[21] KATHERINE L. Twigg A smart climatology of evaporation duct height and surface radar propagation in the Indian ocean[D]. 2007.

[22] YUE PAN, YUANLIANG MA, KUNDE YANG, et al. Modeling evaporation duct propagation above the rough sea surface with the aid of the parabolic equation and ray optics methods[C]. WAC 2008 World, pp. 1-5.

[23] W. S. AMENT. Toward a Theory of Reflection by a rough surface[J]. Proceedings of the IRE, 1953, Vol. 41, pp. 142-146.

[24] A. R. MILLER, R. M. BROWN, E. VEGH. New derivation for the rough surface reflection coefficient and for the distribution of the sea-wave elevations[J]. Porc. Inst. Elect. Eng, Vol. 131, no. 2, pt. H, pp. 114-116, Apr. 1984.

[25] W. L. PATTERSON, C. P. HATTON, G. E. LINDEM, et al. Engineer's Refractive Effects Prediction system (EREPS)[R]. Space and Naval Warfare System Center, Technology Report 2648, San Diego, Calif. , May. 1994, pp. 120-122.

[26] 樊昌信, 等. 通信原理[M]. 北京: 国防工业出版社, 2002.

[27] 郭梯云, 等. 移动通信[M]. 西安: 西安电子科技大学出版社, 2002.

第9章 蒸发波导数据传输系统

本章主要是在蒸发波导监测预报方法及电磁波传播特性的基础上，结合实际通信系统，给出了蒸发波导数据传输系统的辅助决策方法。同时，本章还给出了蒸发波导数据传输系统的参数优化方法，为最优天线高度和工作频率的选取提供了依据。在第4章介绍的蒸发波导高度时空分布规律的基础上，计算蒸发波导数据传输系统在典型海域的可通概率，并利用海上实验数据对辅助决策方法进行了验证，为蒸发波导数据传输系统的应用提供了重要依据。

9.1 蒸发波导数据传输系统的辅助决策方法

蒸发波导数据传输系统的辅助决策方法，是指依据路径损失计算值或实测值以及通信系统参数等信息，计算在当前蒸发波导信道条件下系统通信距离、传输带宽和最优参数等信息，为蒸发波导数据传输系统的工作提供辅助决策信息。图 9-1 是蒸发波导数据传输系统的辅助决策方法研究框架，表 9-1 是辅助决策方法的输入参数和输出参数。

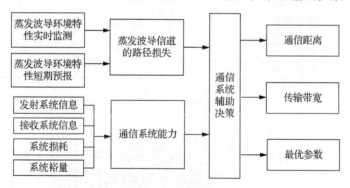

图 9-1　蒸发波导数据传输系统的辅助决策方法研究框架

表 9-1　辅助决策方法的输入参数和输出参数

输入参数	计算模型	输出参数
（1）蒸发波导信道的路径损失 ① 蒸发波导环境特性实时监测 ② 蒸发波导环境特性短期预报 （2）通信系统能力 ① 系统工作频率 ② 发射功率，极化方式 ③ 发射天线高度、增益 ④ 接收机灵敏度 ⑤ 接收天线高度、增益	通信系统辅助决策方法	（1）当前信道条件下，系统的通信距离。 （2）当前信道条件下，系统可以利用的传输带宽。 （3）当前信道条件下，系统最优工作参数

9.1.1　蒸发波导信道的路径损失

利用蒸发波导实时监测和短期预报结果，可以获取当前时间和未来一段时间内大面积海域蒸发波导高度分布特征，从中可以提取蒸发波导修正折射率剖面，进而计算出蒸发波导信道的路径损失。

本节选取 114°E、18°N 为中心位置，计算半径 300 km 区域范围内蒸发波导信道的路径损失分布情况。在计算时，设定发射天线高度为 3 m，接收天线高度为 3 m，在半径 300 km 的圆周上间隔 1°选取接收位置，选取与收发连线最近格点的环境信息，频率设置为 8 GHz。环境信息从 CFSR 数据中提取。蒸发波导信道的路径损失计算参数见表 9-2。图 9-2 是蒸发波导信道的路径损失计算示意，计算半径为 300 km，系统收发连线经过 13 个或 14 个环境参数格点，将这些格点处的蒸发波导修正折射率剖面输入抛物方程模型中，计算 360°方向的路径损失。

表 9-2　蒸发波导信道的路径损失计算参数

参数	数值
中心位置	114°E，18°N
计算半径	300 km
角度间隔	1°（0°～360°）
发射天线高度	3 m
接收天线高度	3 m
信号频率	8 GHz
环境信息	CFSR 数据（2012 年 10 月 25 日 20 时）

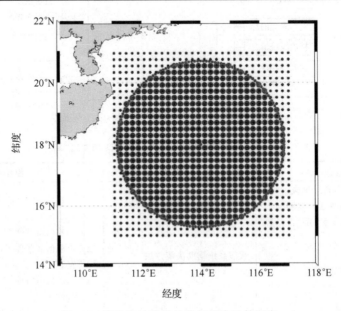

图 9-2　蒸发波导信道的路径损失计算示意

图 9-3 是蒸发波导信道的路径损失分布，计算时刻为 2012 年 10 月 25 日 20 时。从图 9-3 可以看出，由于蒸发波导的分布具有水平不均匀性，电磁波信号在各个方向上的传播路径损失并不相同。在有些方向上，蒸发波导高度较大，路径损失较小；而在其他方向上，蒸发波导高度小，路径损失较大。在半径 100 km 范围内，路径损失为 160～170 dB；在半径 200 km 范围内，路径损失为 170～180 dB；在半径 300 km 范围内，路径损失为 190～200 dB。利用上述路径损失分布信息和通信系统参数，就可以完成蒸发波导数据传输系统的辅助决策，进而计算通信距离和传输速率等参数。

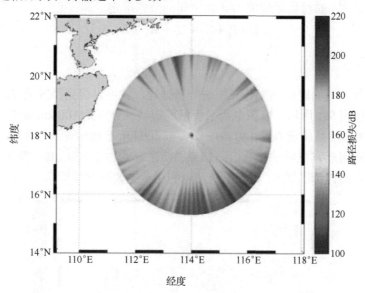

图 9-3　蒸发波导信道的路径损失分布（2012 年 10 月 25 日 20 时）

9.1.2　通信系统能力的计算

通信系统能力主要由通信系统的发射功率、发射天线增益、接收天线增益、接收机灵敏度、系统损耗、接收机噪声系数、系统裕量等参数决定。对于不同传输模式，通信系统参数选取也不尽相同。当通信链路是浮标到舰船时，浮标系统天线一般是全向天线或者扇区天线，而舰船通信系统天线是抛物面天线或喇叭天线。当通信链路是舰船到舰船时，两端通信系统天线都是抛物面天线或者喇叭天线。为了在蒸发波导条件较差的情况下保持通信链路，接收机设置了不同传输带宽。不同传输带宽对应着不同接收机灵敏度，传输带宽减小，接收机灵敏度降低。通信系统参数及其符号见表 9-3。

表 9-3　通信系统参数及其符号

通信系统参数	符号
发射功率	P_t
发射天线增益	G_t

通信系统参数	符号
接收天线增益	G_r
接收机灵敏度	S_i
传输速率	i
系统裕量	M_a
系统损耗	L

对应传输速率 i 的通信系统能力 A_i 由下面的公式确定，即

$$A_i = P_t + G_t + G_r - M_a - L - S_i \tag{9-1}$$

9.1.3　辅助决策方法的确定

将蒸发波导信道的路径损失分布图进一步处理，就可以得到蒸发波导数据传输系统的辅助决策图，如图 9-4 所示。该图中两个蓝色圆形半径分别是 100 km 和 200 km。从图 9-4 可以看出，如果通信系统能力是 180 dB，那么在 200 km 范围内（绿色区域及其内部区域），通信系统可以利用蒸发波导进行通信；如果通信系统能力是 170 dB，那么在 100 km 范围内（黄色区域及其内部区域），通信系统可以利用蒸发波导进行通信。

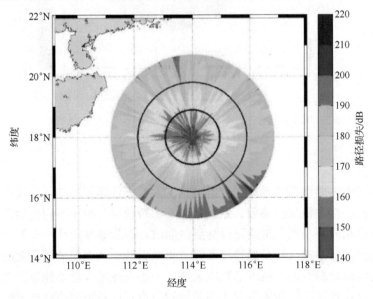

图 9-4　蒸发波导数据传输系统的辅助决策图（2012 年 10 月 25 日 20 时）

图 9-5 是 2012 年 10 月 25 日 1—4 时的蒸发波导数据传输系统的辅助决策图，可以看出，在这个时段内，随着气象条件的变化，通信距离是不断变化的。利用本章给出的蒸发波导数据传输系统的辅助决策方法，可以计算各种通信系统（浮标-舰船、舰船-舰船、岸-舰船）在不同蒸发波导中的通信距离和传输带宽。

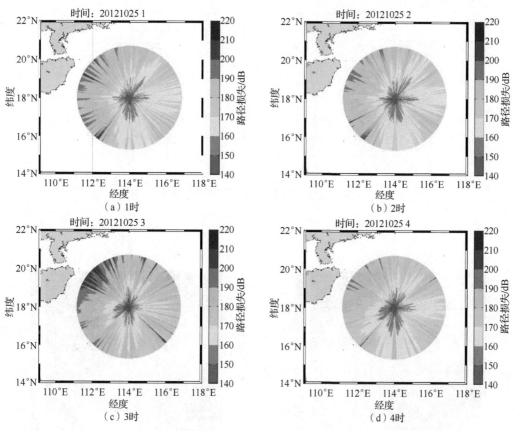

图 9-5　蒸发波导数据传输系统的辅助决策图（2012 年 10 月 25 日 1—4 时）

9.2　蒸发波导数据传输系统的参数优化

　　蒸发波导数据传输系统的参数优化是指在给定蒸发波导条件下，寻找最小路径损失值对应的发射天线高度、接收天线高度和系统工作频率。

9.2.1　最优天线高度

　　最优天线高度是指当蒸发波导环境特性和系统工作频率确定时，对应路径损失最小的发射天线高度和接收天线高度。当蒸发波导高度为 20 m 时（见图 9-6），在接收距离 100 km 处，路径损失随发射天线高度和接收天线高度变化的规律如图 9-7 所示，所用的信号发射频率分别是 8.5 GHz、10 GHz 和 13 GHz。

　　从图 9-7 可以看出，当信号发射频率为 8.5 GHz 时，最优发射天线高度和接收天线高度都为 4 m 左右。此时，最小路径损失为 135 dB。在相同条件下，若发射天线高度和接收天线高度都为 10 m 左右，则路径损失为 145 dB。可见，在蒸发波导中，高度小的天线比高度大的天线更有优势。当发射信号频率为 10 GHz 时，最优发射天线高度和接收天线高

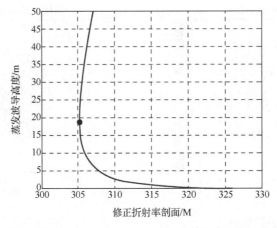

图 9-6   蒸发波导修正折射率剖面（蒸发波导高度 20 m）

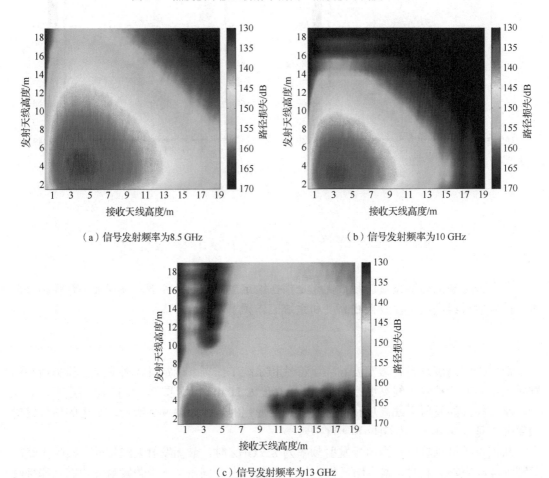

（a）信号发射频率为8.5 GHz

（b）信号发射频率为10 GHz

（c）信号发射频率为13 GHz

图 9-7   当蒸发波导高度为 20 m 时，在接收距离 100 km 处
路径损失随发射天线高度和接收天线高度变化的规律

度都为 3 m 左右。当发射信号频率为 13 GHz 时，最优发射天线高度为 2～3 m，最优接收天线高度为 2～4 m。

9.2.2　最优工作频率

最优工作频率的研究可以借鉴 8.6 节给出的蒸发波导信道的频率响应的结果，在不同的蒸发波导中（见图 9-8），计算出蒸发波导信道的频率响应曲线（见图 9-9），从频率响应曲线中可以得到当前蒸发波导条件下，通信系统最优工作频率。从图 9-9 可以看出，随着蒸发波导高度的增加，通信系统最优工作频率变小。例如，当蒸发波导高度是 10.8 m 时，通信系统最优工作频率为 15 GHz 左右；当蒸发波导高度增加到 20.7 m 时，通信系统最优工作频率为 6 GHz 左右。在实际应用时，可以根据当时的蒸发波导条件，计算通信系统最优工作频率。

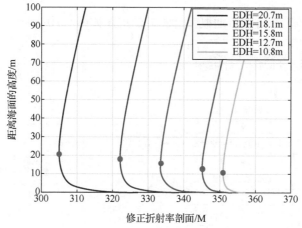

图 9-8　蒸发波导修正折射率剖面

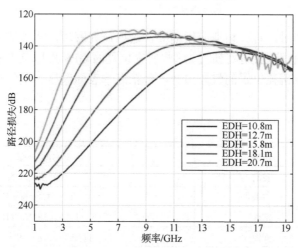

图 9-9　不同蒸发波导信道的频率响应曲线
（发射天线高度为 3 m，接收天线高度为 3 m，接收距离为 100 km）

9.3　蒸发波导数据传输系统的可通概率

蒸发波导数据传输系统的可通概率是指在蒸发波导中，利用通信系统可以建立通信链路的概率。蒸发波导数据传输系统的可通概率与蒸发波导环境特性、通信系统的通信距离、传输带宽有着密切关系。由 4.2 节对世界海洋蒸发波导高度时空分布规律的分析可知，蒸发波导在空间分布上具有很大不均匀性。因此，蒸发波导数据传输系统的可通概率在空间分布上也很不均匀。本节给出了蒸发波导数据传输系统的可通概率计算方法，并以南海、黄海、东海和菲律宾海的 5 个典型位置为例，计算蒸发波导数据传输系统的可通概率。

9.3.1　可通概率的计算方法

蒸发波导数据传输系统的可通概率计算方法框图如图 9-10 所示。

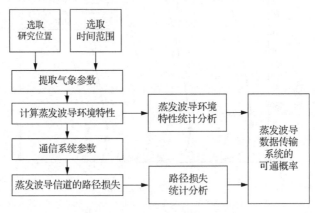

图 9-10　蒸发波导数据传输系统的可通概率计算方法框图

在计算可通概率时，首先根据应用需要，选取研究海域。本节选取黄海、东海、南海和菲律宾海的 5 个典型位置进行研究，这些研究位置的 GPS 坐标见表 9-4 和图 9-11。然后，从 CFSR 数据中提取研究位置的气象参数，包括海水表面温度、空气温度、相对湿度、海面风速和气压。

表 9-4　可通概率研究位置的 GPS 坐标

位置序号	海域	GPS 坐标
1	黄海	122°E，35°N
2	东海	123.45°E，25.73°N（钓鱼岛）
3	南海	114°E，18°N（O1）
4	南海	112.5°E，18.6°N（O2）
5	菲律宾海	126.02°E，21.36°N（P1）

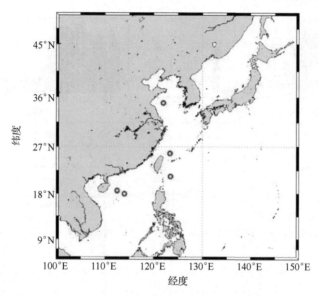

图 9-11　可通概率研究位置

　　计算可通概率时的气象数据需要较长时间跨度，本节首先选取 2008 年全年的气象数据作为基础，以此计算可通概率。CFSR 数据的时间分辨率是 1 小时，2008 年共 366 天，则该年共 8784 个小时，对该年的气象数据计算后进行统计分析，可以得到蒸发波导高度的时间分布规律。其次，在提取到气象参数后，利用蒸发波导预测模型可以计算得到蒸发波导修正折射率剖面，结合通信系统参数（以工作频率为 8 GHz、发射天线高度和接收天线高度都为 3 m 为例），可以计算出路径损失。最后，从中提取出感兴趣距离和高度上的路径损失，进行统计分析，获得该位置的蒸发波导信道的路径损失分布规律。

9.3.2　可通概率计算结果

　　图 9-12（a）是位置 1（黄海）的蒸发波导高度的概率分布和累积概率，可以看出，在位置 1 处，蒸发波导平均高度为 9 m 左右，小于 9 m 的蒸发波导高度概率为 60%左右，小于 12 m 的蒸发波导高度概率为 80%左右。图 9-12（b）、图 9-12（c）和图 9-12（d）分别是接收距离 50 km、100 km 和 150 km 处的路径损失的概率分布和累积概率。例如，当接收距离为 50 km 时，路径损失小于 175 dB 的概率为 60%左右。图 9-13 为位置 1 的可通概率随系统能力及传播距离变化的关系，从该图可以得到不同系统能力的通信系统在不同距离上的可通概率，这些结果可作为通信系统设计的重要依据。

　　利用相同方法，可以得到位置 2～位置 5 的蒸发波导高度与路径损失的概率分布和累积概率，分别如图 9-14～图 9-17 所示。图 9-18 是位置 2～位置 5 的可通概率分布，从图 9-18 可以看出，受蒸发波导高度分布不均匀的影响，不同海域的可通概率计算结果存在一定差别。总体来说，在相同条件下，开阔海域（菲律宾海、南海）的可通概率高，近岸海域（黄海）的可通概率低，这与 9.3 节的分析结果是一致的。

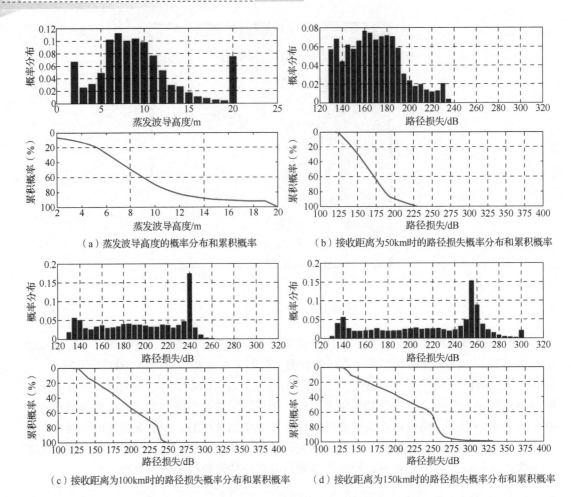

（a）蒸发波导高度的概率分布和累积概率　　（b）接收距离为50km时的路径损失概率分布和累积概率

（c）接收距离为100km时的路径损失概率分布和累积概率　　（d）接收距离为150km时的路径损失概率分布和累积概率

图9-12　位置1（黄海）的蒸发波导高度与路径损失的概率分布和累积概率

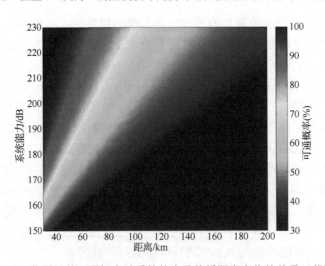

图9-13　位置1的可通概率随系统能力及传播距离变化的关系（黄海）

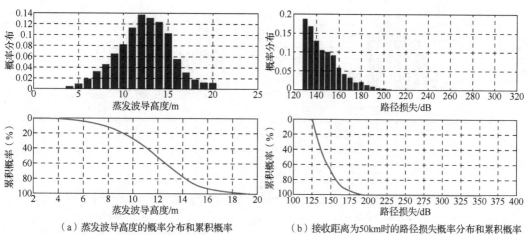

（a）蒸发波导高度的概率分布和累积概率　　（b）接收距离为50km时的路径损失概率分布和累积概率

图 9-14　位置 2（东海，钓鱼岛）的蒸发波导高度与路径损失的概率分布和累积概率

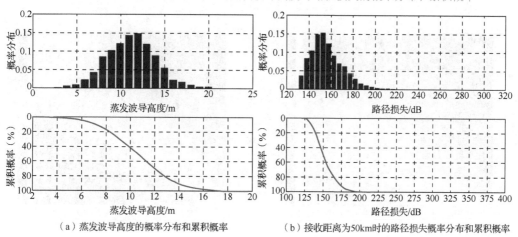

（a）蒸发波导高度的概率分布和累积概率　　（b）接收距离为50km时的路径损失概率分布和累积概率

图 9-15　位置 3（南海 O1）的蒸发波导高度与路径损失的概率分布和累积概率

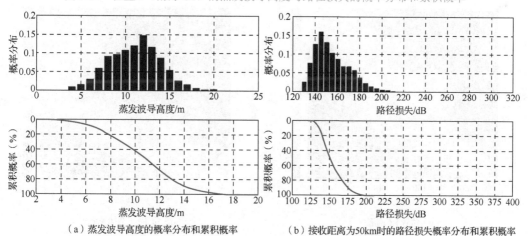

（a）蒸发波导高度的概率分布和累积概率　　（b）接收距离为50km时的路径损失概率分布和累积概率

图 9-16　位置 4（南海 O2）的蒸发波导高度与路径损失的概率分布和累积概率

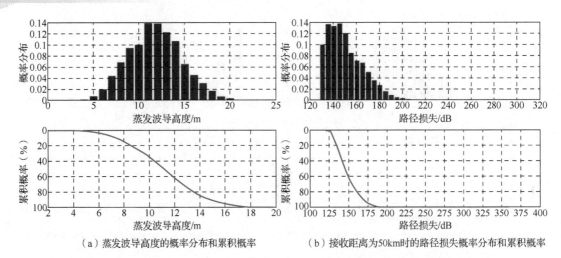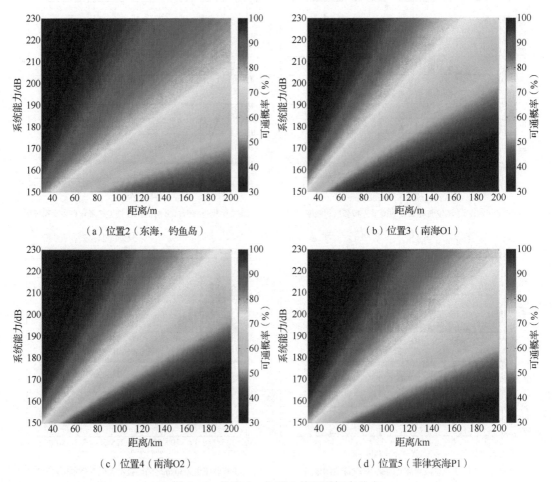

（a）蒸发波导高度的概率分布和累积概率 　　（b）接收距离为50km时的路径损失概率分布和累积概率

图 9-17　位置 5（菲律宾海 P1）的蒸发波导高度与路径损失的概率分布和累积概率

（a）位置2（东海，钓鱼岛）　　　　　　　　（b）位置3（南海O1）

（c）位置4（南海O2）　　　　　　　　　　（d）位置5（菲律宾海P1）

图 9-18　位置 2～位置 5 的可通概率分布

9.4 海上实验验证

本节利用 2012 年 10 月 20 日的海上实验数据对蒸发波导数据传输系统的辅助决策方法进行验证。

9.4.1 实验概况

2012 年 10 月 20 日,"实验一号"实验船航行在海南岛东部海域。在航行期间,实验船上的实验人员接收由博鳌发射端发射的微波信号,实验船距离接收端 200～300 km。实验期间,实验人员主要测量微波信号路径损失,同步测量气象水文数据。图 9-19 是 2012 年 10 月 20 日"实验一号"实验船的航迹,表 9-5 是当日的海上实验条件。

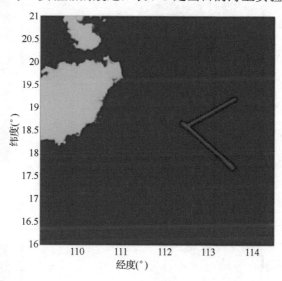

图 9-19 2012 年 10 月 20 日"实验一号"实验船的航迹

表 9-5 2012 年 10 月 20 日的海上实验条件

参数	数值
发射天线类型	抛物面型天线
发射天线增益	30 dB
发射天线高度	3 m
发射功率	37 dBm
接收天线类型	抛物面型天线
接收天线增益	30 dB
接收天线高度	离"实验一号"实验船后甲板 5.5 m 高度

9.4.2 实验验证结果

图 9-20 和图 9-21 分别是 2012 年 10 月 20 日 12 时和 16 时的辅助决策图，图中蓝色圆圈内的蓝线是该时段内"实验一号"实验船的航迹。从图 9-20 可以看出，在 12 时左右，"实验一号"实验船航行区域的路径损失为 160～170 dB；从图 9-21 可以看出，在 16 时左右，"实验一号"实验船航行区域的路径损失为 180～190 dB。从海上实验中的路径损失测量结果（见图 9-22）可以看出，在 12 时左右，路径损失的测量值为 170～180 dB，而在 16 时，路径损失的测量值为 190～200 dB。实验测量的路径损失比辅助决策方法计算的路径损失大 10 dB 左右，主要原因可能是发射天线高度和接收天线高度的不确定性，见 8.3.3 节中的实验误差分析。

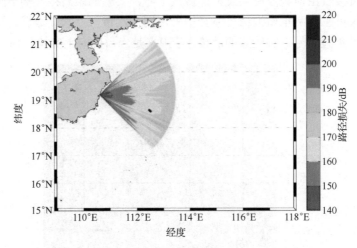

图 9-20　2012 年 10 月 20 日 12 时的辅助决策图

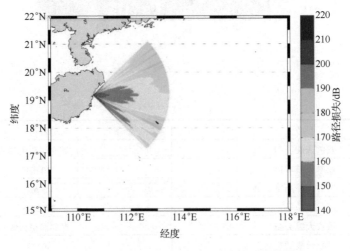

图 9-21　2012 年 10 月 20 日 16 时的辅助决策图

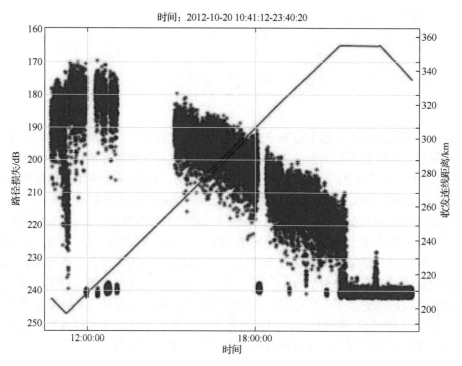

时间：2012-10-20 10:41:12-23:40:20

图 9-22　2012 年 10 月 20 日海上实验中的路径损失测量结果

本 章 小 结

　　本章在蒸发波导监测预报方法及电磁波传播特性的基础上，结合实际通信系统的应用需求，给出了蒸发波导数据传输系统的辅助决策方法。利用该方法，可实现对蒸发波导数据传输系统的工作性能进行预报，利用南海实验数据，对本章给出的辅助决策方法的有效性进行了验证。同时，本章还分析了蒸发波导数据传输系统最优天线高度和最优工作频率的选取方法，并在蒸发波导高度时空分布规律研究的基础上，计算出了蒸发波导数据传输系统在典型海域的可通概率，为蒸发波导数据传输系统的应用提供了重要依据。

第 10 章 蒸发波导反演方法

在前面章节的论述中，蒸发波导修正折射率剖面可以由与折射率相关的海洋大气参数得到，或通过直接测量不同高度的大气参数值，或通过蒸发波导预测模型。目前，基于实测数据类型对大气折射率的反演方法主要有路径损失、雷达海杂波和全球导航卫星系统（Global Navigation Satellite System, GNSS）等，由此得到蒸发波导反演方法。本章 10.1 节讲述了蒸发波导反演概况，10.2 节介绍了利用电磁波传播路径损失反演蒸发波导修正折射率剖面的方法，先介绍一般步骤，接着对由 TPEM 模型[1]得到的路径损失进行数值模拟和反演仿真。10.3 节介绍了利用雷达海杂波反演蒸发波导修正折射率剖面的方法。雷达海杂波是海面对雷达波的后向散射信号。在雷达波与海面接触发生散射的过程中，会涉及海面粗糙度对雷达波的散射效果；在电磁波传播过程中，对路径损失，运用 10.2 节介绍的地形抛物方程模型（TPEM）进行计算。10.3 节还介绍了几种雷达海杂波经验模型，并推导雷达海杂波功率的计算过程，从而对反演过程的正向模型进行建模。

10.1 蒸发波导反演的概况

反演是研究由可观测数据推断物理系统模型的理论和方法，广泛应用于自然科学的各个领域[2]。"反演"是相对"正演"而言的，正演问题一般属于数学物理的问题，即求解适合一定附加条件的偏微分方程问题，研究由偏微分方程描述某种物理过程或现象，并根据系统状态的某些条件（包括初始条件、边界条件等），确定整个系统状态变量的变化规律，即由事物的一般原理（模型）及相关条件预测事物的结果。正演是对给定的任意模型参数值，用把模型参数和观测数据联系起来的、反映物理规律的数学公式，预测可观测数据的过程。反演则是根据给定的可观测数据，推断出模型参数的过程。对一般的反演问题，可以概括为处理观测资料，建立物理问题的模型，寻求观测资料与物理特征的联系，从而根据观测资料推断出可反映物理问题特征的某些信息。

解反演问题的古典方法是最小二乘法及统计学中的回归、参数估计等。近 40 年来，由于在计算中广泛应用了信息论、线性及非线性规划、广义逆理论及最优化方法等一些数学工具，使得反演问题在理论和方法上都有了重大进展。但不管什么方法，任何反演问题的计算都是建立在正演问题的基础之上的。求解反演问题比求解正演问题困难得多，最主要的困难是反演结果存在多个解（非唯一性）。其中，困难之一是观测资料不完备，无法直接获得充足的信息。这就使得反演结果有多种可能性，而每一种可能性都能满足不充分的观测数据，观测信息的不足是无法用数学技巧来弥补的。困难之二是任何观测都存在干扰和误差，这种观测数据使得反演计算不稳定，即观测数据中少量的错误可以导致反演结果的很大变动。因此，在求解反演问题时，要根据已有资料，尽可能多地引入先验信息、附加约束条件，以减少解的非唯一性。在不同的科学技术领域，对反演问题有不同的提法。例如，根据数学的观点，反演是在给定的子空间中寻找与函数空间中的某点最靠近的点；根据统计学的观点，反演是回归和参数估计问题；根据信息论的观点，反演又可看成滤波或过程鉴别问题。尽管术语和提法不同，但它们都表示同一内容，即从观测数据推算未知的模型参数。

目前使用的大量非线性反演方法大体上可以分为两大类：一类为线性化或拟线性化方法；另一类为完全非线性反演方法。由于线性反演已有满意的理论体系和一整套行之有效的方法，人们在处理非线性反演问题时很自然地想到通过允许的近似把问题局部线性化，从而可以有效地利用线性反演方法求解非线性反演问题，由此发展出了线性化或拟线性反演方法。因此，线性化或拟线性反演方法又称为局部线性方法。线性化或拟线性反演方法一般需要进行迭代改进，具体做法如下：首先，从某一初始模型出发，按一定思想在初始模型附近进行搜索，得到模型的修正量，据此修正量修改初始模型，得到新模型；然后，在新模型附近进行搜索，得到修正量修改模型。如此反复迭代，不断搜索，直至达到某一判别迭代已经收敛的标准（例如，二次迭代中模型的修正量小于某一给定的值等）为止。此时，得到的解为满意的解。属于这一类的方法相当多，如最速下降法（梯度法）、共轭梯度法、牛顿法、高斯-牛顿法、松弛法、超松弛法、变尺度法等。它们的共同特点是在每一次迭代搜索和修改旧模型、得到新模型中所遵循的准则相同，即新模型所对应的目标函数值必定比旧模型所对应的目标函数值小（如求极小值对应的解）或大（如求极大值对应的解）。各种方法的差异仅在于每次迭代时在目标函数值增大（或减小）方向搜索的方式不同而已。用线性化或拟线性反演方法求取的所谓满意的解并不一定是我们欲求的"最佳"解，其意义仅仅是指在初始模型附近的最好解，实际上是初始模型附近某一极值所对应的解。因此，线性化或拟线性反演方法严重依赖初始模型。若选取的初始模型不恰当，则所求得的解只能是对应初始模型附近局部极值处的解，即陷入局部极值。只有在初始模型位于整体极值附近时，才有可能求得整体极值所对应的、在某种意义下的"最佳"解。能否恰当地给出初始模型完全在于人们对模型的先验了解，即先验知识和先验信息[3]。

（1）局域反演方法。对目标函数的振荡，通常可使用另一种参数优化过程而使振荡幅度减小。通过将数据传输到另一域中，或者使用实测数据的子集，使之成为局部问题。若目标函数仅存在几个极小值点，则问题极有可能由局域反演方法反演。局域反演方法的优点是不但计算速度快，而且只要是一个局域问题就可以求得极小值。但是这种方法需要对目标函数的深入理解，而且不利于多反演参数重新参数化。有关研究表明，通过使用奇点分解和重整技术可使局域反演方法更加稳定。

（2）全局优化方法。与局域反演方法不同的是，全局优化方法需要进行全局搜索，适用于不规则目标函数并求解全局最小值。全局优化方法的优点在于它仅需要目标函数在空间中任一点的值，就可对问题求解，而不需要对目标函数的深入理解。有关研究表明，一旦全局优化方法被调整好，则不需要改变优化参数，即可在任何正问题模式下使用。早期的全局优化方法有简单的蒙特卡罗方法。目前使用的全局反演方法则是使用直接搜索的方法，如遗传算法（Genetic Algorithm，GA）或模拟退火方法（Simulated Annealing，SA）。

10.2 利用电磁波传播路径损失反演蒸发波导修正折射率剖面

10.2.1 利用基于地形抛物方程模型得到的路径损失反演蒸发波导修正折射率剖面的方法

地形抛物方程模型（Terrain Parabolic Equation Model，TPEM）[1]是由 Barrios 在分析地形对电磁波传播的影响过程中开发出来的。TPEM 模型是一个单纯使用 PE 的传播模型，其在离散匹配傅里叶变换（DMFT）的基础上引入了与地表形态有关的高度函数 $T(x)$，实际上就是将二维抛物方程在垂直方向上的坐标 z 替换成 ζ。ζ 的表达式为

$$\zeta = z - T(x) \tag{10-1}$$

式中，x 是电磁波传播方向上的水平距离，$T(x)$ 可表示为

$$T(x) = t(x) - \frac{x^2}{2a} \tag{10-2}$$

式中，$t(x)$ 是描述实际地形的函数，x^2/a 是考虑地球曲率的项（a 为地球半径）。

利用电磁波传播路径损失反演蒸发波导修正折射率剖面的方法，实际上是一种关于电磁波传播路径损失的实际测量数据和电磁波传播模式正向模拟结果之间相互对比拟合的技术。在正向问题中，通过不断变化蒸发波导修正面折射率剖面参数，然后把参数输入电磁波传播模型中，得到接收端位置的电磁波传播路径损失值，选择其中和实观测数据符合程度最大的波导参数作为反演结果。具体反演步骤如下：

（1）在发射端发射电磁波，在接收端得到实际测量的路径损失值 L_{obs}。

（2）利用大气环境模型，得到随高度变化的蒸发波导修正折射率剖面 M 的值。

（3）将蒸发波导修正折射率剖面值输入 TPEM 模型中，得到正向模拟的路径损失 L_{cal}。

（4）选定一个用于计算 L_{cal} 和 L_{obs} 符合程度的目标函数 $f = L_{cal} - L_{obs}$。

（5）建立用于搜索求解 $f(L_{obs}, L_{cal})$ 的优化值的全局优化方法，寻找所有参与计算的剖面中 L_{cal} 和 L_{obs} 最接近的一个剖面。

（6）将反演得到的蒸发波导修正折射率剖面与实际测量得到的蒸发波导修正折射率剖面进行比较，评估反演的质量。

上述步骤对应的流程图如图 10-1 所示。

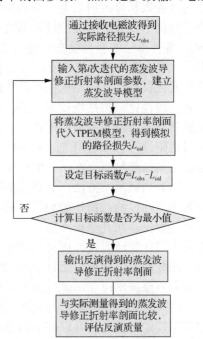

图 10-1 利用电磁波传播路径损失反演蒸发波导修正折射率剖面流程图

10.2.2　TPEM 模型对电磁波传播路径损失的数值模拟及反演仿真

1. TPEM 模型的数值模拟

在 PJ 模型中，在理想状态下，假设空气温度和海水表面温度相等，蒸发波导修正折射率剖面 M 与高度 z 的关系就可以表示为

$$M(z) = M(z_0) + 0.125z - 0.125\delta \ln\left[(z + z_0)/z_0\right] \qquad (10\text{-}3)$$

式中，δ 为蒸发波导高度，$M(z_0)$ 是 z_0 处的蒸发波导修正折射率剖面，$z_0 = 1.5 \times 10^{-4}$。

当发射频率为 10GHz、天线高度为 3m 时，通过 TPEM 模型在标准大气条件下模拟的电磁波传播路径损失如图 10-2 所示。

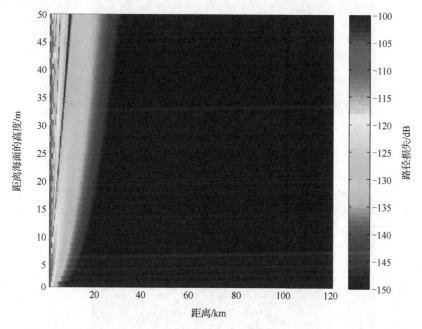

图 10-2　在标准大气条件下模拟的电磁波传播路径损失

当蒸发波导高度为 11.6m、$M(z_0)$ 的值为 366.4 时，由 TPEM 模型模拟的电磁波传播路径损失如图 10-3 所示。图 10-4 中所取的蒸发波导高度为 20m，其他条件同图 10-3。从图 10-3 和图 10-4 可以看出，电磁波在蒸发波导层内有明显的传播效果，在选定的蒸发波导高度以下的路径损失比该高度以上的路径损失小很多，从而导致电磁波在蒸发波导层内超视距传播。蒸发波导高度越大，陷获电磁波的能力越强，电磁波传播距离越远。

其他模拟条件与图 10-4 相同，在不同接收天线高度下电磁波传播路径损失如图 10-5 所示。从图 10-5 可以看出，路径损失随距离的增大而增加；在给定距离处，观测高度越大，路径损失下降越快，当观测高度在蒸发波导层范围内时，即观测高度小于 20m 时的路径损失明显小于蒸发波导层外的路径损失。在距离为 120km 的位置，接收天线高度为 30m 时

的路径损失比接收天线高度为 15m 的路径损失大 10dB，比接收天线高度为 5m 时的路径损失大 24dB。

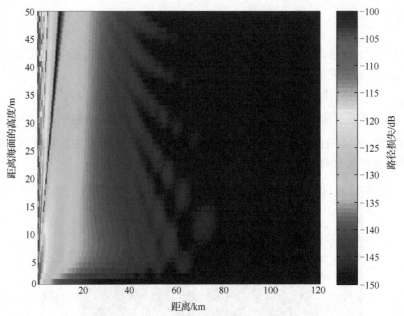

图 10-3 当蒸发波导高度为 11.6m 时，由 TPEM 模型模拟的电磁波传播路径损失

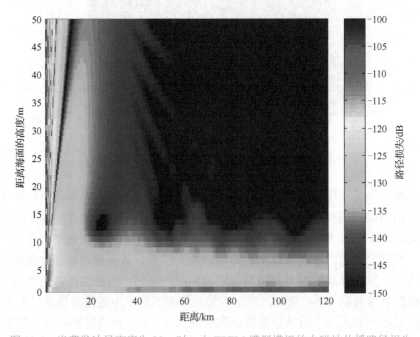

图 10-4 当蒸发波导高度为 20m 时，由 TPEM 模型模拟的电磁波传播路径损失

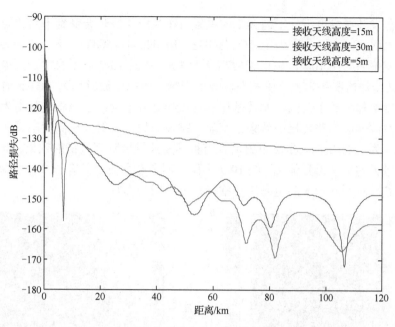

图 10-5　不同接收天线高度下电磁波传播路径损失

电磁波产生波导效应的条件之一是发射天线高度必须小于蒸发波导高度。在蒸发波导高度以下，发射天线高度不同也会导致同一传播距离下的路径损失不同。图 10-6 模拟了不同发射天线高度下电磁波传播路径损失，其他设定的参数值同图 10-4，接收天线高度为 5m。从图 10-6 可以看出，发射天线高度越大，路径损失越大。

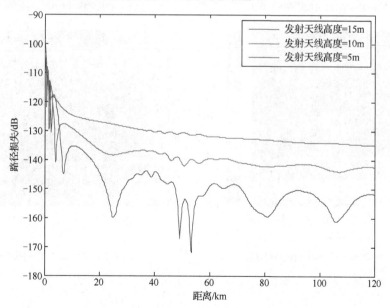

图 10-6　不同发射天线高度下电磁波传播路径损失

在同一蒸发波导高度下，不同频率的电磁波在其内传播时会受到不同的影响。图 10-7 模拟了不同电磁波频率（分别为 1GHz、3GHz、10GHz 和 15GHz）下的路径损失。蒸发波导修正折射率剖面同图 10-4，发射天线高度为 5m。从图 10-7 可以看出，当电磁波频率为 1GHz 时，其传播情况基本上不受蒸发波导的影响；当电磁波频率为 3GHz 时，电磁波能量在所有高度上都扩展了范围，尤其是在蒸发波导高度附近；当电磁波频率为 10GHz 时，电磁波被蒸发波导层陷获传播的效果很明显，路径损失在发射天线高度附近明显地减少；当电磁波频率为 15GHz 时，虽然电磁波也有被蒸发波导层陷获传播的效果，但路径损失随频率增大而增大的原理得到体现。图 10-7 不但说明了蒸发波导具有一个截止频率，而且也指出了蒸发波导对不同频率的电磁波传播能形成不同的影响。

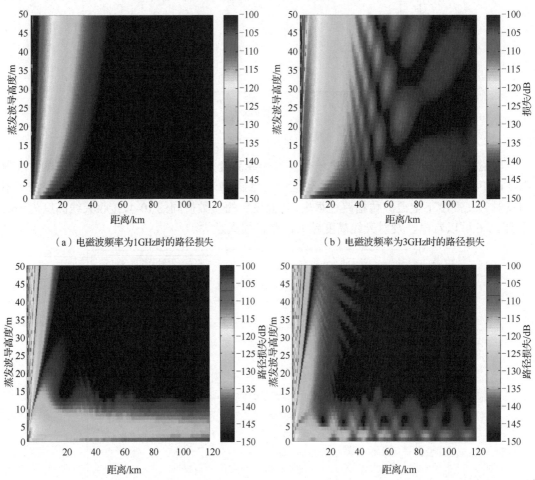

（a）电磁波频率为1GHz时的路径损失　　　　（b）电磁波频率为3GHz时的路径损失

（c）电磁波频率为10GHz时的路径损失　　　　（d）电磁波频率为15GHz时的路径损失

图 10-7　不同电磁波频率下的路径损失

2. 反演仿真

在仿真过程中，以图 10-4 的模拟结果作为实测数据进行反演，由于仿真时只采用与蒸发波导高度有关的单参数剖面模型，对 $M(z_0)$ 值取 366，因此优化参数时可采用穷举法，把蒸发波导高度取值范围设为 5～35m，间隔 0.1m。在反演过程中，通过比较不同发射频率（$f=3\text{GHz}$、$f=6\text{GHz}$、$f=10\text{GHz}$）、不同发射天线高度（$z_a=3\text{m}$、$z_a=5\text{m}$、$z_a=10\text{m}$）、不同接收天线高度（$z=3\text{m}$、$z=5\text{m}$、$z=10\text{m}$）下的路径损失与实测数据，最终仿真得到的蒸发波导修正折射率剖面如图 10-8 所示，其与仿真拟定的实际测量得到的蒸发波导修正折射率剖面是一致的。

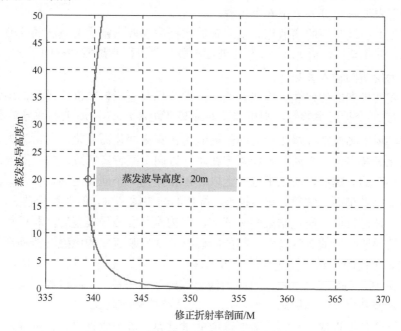

图 10-8　仿真得到的蒸发波导修正折射率剖面

10.3　利用雷达海杂波反演蒸发波导修正折射率剖面

10.3.1　反演步骤及过程

利用雷达海杂波进行蒸发波导参数反演，这是一种新的对蒸发波导进行实时监测的技术，它可以利用岸基、舰载雷达海杂波提取有效信息，采用有效的反演模型和算法进行蒸发波导修正折射率剖面的反演。在应用过程中不需要对气象数据和电磁波数据进行测量，因此，这种方法具有方便、易行等特点。

1. 反演步骤

若要一次性成功地利用雷达海杂波进行反演蒸发波导实验，就必须获得同一时段内的海杂波数据和对应雷达扫描区域的、高空间分辨率的近海面低空大气的探空数据（折射率数据），二者缺一不可。因此，对实验当天的天气、实验地点和实验设备等要求非常高，实验过程也非常复杂，所需实验经费也非常大。从现有国际公开的相关资料看，20 世纪 90 年代末以后的绝大多数利用海杂波反演蒸发波导参数的研究，都是关于 1998 年 3 月和 4 月在美国弗吉尼亚州进行的被称为 Wallop'98 实验的分析，该实验中所使用的雷达为空间测距雷达（Space Range Radar，SPANDAR）。通过对相关资料的分析研究可知，利用雷达海杂波反演蒸发波导可分为以下 6 个步骤：

（1）雷达海杂波功率的离散化。从海杂波数据中提取出雷达海杂波的回波功率与传播距离的关系，并在离散距离 $r_1, r_2, \cdots, r_N$ 处进行离散，即可得到离散功率向量 $\boldsymbol{p}_{\mathrm{obs}}$，以此离散功率向量作为反演的输入参数。

（2）蒸发波导参数的建模。构建合适的蒸发波导修正折射率剖面模型，确定折射率参数维数。若有 S 个折射率参数，则可构建对应离散距离 $r_1, r_2, \cdots, r_N$ 上的波导参数向量 $\boldsymbol{m}$。考虑到实际环境中蒸发波导修正折射率剖面随传播距离变化而变化，通常认为这种在水平方向上的变化是缓慢的。因此，可以假定在水平方向上某特定间隔之内，蒸发波导修正折射率剖面是不变的。例如，在水平方向上以 10km 作为一个间隔距离，在该间隔距离内蒸发波导修正折射率剖面为常数。间隔越小，得到的结果越精确，但计算量越大。实验证明，这种假设是合理可行的。研究结果同时证实，在构建蒸发波导模型时，利用雷达海杂波反演海面蒸发波导所采用的参数越多，越能精确有效地反映真实的电磁波传播环境。

（3）波导传播的计算。构建合适的雷达波传播模式，根据步骤（2）所确定的蒸发波导参数向量 $\boldsymbol{m}$ 利用抛物方程（PE）法、射线追踪法或混合模式，同时利用雷达方程计算雷达接收到的杂波功率，并离散到 $r_1, r_2, \cdots, r_N$ 上的杂波功率向量 $\boldsymbol{p}_{\mathrm{cal}}$。

（4）目标函数的选取。目标函数的选取非常重要，因为它直接决定反演剖面与真实剖面的符合程度，决定反演的精度。目标函数的选取，即确定一个合适的、用于判别 $\boldsymbol{p}_{\mathrm{obs}}$ 和 $\boldsymbol{p}_{\mathrm{cal}}$ 计算值的符合程度的目标函数 f，以确定蒸发波导参数 $\boldsymbol{m}$ 与实际蒸发波导参数的误差程度。

（5）利用反演方法进行优化。利用反演方法对蒸发波导参数空间进行全局优化搜索。目前，应用于雷达海杂波反演蒸发波导参数方面的方法有许多，如遗传法、最大后验概率法、射线追踪法和卡尔曼滤波方法等，还有一些其他可用的方法，如粒子群算法、灰色理论等。利用这些反演方法对蒸发波导参数向量 $\boldsymbol{m}$ 进行全局优化搜索，以得到最优解 $\boldsymbol{m}$。

（6）进行误差估计，以评估最优解 $\boldsymbol{m}$ 的质量。对各个反演参数进行误差估计，同时还可以对其他感兴趣的参数的概率分布进行评估，如天线方向性因子等参数。需要注意的是，在步骤（2）中，假设的前提是蒸发波导修正折射率剖面随距离变化而变化。如果假设大气在水平方向上是均匀分布的，即蒸发波导修正折射率剖面在水平方向上处处相同，那么波导参数向量 $\boldsymbol{m}$ 的维数变为 $S \times 1$。

2. 反演过程

利用雷达海杂波实测数据反演蒸发波导修正折射率剖面的一般步骤如下：

（1）把离散距离 $r_1, r_2, \cdots, r_N$ 处的杂波功率 p_c^{obs} 作为输入数据。

（2）利用大气环境模型，得到随高度变化的蒸发波导修正折射率剖面 M 的值。

（3）建立传播模式，得到正向模拟的杂波功率 p_c。

（4）选定一个合适的、用于判别 p_c 和 p_c^{obs} 计算值符合程度的目标函数 $f = p_c^{obs} - p_c(m) - \hat{T}$，其中 $\hat{T} = \bar{p}_c^{obs} - \bar{p}_c(m)$，$\bar{p}_c^{obs}$ 和 $\bar{p}_c(m)$ 分别是 p_c^{obs} 和 $p_c(m)$。

（5）建立用于搜索 $f\left(p_c, p_c^{obs}\right)$ 最优解的优化算法，寻找所有参与计算的剖面中与 p_c 和 p_c^{obs} 最相近的一个剖面。

（6）通过反演结果与实测数据误差的比较，即可求出 f 的最小值，以此检验解的质量，并找出与 f 对应的蒸发波导修正折射率剖面。

与上述步骤对应的流程图如图 10-9 所示。

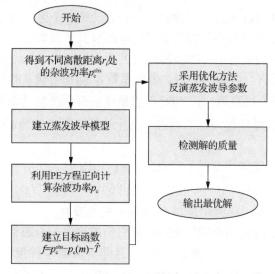

图 10-9　反演蒸发波导修正折射率剖面流程图

10.3.2　雷达海杂波相关模型和功率求解

1. 海杂波后向散射特性

所谓雷达海杂波，是指海面对雷达波的后向散射信号。雷达波在与海面接触发生散射和传播过程中，会受到大气环境和海面状况的双重影响，从而使雷达回波携带大气环境和海面状况的相关信息。海杂波与海面的几何形状、海面粗糙度、物理特性、海波运动方向和雷达波束的相对方位等有关。

按照波束入射角的大小，通常将海杂波散射区划分为干涉区、平稳区和准镜面反射区[4]。图 10-10 所示为与波束入射角 ϕ 有关的海面反射率的一般特性，其中，临界角 ϕ_c 是干涉区与平稳区的交界角，过渡角 ϕ_t 是平稳区和准镜面反射区的交界角。

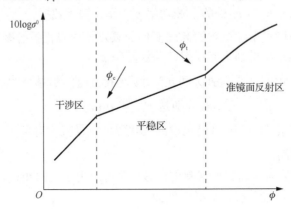

图 10-10　与波束入射角 ϕ 有关的海面反射率的一般特性

准镜面反射区是从垂直入射（高掠射角）开始的第一个区，对雷达海杂波而言，它的意义不大。雷达海杂波主要与中掠射角和低掠射角有关（典型值小于 10°）。在接近垂直掠射角处，平静海面的后向散射信号比粗糙海面的后向散射信号大，这个区又被称为准镜面反射区。对平静海面而言，当 $\phi = 90°$ 时，散射系数 σ^0 随掠射角 ϕ 的减小和海面粗糙度的增加而减小。但达到了 ϕ 的过渡值，σ^0 与海面粗糙度的关系就反过来了，当掠射角低于这个过渡值时，σ^0 随海面粗糙度的增加而增加。这个过渡掠射角约为 60°，它随着海面粗糙度的变化而变化。

在平稳区，σ^0 与 ϕ 的关系曲线不是很陡。RIVERS 等人在对几个不同来源的实验数据进行分析后得出结论：当频率在 1～10GHz 之间变化时，σ^0 与 ϕ 的次序关系一般为 $\phi^{1/2}$ 量级或更小一些。可以证实，掠射角是与 σ^0 直接有关的参数。

在干涉区，σ^0 与 ϕ 的关系曲线变得很陡。它们的次序关系通常取作 ϕ^4 [5]。平稳区与干涉区的交界处称为临界角 ϕ_c，通常 $\phi_c < 10°$，且随着海面粗糙度和频率的变化而变化。RIVERS 认为下面的公式代表水平极化时的近似关系：

$$\phi_c = \lambda / (kh_{av}) \tag{10-4}$$

以微波频率在粗糙海面状态下进行的实验表明，系数 $k \approx 5$；在较低频率和较平静的海面，k 值略高（ϕ_c 值较小）。

不同的极化方式所得到的 σ^0 也是不同的。垂直极化时 σ^0 的值等于或大于水平极化时的 σ^0 值，且在低级别的海况、小掠射角、低发射频率的情况下，两者的差值增大，最大差值会达到 20dB 以上。当海面很粗糙时，平稳区的海面回波与雷达波的极化无关，水平极化时的 σ^0 的值则等于甚至大于垂直极化时的 σ^0 值。

2. 海杂波后向散射系数理论模型

海杂波是包含多参数的函数，其中许多参数显示出复杂的相互依赖性。海面对电磁波的散射几乎取决于所有的能描述海杂波特性的参数，如掠射角、极化方式、海水表面状态、风向、海面风速及测量平台等[4,6,7]。但在相同条件下，使用不同的海杂波后向散射系数理论模型估计的 σ^0 的值会相差十几甚至几十分贝。常用的海杂波后向散射系数理论模型为巴顿（Barton）模型[8]、佐治亚理工学院（GIT）模型[9]、Hybrid 模型[10]以及 Morchin 模型[11]。下面对其中的 3 种模型（小掠射角情况下）进行简单的介绍。

1）调整后的巴顿模型（Adjusted Barton Model，ABM）

海杂波的常量：反射率 γ 模型为

$$\sigma^0 = \gamma \sin \theta \tag{10-5}$$

式中，γ 为描述反射率的参数，θ 为雷达波入射到海面的掠射角。Barton 给出了最新的一个关于 γ 的方程：

$$10 \lg \gamma = 6 K_{\mathrm{B}} - 10 \lg \lambda - 64 \tag{10-6}$$

式中，λ 为波长，K_{B} 为 Beaufort 风级数，于是可以得到

$$\sigma^0 (\mathrm{dB}) = 6 K_{\mathrm{B}} - 10 \lg \lambda + 10 \lg \sin \theta - 64 \tag{10-7}$$

式（10-7）为巴顿模型表达式。然而，由式（10-7）得出的反射率数据与实验数据有很大的误差。Song[12]对这个模式进行了改进：

$$\sigma^0 = \begin{cases} 6 K_{\mathrm{B}} - 10 \lg \lambda + 10 \lg \sin \theta - 10 \lg (\theta_{\mathrm{c}} / \theta) - 64, \theta < \theta_{\mathrm{c}} \\ 6 K_{\mathrm{B}} - 10 \lg \lambda + 10 \lg \sin \theta - 64, \theta \geqslant \theta_{\mathrm{c}} \end{cases} \tag{10-8}$$

这里，θ_{c} 为临界掠射角，它与海况有关。Morchin 给出了 θ_{c} 的计算公式：

$$\theta_{\mathrm{c}} = \arcsin (\lambda / 4 \pi h_{\mathrm{e}}) \tag{10-9}$$

式中，h_{e} 为海面粗糙度，其计算公式为

$$h_{\mathrm{e}} \approx 0.025 + 0.046 K_{\mathrm{B}}^{1.72} \tag{10-10}$$

式（10-8）被称为调整后的巴顿模型。在实际应用中，要根据不同的海况和极化方式对该公式进行修正。

2）佐治亚理工学院（Georgia Institute of Technology，GIT）模型

GIT 模型首先是由佐治亚理工学院提出来的，它也是现在使用最多的一个模型。GIT 模型是一个比较完善的用于估算海杂波后向散射系数 σ^0 的理论模型，在舰载雷达平台下，当雷达波束入射角为 15°～5°，X 波段在逆风情况下测得的低入射角海杂波数据与 GIT 模型的计算结果较为吻合[13]。

GIT 模型的表达式如下：

$$\sigma^0 (H) = 10 \lg (3.9 \times 10^{-6} \lambda \alpha^{0.4} A_{\mathrm{I}} A_{\mathrm{U}} A_{\mathrm{W}}) \tag{10-11}$$

$$\sigma^0(V) = \begin{cases} \sigma^0(H) - 1.05\ln(h_{av} + 0.015) + 1.09\ln(\lambda) + \\ 1.27\ln(\alpha + 0.0001) + 9.70 & f \geqslant 3GHz \\ \sigma^0(H) - 1.73\ln(h_{av} + 0.015) + 3.76\ln(\lambda) + & f < 3GHz \\ 2.46\ln(\alpha + 0.0001) + 22.2 \end{cases} \quad (10\text{-}12)$$

式中，V，H 为极化方式（H 表示水平极化，V 表示垂直极化），λ 为雷达波的波长，h_{av} 为平均浪高，α 为掠射角；A_I、A_U、A_W 为调整因子，其定义为

$$A_I = \sigma_\varphi^4 / \left(1 + \sigma_\varphi^4\right) \quad (10\text{-}13)$$

$$A_U = \exp\left[0.2\cos\phi(1 - 2.8\alpha)(\lambda + 0.015)^{-0.4}\right] \quad (10\text{-}14)$$

$$A_W = \left[1.94V_W / \left(1 + V_W / 15.4\right)\right]^q \quad (10\text{-}15)$$

式中，

$$V_W = 3.16S^{0.8} \quad (10\text{-}16)$$

$$h_{av} = 4.52 \times 10^{-3} V_W^{2.5} \quad (10\text{-}17)$$

$$\sigma_\varphi = (14.4\lambda + 5.5)\alpha h_{av} / \lambda \quad (10\text{-}18)$$

$$q = 1.1 / (\lambda + 0.015)^{0.4} \quad (10\text{-}19)$$

式中，S 为海况级数，V_W 为海面风速，ϕ 为波数与风向的夹角。

3）调整后的莫钦模型（Adjust Morchin Model，AMM）

$$\sigma^0 = \frac{4 \times 10^{-7} \times 10^{0.6(K_B + 1)} \sigma_c \sin\theta}{\lambda} + \cot^2\beta\exp\left[-\frac{\tan^2(\pi/2 - \theta)}{\tan^2\beta}\right] \quad (10\text{-}20)$$

式中，

$$\beta = 2.44 \times \left(K_B + 1\right)^{1.08} / 57.29 \quad (10\text{-}21)$$

$$\sigma_c = \begin{cases} \left(\dfrac{\theta}{\theta_c}\right)^k, & \theta < \theta_c \\ 1, & \theta \geqslant \theta_c \end{cases} \quad (10\text{-}22)$$

式（10-20）为调整后的莫钦模型表达式。

在以上 3 种模型中，ABM 模型和 AMM 模型都没有体现极化方式对海杂波的影响，而 GIT 模型则将极化方式作为一个参数添加到模型中，使该模型更加合理。

在海况级数 $S = 2$，风级数 $K_B = 3$，频率为 10GHz 的情况下，分别利用以上 3 种模型得到了散射系数随掠射角变化的规律，如图 10-11 所示。

3. 雷达海杂波功率的求解

电磁波在传播过程中，受到介质和物体的影响而出现许多复杂现象。在自由空间，射线是直线，电磁波的能量不被介质损耗。雷达在自由空间工作时，距离雷达天线 r 处的目标功率密度为 S_1，其计算公式为

$$S_1 = \frac{P_t G_t}{4\pi r^2} \quad (10\text{-}23)$$

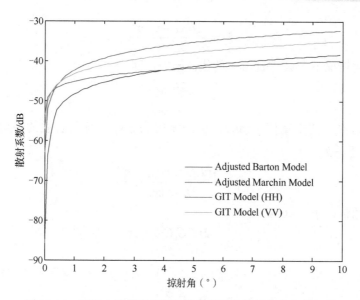

图 10-11　利用 3 种模型得到的散射系数随掠射角变化的规律

根据雷达工作的基本理论和式（10-23），雷达接收的来自距离 r 处雷达散射截面积为 σ 的目标功率（下文简称雷达接收功率）P 可表示为[14]

$$P = \frac{P_t G_t G_r \lambda^2 f^4(\Delta\theta,\Delta\phi)F^2 \sigma}{(4\pi)^3 r^4} \qquad （10\text{-}24）$$

式中，P_t 是发射功率，G_t 和 G_r 分别是发射天线的增益和接收天线的增益，λ 是波长；$f(\Delta\theta,\Delta\phi)$ 是天线方向性传播因子，其中的 $\Delta\theta$ 和 $\Delta\phi$ 是偏离雷达波束中心方向的方向偏差。F 是传播因子，它和天线方向性无关。现代传播模式的输入端参数既包括天线方向性因子、仰角、频率等天线系统的参数，也包括折射率、气体吸收、地表反射系数、地形剖面等在内的环境因子的参数[15]。对这些参数在输出端的损失值，可根据下式用 f、F 和 L_{fs} 计算得到：

$$L = \frac{L_{fs}}{f^2 F} \qquad （10\text{-}25）$$

式中，L_{fs} 是自由空间扩散损失。

利用式（10-25）和自由空间的公式：

$$L_{fs} = \frac{(4\pi r)^2}{\lambda^2} \qquad （10\text{-}26）$$

得到

$$P = \frac{P_t G_t G_r 4\pi \sigma}{L^2 \lambda^2} \qquad （10\text{-}27）$$

海杂波的接收功率 P_c 就是上式中的雷达接收功率 P；反射面为海面，可以使用关系式 $\sigma = A_c \sigma^0$ 来表示海面的雷达散射截面积，其中 A_c 是被照射面积，σ^0 是散射系数。这样，式（10-27）可用海上环境中的有关参数替换，即

$$P_c = \frac{P_t G_t G_r 4\pi A_c \sigma^0}{L^2 \lambda^2} \tag{10-28}$$

在小掠射角情况下，A_c 是距离 r 的线性函数，即

$$A_c = \frac{R\theta_{kbw} c\tau}{2\cos\phi} \tag{10-29}$$

θ_{kbw} 为雷达水平波瓣宽度（rad），脉冲宽度为 $\tau(s)$，海面射线的掠射角为 ϕ，因此式（10-28）可重写为

$$P_c = \frac{4\pi P_t G_t G_r r\theta_{kbw} c\tau\sigma^0}{2L^2 \lambda^2 \cos\phi} \tag{10-30}$$

在小掠射角情况下，$\cos\phi \approx 1$，令

$$C = \frac{2\pi P_t G_t G_r \theta_{kbw} c\tau}{\lambda^2} \tag{10-31}$$

则

$$P_c = \frac{C\sigma^0 r}{L^2} \tag{10-32}$$

对 P_c、C、σ^0 和 L，都用分贝级数表示，式（10-32）就可重写为

$$P_c = -2L + 10\lg r + C + \sigma^0 \tag{10-33}$$

式（10-33）就是正向海杂波功率的公式。该公式中出现了路径损失 L 和影响雷达回波功率的散射系数 σ^0。L 包含了电磁波传播路径上因能量扩散导致的损失和因大气吸收引起的损失。对大气吸收损失，可以用较为简单的水汽和氧气吸收模型进行模拟，并得到较好的近似值。关于海面散射系数的研究比较复杂，一般通过海杂波经验模型进行研究。

在一定的蒸发波导环境下，雷达接收到的杂波功率可以表示为

$$P_c(\boldsymbol{m}, r) = -2L(\boldsymbol{m}, r) + 10\lg r + C + \sigma^0 \tag{10-34}$$

式中，$L(\boldsymbol{m}, r)$ 为路径损失，它是蒸发波导参数向量 $\boldsymbol{m}$ 与雷达到海面的距离 r 的函数；L 可以由抛物方程（PE）来求解，本章进行数值模拟时，采用 10.2 节介绍的 TPEM 模型；C 为与雷达发射功率、天线增益等系统参数有关的常数。

10.3.3 正向模型的数值模拟及反演仿真

由式（10-34）可以看出，反演过程正向模型建模包括 3 个部分参数的计算，分别为路径损失 L、散射系数 σ^0、与雷达发射功率、天线增益等系统参数有关的常数 C。由于本节的主要目的是通过仿真实现利用雷达海杂波反演蒸发波导修正折射率剖面的方法，因此，实测数据通过把给定的相关参数输入正向模型而得到。下面给出仿真时正向模型 3 个部分的参数值和模拟结果。

1. 路径损失 L 的数值模拟

路径损失计算采用 10.2 节介绍的 TPEM 模型，输入端参数如下：雷达波频率为 10GHz，

雷达架设高度为5m，蒸发波导高度为15.3m。对 $M(z_0)$ 值选取366.4，将该剖面值输入TPEM模型得到不同高度和传播距离下的路径损失。当接收天线高度为5m时，由TPEM模型计算得到的不同传播距离下的路径损失如图10-12所示。

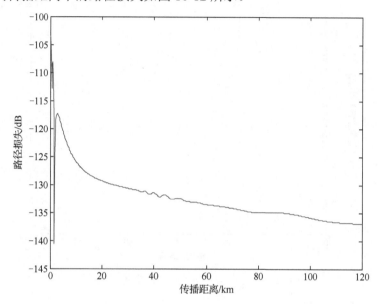

图 10-12　由 TPEM 模型计算得到的不同传播距离下的路径损失

2. 散射系数 σ^0 的计算

散射系数 σ^0 的计算采用 GIT 模型，输入端参数如下：海况级数 $S=2$，风级数 $K_B=3$，频率为10GHz，天线极化方式为垂直极化，雷达波入射到海面的掠射角 $\theta=0.2°$，雷达波与风向夹角 $\phi=180°$，即雷达波传播方向为逆风的情况。通过模型计算得到的 σ^0 值为 -48dB。

3. 常数 C 的计算

常数 C 是与雷达发射功率、天线增益等系统参数有关的常数。输入端参数如下：雷达发射功率 $P_t=92$dBm，天线增益 $G=52.8$dB，脉冲宽度 $\tau=0.01$s，雷达波束宽度 $\theta_{kbw}=0.5°$。将参数代入式（10-31）可计算得到常数 C，即 $C=250.2$ dB。

结合以上 3 个部分参数的模拟和计算，可以得到反演仿真的雷达海杂波的实测数据，雷达海杂波功率随传播距离变化的规律如图 10-13 所示。

仿真时，采取与第 5 章相同的方法。以图 10-13 模拟的雷达海杂波功率作为观测数据，蒸发波导高度范围设为 5～35m，间隔0.1m；对 $M(z_0)$ 值选取366.4。在反演过程中，通过比较不同发射频率（ $f=3$GHz、 $f=6$GHz、 $f=10$GHz）、不同发射天线高度（ $za=3$m、 $za=5$m、 $za=10$m）、不同接收高度（ $z=3$m、 $z=5$m、 $z=10$m）下的雷达海杂波功率与实测数据，最终仿真得到了蒸发波导修正折射率剖面，如图 10-14 所示。该剖面与仿真拟定的实际蒸发波导修正折射率剖面是一致的。

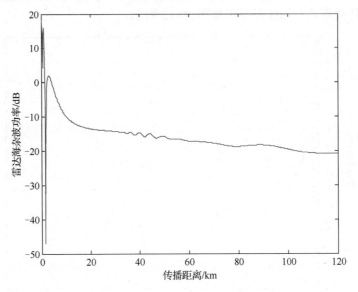

图 10-13 雷达海杂波功率随传播距离变化的规律

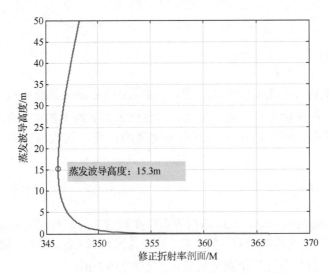

蒸发波导高度：15.3m

图 10-14 仿真得到的蒸发波导修正折射率剖面

本 章 小 结

本章主要介绍利用电磁波传播路径损失反演蒸发波导修正折射率剖面的方法，以及利用雷达海杂波反演蒸发波导修正折射率剖面的方法。

在 10.2 节，首先，介绍了反演原理。其次，介绍了利用路径损失反演蒸发波导修正折射率剖面的具体步骤和仿真流程。最后，分析了不同参数条件下基于 TPEM 模型模拟的路径损失，并将拟定的仿真参数值输入正向物理模型，从而得到雷达海杂波功率，以此功率值作为实测数据进行反演仿真，仿真结果与拟定的实际蒸发波导修正折射率剖面是一致的。

在 10.3 节，首先，介绍了反演的步骤和流程。其次，介绍了反演过程正向物理模型的建模。因为雷达波入射到海面会发生散射，所以在雷达海杂波功率计算过程中，必须考虑海面的后向散射效果。介绍并比较了 3 种海杂波后向散射系数理论模型。最后，将拟定的仿真参数值输入正向物理模型，从而得到雷达海杂波功率，以此功率值作为实测数据进行反演仿真，仿真结果与拟定的实际蒸发波导修正折射率剖面是一致的。

本章参考文献

[1]　BARRIOS A E. A terrain parabolic equation model for propagation in the troposphere. IEEE Trans. Antennas Propagat.1994,42(1).pp.90-98.

[2]　(法)TARANTOLA. 反演理论、数据拟合与模型参数估算方法. 张先康，等译. 北京：学术书刊出版社，1989.

[3]　姚姚. 蒙特卡洛非线性反演方法及应用. 北京：冶金工业出版社，1997.

[4]　(美)M. W. Long. 陆地和海面的雷达波散射特性. 北京：科学出版社，1981.

[5]　BARRICK D E. Grazing angle behavior of scatter and propagation above any rough surface. IEEE Trans.Antennas Propagat.1998, 46(1).pp.73-83.

[6]　(美)斯科尼克. 雷达系统导论. 左群声，等译. 北京：国防工业出版社，1992.

[7]　CHEN H C. Radar sea-clutter at low grazing angles. IEEE PRCEEDINGS-F.1990, 137(2).pp.102-112.

[8]　MODERN B D K. Radar System Analysis Mass. Artech House, Dedham, MA. 1988.

[9]　HORST M M, DYER F B, AND TULEY M T. Radar sea clutter model. Proc. int. Conf. on Antennas and propation, IEEE Conf.pub169, Pt 2,1978.

[10]　NATHANSON F E. Radar design principles. SciTech,1999.

[11]　MORCHIN W C. Airborne early warning radar. London, Artech House,MA,1990.

[12]　H N S, HU W D, YU W J, et al. Model and Simulation of Low Grazing Angle Radar Sea Clutter. Chinese Journal of National University of Defense Technology. 2000, 22(3). p.30.

[13]　赵巨波，万建伟，王永杰，等. 海面雷达杂波建模技术研究.现代防御技术.2007, 35(3).pp.86-89.

[14]　(美)SKOLNIK M I. 雷达手册. 北京：电子工业出版社，2003.

[15]　BARTON D. Modern Radar System Analysis. Artech House, Norwood, MA.1988.

第 11 章　基于 BP 神经网络算法的蒸发波导预测模型

本章主要研究基于 BP 神经网络算法的蒸发波导预测模型。首先，介绍本章所用 BP 神经网络的基本原理和特性。其次，利用 NPS 模型计算出的蒸发波导修正折射率值选择神经网络参数并训练得到相应的神经网络计算模型，通过仿真计算对比它与 NPS 模型的区别。最后，根据环境参数区分了稳定与不稳定条件，分别训练出相应的基于 BP 神经网络算法的蒸发波导预测模型，并把它们与 NPS 模型的计算结果进行对比，分析不同情况下本章所提出的模型的优劣，为进一步的工作打下基础。

11.1　基于 BP 神经网络算法的蒸发波导建模基本原理

11.1.1　BP 神经网络算法

McClelland、Rumelhart 等人研究了人类的生理神经结构，结合他们处理并行分布式信息的方法，提出了反向传播（Back Propagation, BP）神经网络算法，简称 BP 神经网络算法[1]。本章主要使用 BP 神经网络进行蒸发波导修正折射率剖面建模。BP 神经网络一般由多层神经元组成，包括输入层、隐藏层及输出层。最简单的神经网络除了输入层与输出层，只包括单层隐藏层，而复杂的深度 BP 神经网络可以达到上百层的规模。一般情况下，BP 神经网络的每层由多个神经元组成，互相之间保持独立，而相邻层的神经元之间则有权重不同的连接。对 BP 神经网络进行训练时，样本中的数据经过输入层前向传播，通过非线性的作用函数对节点的重要性进行调整，反复前向计算数次，再从输出层给出输出结果。本章所用 BP 神经网络的基本结构如图 11-1 所示。

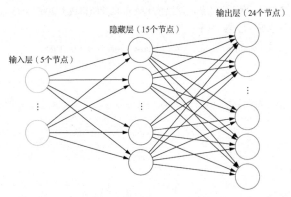

图 11-1　BP 神经网络的基本结构

BP 神经网络算法基于梯度下降算法，按照误差逆向传播方向对样本进行训练。在本节中，结合蒸发波导实际问题进行说明。

（1）气象数据及折射率归一化。从气象再分析数据库或实验得到的气象数据包括温度、湿度与风速等，量纲包括℃、g/kg、m/s 等，各个气象数据之间的差异很大。这些数据经过 BP 神经网络中的激活函数时，由于激活函数在 0 附近变化迅速，而在非常大与非常小的区域变化缓慢，甚至产生饱和现象，就会造成气压等数值较大的数据与比湿等较小的数据收敛速度差异过大，影响训练及计算的效率。因此，要先对各个气象数据进行归一化处理，然后把它们输入 BP 神经网络中进行训练。

对各个输入输出数据进行预先归一化处理的方法可表示为

$$x' = 0.8 \times \frac{x - x_{\min}}{x_{\max} - x_{\min}} + 0.1 \qquad (11\text{-}1)$$

式中，x' 为气象数据或修正折射率 x 被归一化后的值，$x_{\min}$ 与 $x_{\max}$ 分别表示一组训练样本中各类数据的最小值与最大值。

通过此变换后，各个气象数据的范围均会处于 0～1 之间，可以避免 BP 神经网络的麻痹，有效提高该神经网络的训练效率。

（2）BP 神经网络初始权值的选择。对 BP 神经网络初始权值的选择，一般要考虑以下 3 个因素的关系：一是训练速度问题，二是激活函数的饱和问题，三是局部最佳问题。如果初始权值过于偏离其应有数值，就会给 BP 神经网络的训练速度带来较大的负面影响；如果选取的初始权值太大，节点处的数值相应变大，就会导致其进入激活函数的饱和区域，从而减慢训练速度。另外，与简单的线性系统不同，BP 神经网络的非线性使得它在训练时，很容易陷入局部极值处，而得不到全局最优解。因此，需要谨慎选取 BP 神经网络初始权值。根据以往的经验，权值在 0 附近具有较好的效果。因此，在本章中用-1～1 之间的随机数作为初始权值。要注意的是，为了防止 BP 神经网络的对称性造成模型退化问题，本章并非将各个随机数直接赋予各个节点，而是先将它们排序后再赋值的。

（3）前向计算。对于本章中蒸发波导修正折射率剖面建模所使用的 BP 神经网络，每层均使用 Sigmoid 函数作为激活函数，设总层数为 L，总的气象数据训练样本数为 M，则输入数据为 $5 \times M$ 的矩阵。每个样本可表示为 $[\boldsymbol{x}_k, \boldsymbol{d}_k]$ $(k = 1, 2, \cdots, M)$，其中 $\boldsymbol{x}_k$ 为气象数据向量，$\boldsymbol{d}_k$ 为 BP 神经网络输出端所连接的蒸发波导修正折射率向量。当第 k 个样本进入 BP 神经网络时，l 层中的第 j 个节点从它的上一层神经网络获得的总输出信息可表示为

$$I_{jk}^l = \sum_{i=1}^{n_1} w_{ij} \cdot O_{ik}^{l-1} \qquad (11\text{-}2)$$

式中，上一层神经网络的节点数为 n_1，i 为其中的节点，O_{ik} 为其输出数值，w_{ij} 为节点 i 与节点 j 之间的权值，l 及 $l-1$ 用于标识神经网络中的不同层。

经过激活函数后，节点 j 的输出量为

$$O_{jk}^l = f(I_{jk}^l) \qquad (11\text{-}3)$$

式中，$f(\cdot)$ 为激活函数。

（4）反向计算修正权值。对输出端的蒸发波导修正折射率，本章利用欧氏距离定义损失函数。当误差沿 BP 神经网络反向传播时，BP 神经网络权值的调整就是一个求最优解问题。这方面已经有很多较为成熟的方法，不再进行详细讨论。

（5）反复训练调整。根据设定的期望误差值，反复执行步骤（3）和步骤（4），修正 BP 神经网络权值。在实际使用时，期望误差值设定得越大，结果越粗糙，但训练速度会大大加快。反之，则会带来较准确的结果和较低的训练效率。因此，需要综合考虑上述两个因素并做出取舍。由于本节要给出训练误差与训练次数的关系，因此，选取了较小的训练误差。

（6）输出数据还原。由于第一步骤中各个气象数据与蒸发波导修正折射率数据都被进行归一化处理过，训练结束后，不再是真实值，因此，此时要对各个数据进行反归一化，从而得到有效数据。

对任意连续函数，理论上 BP 神经网络均可以给定精度拟合，根据具体应用场景，选择 BP 神经网络的层数、节点数、激活函数与损失函数种类以及初始权值等，可以解决很多实际问题。本章所用 BP 神经网络的具体实现框图如图 11-2 所示。

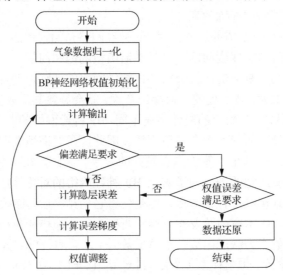

图 11-2　BP 神经网络的具体实现框图

为了计算蒸发波导修正折射率剖面，我们构建了一个 5-15-24 前馈反向传播网络，包括输入层、Sigmoid 隐藏层和 Sigmoid 输出层。整个结构将海水表面压力、海水表面温度、2m 高处的空气温度、2m 高处的比湿和 10m 高处的风速与特定观测时间内的蒸发波导修正折射率剖面相关联，输出层和隐藏层的 Sigmoid 激活函数可用于模拟气象因素和输出蒸发波导修正折射率剖面间的非线性关系。该神经网络隐藏层的神经元个数根据经验选择，在一定范围内其性能是较优的。

BP 神经网络的输入量由 $5 \times M$ 矩阵组成，每行分别代表每次测量的海水表面压力、海水表面温度、2m 高处的空气温度、2m 高处的比湿和 10m 高处的风速；每列表示每小时的气象数据。目标向量则是在海平面以上 24 个高度处的蒸发波导修正折射率值，即输出数据为 24×*M* 的矩阵。其中，*M* 值随训练数据集的不同而不同。训练时，利用 CFSR 数据可以获取近海面有限点的温度、湿度及风速等气象参数，这些参数作为 BP 神经网络的输入量。由于实验数据的缺乏，本章利用 NPS 模型计算得到的一定高度范围内的蒸发波导修正折射率剖面对 BP 神经网络进行训练。经过多次的训练迭代，BP 神经网络的权值便逐渐收敛。

计算时，因为 BP 神经网络的权重已经固定下来，所以把近海面 5 个气象参数输入，就可以得到蒸发波导修正折射率剖面。

选取 2000 年涠洲岛（109.1392°E，21.0575°N）的气象数据作为系统的训练输入量，把 2001 年的气象数据作为验证数据。我们使用每个月前 600 小时的气象数据，即把 2000 年 7200 小时的气象数据作为输入量在 BP 神经网络中进行训练。利用 BP 神经网络训练蒸发波导模型的流程如图 11-3 所示：利用 CFSR 数据中的近海面若干气象参数，把这些气象参数代入 NPS 模型计算出蒸发波导修正折射率剖面；然后，把这些数据作为 BP 神经网络的训练样本，调整参数并多次迭代，即可得到所需的模型。

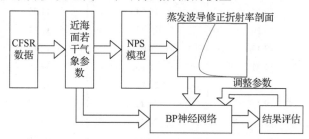

图 11-3　利用 BP 神经网络训练蒸发波导模型的流程

11.1.2　训练及验证数据

涠洲岛（见图 11-4）位于北部湾中部海域，北边为广西壮族自治区北海市，东边与雷州半岛隔海相望，东南边毗邻斜阳岛，南边与海南岛隔水相望，从西边则可望见越南。涠

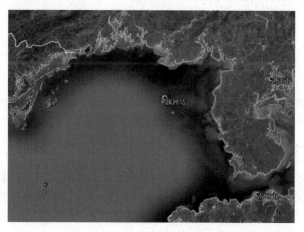

图 11-4　实验地点——涠洲岛

洲岛总面积为 24.74 平方千米，岛内最高海拔为 79m。涠洲岛是火山喷发形成的岛屿，存在海蚀、海积及溶岩等景观，是中国地质年龄最年轻的火山岛，也是广西壮族自治区最大的海岛。涠洲岛年平均气温为 23℃，终年无霜，年平均降水量为 1297mm，干湿季明显，6～9 月为雨季。本章作者所在实验室曾在此岛屿进行过蒸发波导相关实验，在本节选取此地的气象数据作为相关训练及验证数据。部分气象数据见表 11-1。

表 11-1　从 CFSR 数据中提取和计算的气象数据

海水表面气压/hPa	海水表面温度/℃	2m 高处的空气温度/℃	比湿/（g/kg）	风速/（m/s）
1016.86	19.08	17.79	11.70	4.45
1017.16	19.08	17.84	11.72	4.55
1016.95	19.10	18.17	11.74	4.36
1016.15	19.13	18.78	11.82	3.62
1015.40	19.16	19.31	11.99	2.62
1014.92	19.21	19.59	12.23	1.51
1014.37	19.14	19.64	12.27	0.54
1013.83	19.16	19.77	12.31	0.26
1013.92	19.19	20.02	12.18	1.19
1014.23	19.21	20.13	12.16	1.93
1014.63	19.21	20.21	12.18	2.75
1016.11	19.11	20.23	12.43	4.40
1015.73	19.12	20.31	12.36	4.64
1016.48	19.10	20.00	12.50	2.47
1016.46	19.09	19.75	12.64	1.21
1016.21	19.09	19.62	12.61	0.76
1016.23	19.08	19.53	12.29	2.28
1015.86	19.07	19.28	12.13	3.56
1015.75	19.07	19.02	11.97	4.29
1015.76	19.07	18.80	11.81	4.78
1015.96	19.07	18.55	11.67	5.13
1017.18	19.06	18.34	11.54	5.32
1017.98	19.16	17.83	11.02	4.19
1018.25	19.17	17.91	11.03	4.26
1017.98	19.18	18.27	11.06	4.07

对表 11-1 中的气象数据进行归一化处理，便可把它们作为 BP 神经网络模型的输入量。

11.1.3　训练次数对均方根误差的影响

训练次数对通过模型求得的均方根误差和训练效率有着比较大的影响。图 11-5 中给出了训练数据集上蒸发波导修正折射率均方根误差与训练次数的关系曲线。总体上，BP 神经网络算法计算结果与 NPS 模型计算结果的差别随着训练次数的增加而减小。当训练次数达到 1000 次时，蒸发波导修正折射率的均方根误差为 11.8 M（单位）；当训练次数达到数千次时，蒸发波导修正折射率的均方根误差迅速下降，并且随着训练次数的增加，该误差的下降速率逐渐减小。经过 1000000 次训练后，蒸发波导修正折射率的均方根误差为 6.18 M。

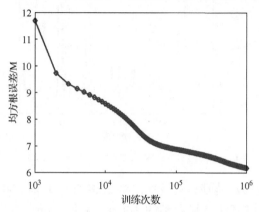

图 11-5 蒸发波导修正折射率均方根误差与训练次数的关系曲线

如前所述，在稳定条件下，NPS 模型的性能不如其在不稳定条件下的性能。

图 11-6 所示为稳定和不稳定条件下由 NPS 模型与 BP 神经网络（Neural Network, NN）算法计算得到的蒸发波导修正折射率剖面对比。两种条件下的莫宁-奥布霍夫长度分别为 −37.15m 和 4.57m，BP 神经网络算法的计算结果在不稳定条件下与 NPS 模型的计算结果较为一致，但在稳定条件下两者的计算结果则有较大的差距。

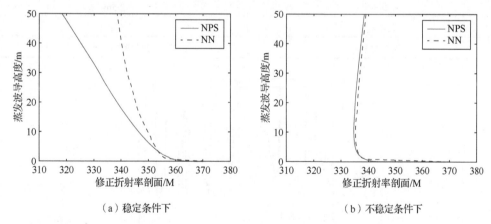

（a）稳定条件下　　　　　　　　　　　　　　（b）不稳定条件下

图 11-6 稳定和不稳定条件下由 NPS 模型与 BP 神经网络算法
计算得到的蒸发波导修正折射率剖面对比

图 11-7 所示为 2001 年 1 月前 200 小时内使用 NPS 模型和 BP 神经网络算法计算得到的蒸发波导高度。在图 11-7 中，两条曲线的总体变化趋势是一致的。由于 NPS 模型在 500 个高度下计算蒸发波导修正折射率，而 BP 神经网络算法在 24 个高度下计算蒸发波导修正折射率，因此 NPS 模型的计算结果更为详细。对 2000 年 7200 小时的气象数据，由 NPS 模型和 BP 神经网络算法计算得到的蒸发波导高度进行比较，发现两者差值的均值为 2.4m。

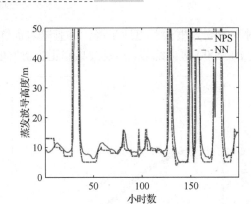

图 11-7　2001 年 1 月前 200 小时内使用 NPS 模型和 BP 神经网络算法计算得到的蒸发波导高度

根据表 11-2 中的电磁波传播仿真条件，对 2001 年 1 月前 200 小时的气象数据，使用 NPS 模型和 BP 神经网络算法计算得到的 100km 距离、4m 高度上每小时的路径损失如图 11-8 所示。

表 11-2　电磁波传播仿真条件

参数类型	参数值
频率	8 GHz
天线增益	30 dBi
天线高度	2.5m
极化方式	水平极化
天线类型	角锥喇叭型天线

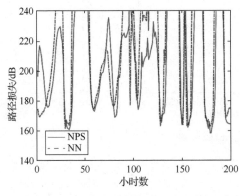

图 11-8　使用 NPS 模型和 BP 神经网络算法计算得到的 100km 距离、4m 高度上每小时的路径损失

为了更进一步讨论上述两种方法的区别，本节设置了一定的蒸发波导环境条件进行仿真，研究两种方法对近海面电磁波传播的影响。设海水表面温度为 20.7 ℃，气压为 1017.2 hPa，2 m 高处的空气温度为 20.2 ℃，2 m 高处的比湿为 12.2 g/kg，10 m 高处的风速为 6.4 m/s。使用 NPS 模型和 BP 神经网络算法，计算得到的此环境条件下的蒸发波导修正折射率剖面

如图 11-9 所示。由图 11-9 可知，NPS 模型与 BP 神经网络算法计算得到的蒸发波导高度分别为 8.4 m 与 9 m。

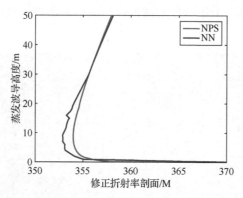

图 11-9　给定条件下由 NPS 模型和 BP 神经网络算法计算得到的蒸发波导修正折射率剖面

仿真条件设定如下：电磁波频率为 8GHz，天线高度为 3m，天线极化方式为水平极化，最远传播距离为 100km。将上述仿真条件与计算得到的蒸发波导修正折射率剖面作为抛物方程模型的输入量，可计算得到不同蒸发波导模型下的近海面电磁波传播路径损失。使用 NPS 模型计算蒸发波导修正折射率剖面时的电磁波传播路径损失如图 11-10 所示。

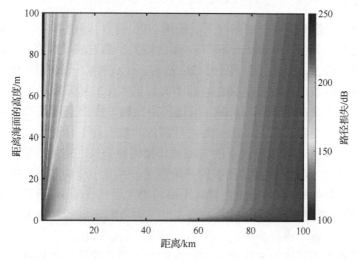

图 11-10　使用 NPS 模型计算蒸发波导修正折射率剖面时的电磁波传播路径损失

此时，BP 神经网络算法使用的模型为统一训练得到的，但上述仿真条件为不稳定条件，因此，计算得到的电磁波传播路径损失分布规律也与其他不稳定条件下的分布规律类似。使用 BP 神经网络算法计算蒸发波导修正折射率剖面时的电磁波传播路径损失如图 11-11 所示。

对比图 11-10 与图 11-11 可以看出，在给定的仿真条件下，8GHz 的电磁波传播路径损失并无显著的差别。当使用 BP 神经网络算法计算得到的蒸发波导修正折射率剖面计算电磁波传播路径损失时，蒸发波导层内的电磁波能量随传播距离的增加衰减得略快，约 50km

后电磁波传播路径损失就增大到 200 dB 以上；当使用 NPS 模型计算得到的蒸发波导修正折射率剖面计算电磁波传播路径损失时，约 60km 后电磁波传播路径损失才增大到 200 dB。在蒸发波导层以上的区域，上述两种方法最终得到的电磁波传播路径损失仍然维持相似的衰减规律。

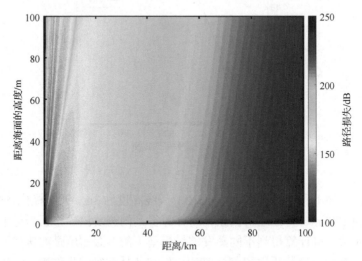

图 11-11　使用 BP 神经网络计算蒸发波导修正折射率剖面时的电磁波传播路径损失

　　图 11-12 所示为若干接收天线高度下，使用 NPS 模型与 BP 神经网络算法计算出的电磁波路径损失之差。其中，3m、5m 和 7m 高度均处于蒸发波导高度范围内。从图 11-12 中的 3 条曲线可以看出，当传播距离小于 20km 时，无论接收天线高度为 3m、5m 或 7m，两种方法计算的电磁波传播路径损失之差都不大。虽然在发射天线附近两种方法计算出的电磁波传播路径损失之差达到了-10dB，但是利用抛物方程模型计算的电磁波传播路径损失在视距范围内并不准确。因此，这一距离范围内的数值并不具有指导意义。随着传播距离的增大，上述 3 个接收天线高度下的电磁波传播路径损失之差均开始稳定且小于 0。由 NPS 模型计算得到的电磁波传播路径损失开始稳定，并且小于由 BP 神经网络算法计算得到的电磁波传播路径损失。路径损失之差随距离的增大呈线性减小，当传播距离达到 100km 时，3m 高度下的电磁波传播路径损失为-17.5 dB。对 3 种不同的接收天线高度，5m 与 7m 高度下的情况比较接近，路径损失之差比 3m 高度下小 0.5 dB。

　　图 11-13 所示为不同接收天线距离下的电磁波传播路径损失之差随高度变化的规律。从图 11-13 中可知，在近海面上 30m 的高度范围内，接收天线距离为 40km、70 km、100 km 时的电磁波传播路径损失之差均小于 0。经比较后可知，由 NPS 模型计算得到的电磁波传播路径损失稳定，并且其值小于由 BP 神经网络算法计算得到的电磁波传播路径损失。在近海面蒸发波导高度范围内，由上述两种方法计算得到的电磁波传播路径损失之差随高度的增加而减小。超过此高度范围后，电磁波传播路径损失之差均呈急剧增大的趋势，至 13m 高度处增大到与海面附近的电磁波传播路径损失之差相近。在 13m 高度以上，电磁波传播路径损失之差仍然随高度的增加而增大，只是增加速率有所减小。一般情况下，蒸发波导

通信天线距海面几米到十几米。因此，本节只计算了30m高度范围内的电磁波传播路径损失之差。在40km接收距离上，NPS模型与BP神经网络算法计算得到的电磁波传播路径损失之差可在30m高度处达到-3 dB。

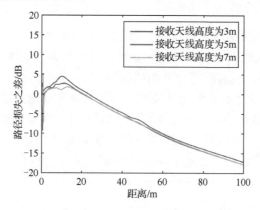

图 11-12　若干接收天线高度下，利用 NPS 模型与 BP 神经网络算法
计算出的电磁波传播路径损失之差

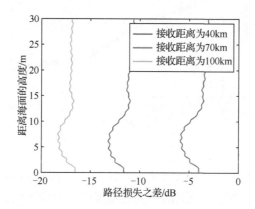

图 11-13　不同接收天线距离下的电磁波传播路径损失之差随高度变化的规律

11.2　稳定与不稳定条件下的训练结果对蒸发波导预测模型的影响

　　一般的蒸发波导预测模型在稳定条件与不稳定条件下具有不同的表现。根据第2章的内容可知，对 NPS 模型、PJ 模型等多数蒸发波导预测模型而言，不稳定条件下通过这些模型计算得到的结果与实际结果较为接近。但是，在稳定条件下，无论做了多大的改进，通过这些模型计算得到的结果与实际结果的差距比较大。因此，尝试分析不同稳定条件下基于 BP 神经网络算法的蒸发波导预测模型的表现具有现实的意义。本节按照气海温差将训练数据分成两部分，训练得到了不同的基于 BP 神经网络算法的蒸发波导预测模型，先利用验证数据求得蒸发波导修正折射率剖面，再利用抛物方程模型计算电磁波传播路径损

失，详细讨论了不同稳定条件下基于 BP 神经网络算法的蒸发波导预测模型与 NPS 模型的差别。

11.2.1　不稳定条件下的训练结果及分析

本节选取 2000 年涠洲岛气象数据中气海温差 < 0 时的数据作为系统的训练输入量，选取 2001 年涠洲岛气象数据中气海温差 < 0 时的数据作为验证数据。在 2000 年涠洲岛前 7200 小时的气象数据中，气海温差 < 0 的情况共 4584 小时。

图 11-14 中给出了训练数据集上蒸发波导修正折射率的均方根误差与训练次数的关系曲线。基于 BP 神经网络算法的蒸发波导预测模型与 NPS 模型的差别随着训练次数的增加而减小。在达到 1000 次训练时，蒸发波导修正折射率的均方根误差为 10.2 M；在经过 1000000 次训练后，蒸发波导修正折射率的均方根误差为 1.9 M。

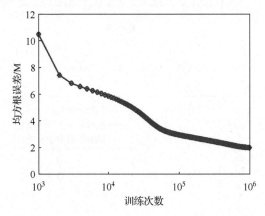

图 11-14　训练数据集上蒸发波导修正折射率的均方根误差与训练次数的关系曲线

图 11-15 所示为 2001 年 1 月前 200 小时内使用 NPS 模型和 BP 神经网络算法计算得到的蒸发波导高度，两种方法计算得到的蒸发波导高度之差的平均值为 0.6m。

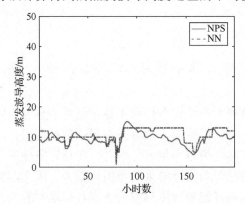

图 11-15　2001 年 1 月前 200 小时内使用 NPS 模型和 BP 神经网络算法计算得到的蒸发波导高度

同样，本节设定了不稳定蒸发波导环境条件进行仿真，研究上述两种蒸发波导预测模型对近海面电磁波传播的影响。仿真条件如下：海水表面温度为 20.7 ℃，气压为 1013.2 hPa，2m 高处的气温为 20.3 ℃，2m 高处比湿为 10.9g/kg，10m 高处的风速为 5.8 m/s。使用不稳定条件训练出的 NPS 模型和 BP 神经网络算法，计算得到上述仿真条件下的蒸发波导修正折射率剖面如 11-16 所示。

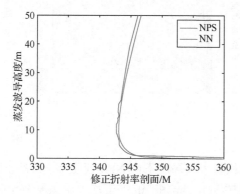

图 11-16　给定仿真条件下，通过 NPS 模型和 BP 神经网络算法计算得到的蒸发波导修正折射率剖面

使用 NPS 模型计算得到的电磁波传播路径损失如图 11-17 所示。

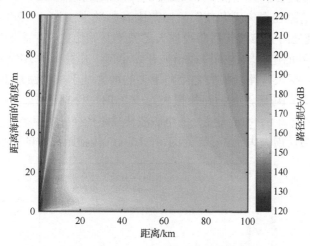

图 11-17　使用 NPS 模型计算得到的电磁波传播路径损失

使用 BP 神经网络算法计算得到的电磁波传播路径损失如图 11-18 所示。

对比图 11-17 与图 11-18 可以看出，在给的仿真条件下，两种方法计算出的蒸发波导高度分别为 10.7m 与 9m，频率为 8GHz 的电磁波在其中传播的路径损失无明显差别。不过，当使用 BP 神经网络算法计算得到的蒸发波导修正折射率剖面计算电磁波传播路径损失时，蒸发波导层内的电磁波能量随距离衰减得略快，约传播 100km 后路径损失就增大到 180 dB 左右；当使用 NPS 模型计算得到的蒸发波导修正折射率剖面计算电磁波传播路径损失时，约传播 100km 后路径损失增大到 175 dB 左右。对蒸发波导高度以上的区域，通过上述两种方法得到的电磁波传播路径损失仍然维持相似的衰减规律。

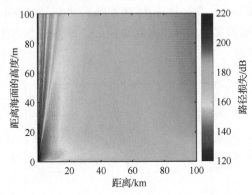

图 11-18　使用 BP 神经网络算法计算得到的电磁波传播路径损失

　　图 11-19 所示为不同接收天线高度下由 NPS 模型和 BP 神经网络算法计算得到的电磁波传播路径损失之差。其中 3m、5m 和 7m 高度均处于蒸发波导高度范围内。从图 11-9 中的 3 条曲线可以看出，当传播距离小于 10km 时，无论接收天线处在哪一个高度上，两种方式计算得到的电磁波传播路径损失之差为-10～10dB。但在近距离内，抛物方程模型计算得到的电磁波传播路径损失数值并不准确。当传播距离达到 10～40km 时，两种方法计算得到的电磁波传播路径损失仍有差距，但范围有所减小，为-1～2dB。随着传播距离的增大，以上 3 个高度处的电磁波传播路径损失之差均开始稳定，其值小于 0dB 并缓缓减小，即 NPS 模型计算得到的电磁波传播路径损失开始稳定，并且小于 BP 神经网络算法计算得到的电磁波传播路径损失，路径损失之差随距离的增大几乎呈线性减小。当传播距离达到 100km 时，3m 高度处的电磁波传播路径损失为-2.2 dB。3 种不同接收天线高度下的电磁波传播路径损失之差比较如下：5m 高度处的电磁波传播路径损失之差小于 3m 高处的；而 7m 高处的电磁波传播路径损失大于 3m 高处的，在 100km 传播距离时的路径损失之差为-2dB。

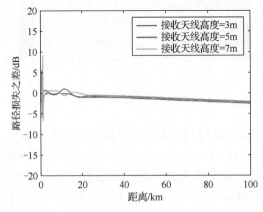

图 11-19　不同接收天线高度下由 NPS 模型和 BP 神经网络算法
计算得到的电磁波传播路径损失之差

在 40km、70km 和 100km 3 个接收距离处，使用 NPS 模型和 BP 神经网络算法计算得到的电磁波传播路径损失之差随高度变化的规律如图 11-20 所示。由图 11-20 可知，在近海面上空 30m 的高度范围内，接收天线距离为 40km、70km、100km 时的电磁波传播路径损失之差均小于 0，经比较后可知，使用 NPS 模型计算得到的电磁波传播路径损失稳定，并且其值小于使用 BP 神经网络算法计算得到的电磁波传播路径损失。在近海面 4m 高度范围内，由上述两种方法计算得到的电磁波传播路径损失之差总体上随着高度的增大而减小。同时存在小尺度上的振荡。超过 4m 高度后，电磁波传播路径损失之差均有增大的趋势，当高度为 15m 时路径损失之差与近海面路径损失之差接近。在高度为 15～18m，以上 3 个接收距离处的电磁波传播路径损失之差有所减小。当高度大于 18m 时，3 个接收距离处的电磁波传播路径损失之差仍然随着海面上高度的增大而增加。一般情况下，蒸发波导通信天线距海面几米到十几米，因此，本节只计算了 30m 范围内的电磁波传播路径损失之差。在 40km 传播距离上，NPS 模型与 BP 神经网络算法计算的电磁波传播路径损失之差可在海面及距 15m 高处达到-0 dB。在不稳定条件下，NPS 模型与 BP 神经网络算法计算的电磁波传播路径损失之差较小。因此，两种方法的计算结果均可达到较好的准确度。

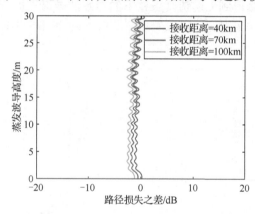

图 11-20　不同接收距离下使用 NPS 模型和 BP 神经网络算法计算得到的
电磁波传播路径损失之差随高度变化的规律

11.2.2　稳定条件下的训练结果及分析

　　本节选取 2000 年涠洲岛的气象数据中气海温差 >0 时的数据作为系统的训练输入量，选取 2001 年涠洲岛的气象数据中气海温差 >0 时的数据作为验证数据。在 2000 年涠洲岛前 7200 小时的气象数据中，气海温差 >0 的情况共 2616 小时。

　　图 11-21 中给出了训练数据集上蒸发波导修正折射率的均方根误差与训练次数的关系曲线。BP 神经网络算法与 NPS 模型的差别随着训练次数的增加而减小。在达到 1000 次训练时，蒸发波导修正折射率的均方根误差约为 14.8 M；经过 1000000 次训练后，蒸发波导修正折射率的均方根误差为 9.2 M。

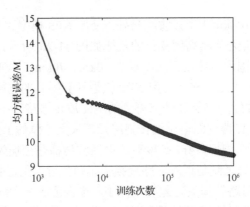

图 11-21　训练数据集上蒸发波导修正折射率的均方根误差与训练次数的关系曲线

本节设定了稳定蒸发波导环境条件进行仿真，研究上述两种蒸发波导预测模型对近海面电磁波传播的影响。仿真条件如下：海水表面温度为 21.2 ℃，气压为 1011.0 hPa，2m 高处的空气温度为 22.4 ℃，2m 高处的比湿为 13.2g/kg，10m 高处的风速为 4.3 m/s。使用稳定条件训练出的模型计算得到上述仿真条件下的蒸发波导修正折射率剖面如 11-22 所示。与不稳定条件下的计算结果对比，可以看出，此时 NPS 模型和 BP 神经网络算法的计算结果差异较大。

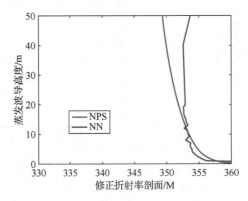

图 11-22　在给定条件下，由 NPS 模型和 BP 神经网络算法计算得到的蒸发波导修正折射率剖面

根据第 3 章的分析可知，稳定条件下蒸发波导高度对气象参数更加敏感，气象参数的微小误差都会带来蒸发波导修正折射率的较大变化。因此，利用 BP 神经网络算法逼近稳定条件下的 NPS 模型计算的蒸发波导修正折射率剖面更为困难。事实上，根据 Grachev 等人的分析，NPS 模型在较强稳定条件下的计算结果与实验数值的差距比较大[2]，会导致十几米以上高度计算所得的蒸发波导修正折射率数值偏高。BP 神经网络算法对强稳定条件与弱稳定条件的计算结果进行了折中，与 NPS 模型在稳定条件下的计算结果相比有较大的差别。

为进一步进行路径损失的对比，设置仿真条件如下：电磁波的频率为 8GHz，天线高度为 3m，天线极化方式为水平极化，最远接收距离为 100km。将此仿真条件与计算得到的蒸发波导修正折射率剖面作为抛物方程模型的输入量，可计算得到不同蒸发波导预测模型情况下的近海面电磁波传播路径损失。使用 NPS 模型计算得到的电磁波传播路径损失如图 11-23 所示。

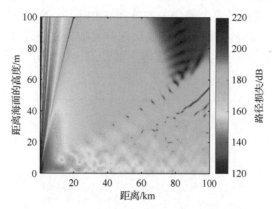

图 11-23　使用 NPS 模型计算的电磁波传播路径损失

使用 BP 神经网络算法计算得到的电磁波传播路径损失如图 11-24 所示。

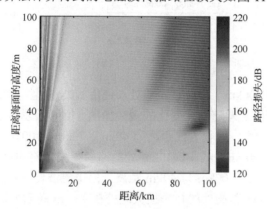

图 11-24　使用 BP 神经网络算法计算得到的电磁波传播路径损失

对比图 11-23 与图 11-24 可知，在给定的稳定条件下，针对频率为 8GHz 的电磁波，利用 NPS 模型和 BP 神经网络算法计算出的路径损失有较大的差别。稳定条件下经常出现边界层陷获较多电磁波能量的情况，与上节内容对比也可以看出这一点。当使用 BP 神经网络算法计算得到的蒸发波导修正反射率剖面计算电磁波传播路径损失时，蒸发波导层以内的电磁波能量随传播距离的衰减略快，约传播 40km 后路径损失增大到 160 dB 以上；当使用 NPS 模型计算得到的蒸发波导修正反射率剖面计算电磁波传播路径损失时，约传播 60km 后路径损失才增大到 160 dB，在传播超过 60km 后仍有所变化。

不同接收天线高度下，把 NPS 模型与 BP 神经网络算法计算出的蒸发波导修正折射率剖面代入电磁波传播模型后计算得到的路径损失之差如图 11-25 所示。从图 11-25 中的 3 条曲线可以看出，在传播距离小于 20km 时，接收天线高度为 3m、5m、7m 时由上述两种方法计算的路径损失之差都随着传播距离的变化有一定的振荡。当接收天线高度达到 50m 时，路径损失之差最大振荡幅值比较大，达到了 20 dB 左右；当接收天线高度为 5m 时，路径损失之差的振荡幅度是四者中最小的，约为 3 dB 左右。随着传播距离的增大，以上 3 个高度处的电磁波传播路径损失之差均未收敛到 0 dB 附近，NPS 模型计算得到的电磁波传播路径损失与 BP 神经网络的情况随距离变化互有大小。比较这 3 种不同高度下的电磁波传播路径损失之后可知，3m 高度与 5m 高度下的情况比较接近，而 7m 高度下的情况则比较复杂。

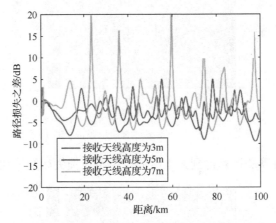

图 11-25　不同接收天线高度下两种方法计算得到的电磁波传播路径损失之差

在 40km、70km 和 100km 3 个接收距离处，使用 NPS 模型与 BP 神经网络算法计算得到的电磁波传播路径损失之差随高度变化的规律如图 11-26 所示。从图 11-26 中可知，在近海面上 5m 的高度范围内，接收天线距离为 40km、70km、100km，电磁波传播路径损失之差都相对较小，为-8～0 dB。其中，40km 处的路径损失之差的绝对值是最小的。在 5～25m 的高度范围内，70km、100km 与 40km 距离处的电磁波传播路径损失之差随高度的增加依次增大。其中，100km 距离处的路径损失之差在 13.1m 高度处达到了 14.2 dB，该值是

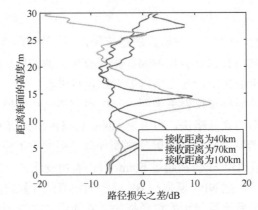

图 11-26　不同接收距离处使用 NPS 模型和 BP 神经网络算法计算得到的电磁波
传播路径损失之差随高度变化的规律

这一高度范围内最明显的；在 5～25m 高度范围内，路径损失之差时正时负，随着高度的变化有较大幅度的振荡，即 NPS 模型计算得到的路径损失与 BP 神经网络算法的计算结果大小不固定。当距离海面的高度超过 25m 后，70km 与 40km 距离处的路径损失之差仍旧保持低高度上的趋势，而 100km 距离处的路径损失之差的绝对值迅速增大，意味着较远距离处 NPS 模型与 BP 神经网络算法模型的计算结果差异更大。在稳定条件下，NPS 模型与 BP 神经网络算法的计算结果差异较大。

<h1 style="text-align:center">本 章 小 结</h1>

本章提出了一种基于人工神经网络模型的蒸发波导修正折射率剖面计算方法。首先，基于 CFSR 数据和 NPS 模型计算得到人工神经网络的训练和验证数据集，并得到了相应的人工神经网络模型。通过与 NPS 模型计算出的蒸发波导高度的比较，以及利用抛物方程模型计算出的相对路径损失的对比，可知这种神经网络算法用于建模海上边界层折射率剖面是有效的。然后，将训练和验证数据集按照气海温差（ASTD）分组，分别训练了两个相应的人工神经网络模型，并与 NPS 模型进行了对比。在气海温差小于零时，基于人工神经网络模型的计算结果与 NPS 模型的计算结果近似，相应的路径损失之差相较于一同训练大大减小。因此，本章提出的方法表现出良好的性能，尤其是考虑到未来本模型可以处理现场气象传感器数据时则更为有利。稳定条件下，基于莫宁-奥布霍夫相似理论的 NPS 模型的表现较差。未来有可能引入更高的垂直分辨率提高人工神经网络模型在稳定条件下的性能，不过，这将导致神经网络结构的收敛速度变慢。总之，人工神经网络模型不同于那些基于莫宁-奥布霍夫相似理论得到的半经验式模型，它是可以利用实验数据的内在特征的一个计算模型。此外，大多数的蒸发波导预测模型通常采用迭代法计算修正折射率剖面，因而在广阔的地理区域条件下计算效率较为低下。其实，该问题也可以用人工神经网络模型解决。基于人工神经网络的蒸发波导预测模型在未来有望成为一个较为灵活的计算方法。

<h1 style="text-align:center">本章参考文献</h1>

[1] MCCLELLAN J L, RUMELHART D E. Parallel Distributed Processing: Exploration in the Microstructure of Cognition: Psychological and Biological Models: Cambridge, MA: MIT Press, 1986.

[2] GRACHEV A A, ANDREAS E L, FAIRALL C W, et al. SHEBA flux–profile relationships in the stable atmospheric boundary layer[J]. Boundary-layer meteorology, 2007, 124(3): 315-333.

第 12 章　蒸发波导环境数据库软件

12.1　软件设计的总体思路

由于蒸发波导特性受到近海面气象参数的影响，全球不同海域在不同月份的蒸发波导高度分布规律明显不同。本章针对现有蒸发波导观测方法只能限于单点或局部海域的缺点，利用国际上开放的全球气象再分析数据，建立了关于大面积海域蒸发波导特性的长时间统计特征分析方法，并计算分析了世界海洋气象参数和蒸发波导高度的统计规律。为了便于推广应用，将上述统计规律以数据库的形式开发成界面友好的软件，使之在科学研究、实验论证、系统设计和工程实践等方面具有重要的应用价值。

蒸发波导环境数据库软件 V1.0 是以 Windows VC++作为软件开发平台，并采用面向对象的软件工程方法加以实现的，该软件界面友好、可操作性强、易升级、易维护。其主要功能如下：集成了全球表面气象参数的时空统计规律，如空气温度、地表面温度、海水表面温度、气海温差、风速、相对湿度；集成了全球海洋蒸发波导高度平均值和概率分布的统计规律；集成了蒸发波导的预测模型，具有输入环境参数就可预测蒸发波导剖面的功能。

蒸发波导环境数据库软件 EDM 1.0 包括海区网格选择、海区网格蒸发波导特性、全球蒸发波导特性、西太平洋蒸发波导特性和蒸发波导（修正折射率）剖面预测 5 个功能模块。

12.2　海区网格选择功能模块

图 12-1 是蒸发波导环境数据库软件的海区网格选择功能模块，其主要功能是显示全球地理信息和海区网格的划分，方便用户选择需要分析的海洋区域。全球地理信息显示在对话框的中央，绿色的网格是划分好的海区网格，划分精度约为 $1.875° \times 1.9°$。用户在使用该软件时，可以单击鼠标左键，选定感兴趣的海区，海区被选定后将被红颜色填充，作为标识，在屏幕的左上角显示用户选定地理坐标的经度和纬度信息。

由于海区网格划分的精度比较高，而对话框的大小有限，因此海区网格在窗口中的显示比较密集。为了方便用户的使用，在窗口的左下角设置了"放大"按钮、"缩小"按钮和"还原"按钮。使用"放大"按钮、"缩小"按钮和"还原"按钮，可以实现视图的放大、缩小和还原，如图 12-2 所示。这些按钮的使用步骤如下：

（1）单击鼠标左键，选中需要放大的海区的中心。

（2）单击"放大"按钮，实现视图的放大。

（3）在放大的视图上，再次单击鼠标左键，选中用户感兴趣的海区。

（4）单击"放大"或"缩小"按钮，可以实现视图中心的放大或缩小；单击"还原"按钮，视图被还原成初始的全球地理状态。

在用户选定感兴趣的海区后，用户可单击海区网格蒸发波导特性功能模块，进行海区网格蒸发波导特性的分析。

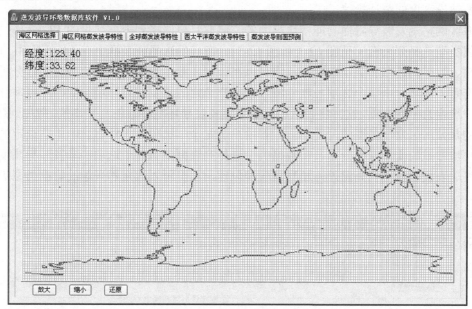

图 12-1　海区网格选择功能模块（对用户选中需要分析的海区，以红色显示）

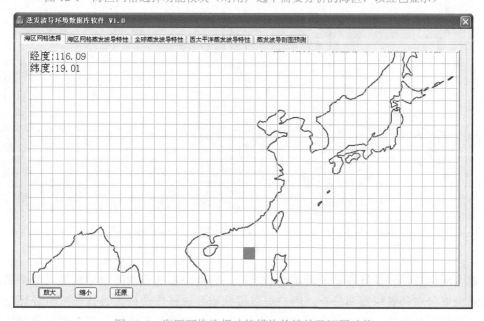

图 12-2　海区网格选择功能模块的缩放及还原功能

12.3　海区网格蒸发波导特性功能模块

海区网格蒸发波导特性功能模块如图 12-3 所示，其主要功能是分析选定海区气象参数和蒸发波导高度的统计规律。

海区网格蒸发波导特性功能模块界面的左侧有月份选择列表框（见图 12-3 和图 12-4）和数据类型选择列表框（见图 12-3 和图 12-5）。在月份选择列表框中有 14 个选项：1～12月选项、月平均选项和全年选项，用户可以在该列表框中选择感兴趣的月份进行分析。若用户选定 1～12 月中某个选项，软件将显示用户选定的蒸发波导环境参数的月概率分布。若用户选定月平均选项，软件将显示用户选定蒸发波导环境参数的月平均值。例如，图 12-6显示的是某海区空气温度的月平均值。若用户选定全年选项，软件将显示用户选定的蒸发波导环境参数的全年概率分布。在数据类型选择列表框中有 6 个选项：蒸发波导高度、空气温度、表面温度、气海温差、相对湿度和风速，用户可以选定感兴趣的数据类型进行分析。

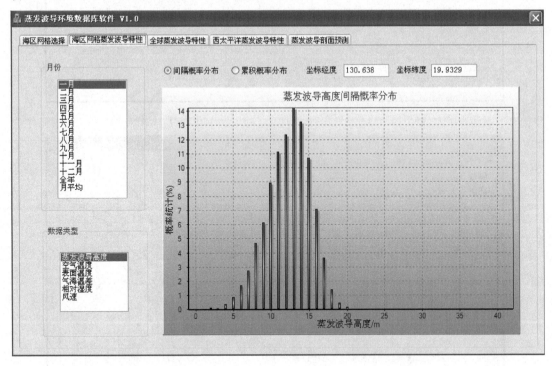

图 12-3　海区网格蒸发波导特性功能模块

海区网格蒸发波导特性功能模块的右上部，有两个单选框和两个编辑框。两个单选框是间隔概率分布和累积概率分布，用户可以根据需要选择单选框，设置蒸发波导环境参数统计规律的显示方式。两个编辑框是坐标经度和坐标纬度，用于显示用户在海区网格选择功能模块中选定的地理坐标位置。

　　概率分布统计规律分为间隔概率分布和累积概率分布，两者的图形显示分别如图 12-7 和图 12-8 所示。间隔概率分布是按照等间隔进行统计的概率分布，累积概率分布是大于某数值的统计之和的分布。例如，在图 12-8 中，蒸发波导高度 10m 对应的概率约为 70%，也就是说波导高度大于 10m 的概率分布是 70%。

图 12-4　月份选择列表框

图 12-5　数据类型选择列表框

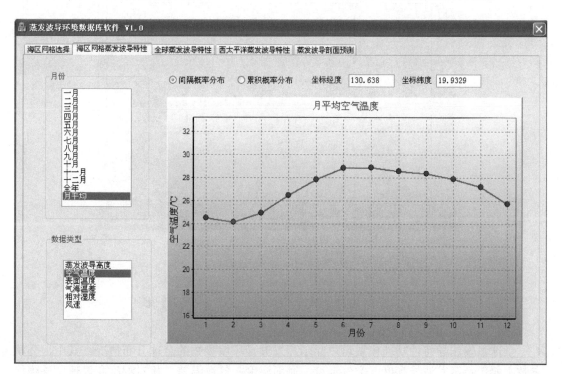

图 12-6　某海区空气温度的月平均值

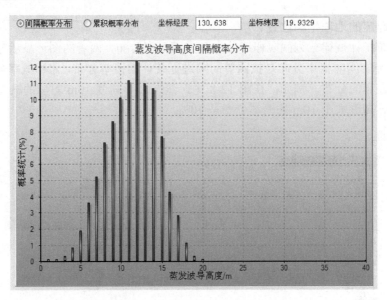

图 12-7   间隔概率分布图形显示

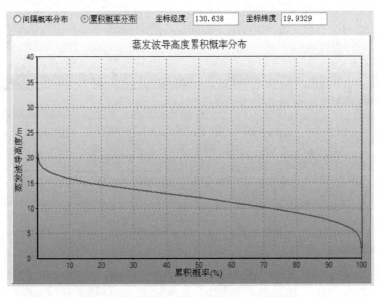

图 12-8   累积概率分布图形显示

12.4   全球蒸发波导特性功能模块

全球蒸发波导特性功能模块可以显示蒸发波导环境参数的全球分布情况，其中，环境参数主要包括蒸发波导高度、空气温度、海面温度、气海温差、相对湿度和风速。该模块可以显示上述参数的月平均值和年平均值的全球分布情况。图 12-9 显示的是 5 月份全球蒸发波导高度的平均值分布情况，图 12-10 显示的是全球空气温度的年平均值分布情况。

图 12-9 5 月份全球蒸发波导高度的平均值分布情况

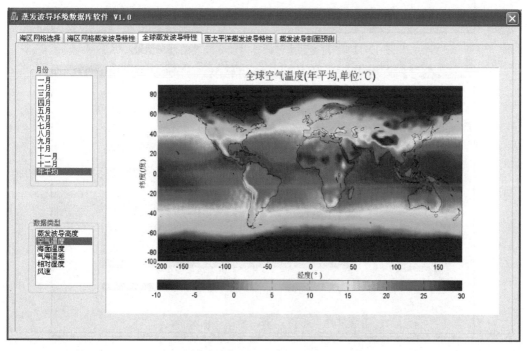

图 12-10 全球空气温度的年平均值分布情况

近海面蒸发波导理论模型与特性

12.5　西太平洋蒸发波导特性功能模块

　　该模块可以显示西太平洋蒸发波导特性参数的分布情况，其中气象参数包括蒸发波导高度、空气温度、海面温度、气海温差、相对湿度和风速；还可以显示上述参数的月平均值和年平均值在西太平洋的分布情况。图 12-11 显示的是 5 月份西太平洋蒸发波导高度的分布情况，图 12-12 显示的是 6 月份西太平洋气海温差的分布情况。

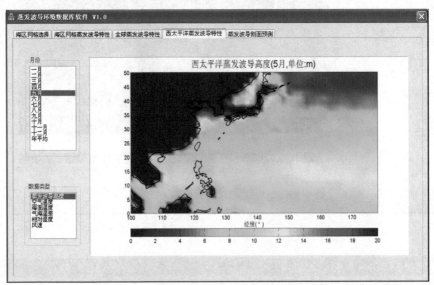

图 12-11　5 月份西太平洋蒸发波导高度的分布情况

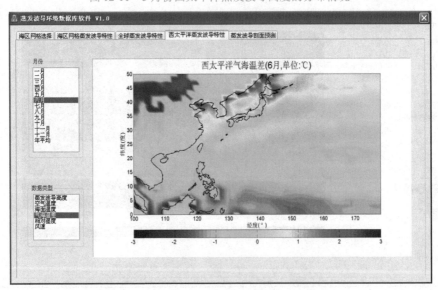

图 12-12　6 月份西太平洋气海温差的分布情况

274

12.6　蒸发波导剖面预测功能模块

图 12-13 是蒸发波导剖面预测功能模块界面（在本章介绍的软件中，蒸发波导修正折射率剖面简称蒸发波导剖面），该模块集成了可预测蒸发波导剖面的 PJ 模型和 NPS 模型。用户可以利用这两个模型，在给定的近海面气象参数的条件下，计算出蒸发波导高度的数值和修正折射率剖面，并在表格显示模块中显示修正折射率值，在图形显示模块中显示修正折射率剖面。

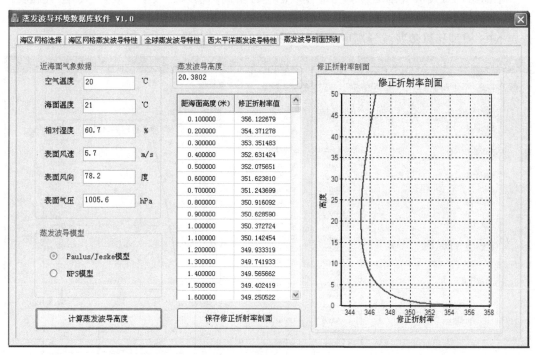

图 12-13　蒸发波导剖面预测功能模块界面（该界面显示的是 PJ 模型计算结果）

蒸发波导剖面预测功能模块界面的左侧由近海面气象数据编辑框和蒸发波导预测模型选择框组成。用户可根据需要，在近海面气象数据编辑框中输入 6 个气象参数：空气温度、海面温度、相对湿度、表面风速、表面风向和表面气压。蒸发波导预测模型选择框由两个单选框组成，供用户选择合适的预测模型。

蒸发波导剖面预测功能模块界面的中部由一个编辑框和一个表格显示模块构成。在输入上述 6 个气象参数和选择计算所采用的模型后，用户应单击界面左下侧"计算蒸发波导高度"按钮。编辑框将显示由选定模型计算出的蒸发波导高度，表格显示模块将显示由选定模型计算的不同高度上的修正折射率值（以 0.1m 为间隔），同时在修正折射率模块最小的高度上（蒸发波导高度）标注红色。蒸发波导剖面预测功能模块界面的右侧是图形显示

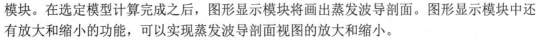

模块。在选定模型计算完成之后，图形显示模块将画出蒸发波导剖面。图形显示模块中还有放大和缩小的功能，可以实现蒸发波导剖面视图的放大和缩小。

蒸发波导剖面预测功能模块的使用步骤如下：

（1）输入近海面气象参数。

（2）选择蒸发波导预测模型。

（3）单击"计算蒸发波导高度"按钮。

（4）表格显示模块显示修正折射率剖面的数值。

（5）图形显示模块显示蒸发波导修正折射率剖面。

下面给出蒸发波导剖面预测功能模块的运行实例。输入的气象参数如下：空气温度为20℃，海面温度为21℃，相对湿度为60.7%，表面风速为5.7m/s，表面气压为1005.6hPa，选定NPS模型计算蒸发波导高度，计算结果为12.5m，如图12-14所示。

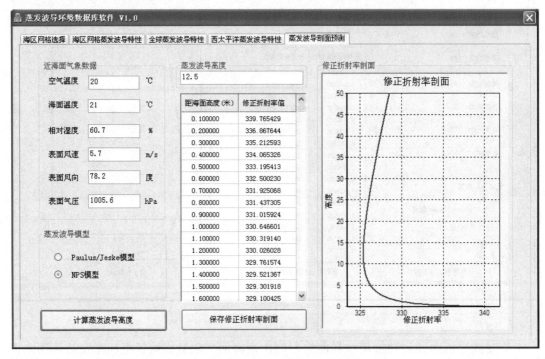

图 12-14 使用 NPS 模型计算蒸发波导高度

本 章 小 结

本章介绍了蒸发波导环境数据库软件，分别介绍了其中的海区网格选择功能模块、海区网格蒸发波导特性功能模块、全球蒸发波导特性功能模块、西太平洋蒸发波导特性功能模块和蒸发波导剖面预测功能模块。